# 순환과 공생의 지역 만들기

농촌지역의 내발적 발전의 이론과 실제

# 순환과 공생의 지역 만들기

## 농촌지역의 내발적 발전의 이론과 실제

박 진 도 지음

KYOWOOSA 敎友社

# 머리말

바야흐로 '지역의 전성시대'(?). 주변에서 과거 어느 때보다 많이 듣는 말이 '지역'이다. 한 마디로 지역이라 해도, 그 의미나 공간적 범위가 사람마다 다르기는 하지만, 지역 가꾸기, 지역 만들기, 지역혁신, 지역 활성화, 지역 리더, 지역 재단, 마을 가꾸기, 마을 만들기, 마을 공동체 등 이처럼 지역이 주목을 받고 있는 가장 커다란 이유는 역설적으로 오늘날 우리의 지역이 수도권, 대도시, 지방소도시, 농촌 지역을 가릴 것 없이 위기에 처해 있고, 그 상황이 점차 더 심각해지고 있기 때문이다. 지역 위기의 심각성이나 성격은 지역마다 다르지만, 지방 중소도시와 농촌지역의 쇠퇴는 비단 어제 오늘의 일이 아니고 이제는 그 도를 넘어선 것 같다.

지역의 위기가 심각한 만큼 그것을 해결하기 위한 노력도 그 어느 때보다 활발하다. 지난 참여정부는 지방분권과 균형발전을 국정 과제로 삼고, 행정수도 건설, 기업도시, 혁신도시, 낙후지역개발, 지역특화 특구 정책 등 수많은 지역균형정책을 쏟아내었다. 그리고 현 MB 정부는 지난 정부의 균형정책을 내국적 균형 정책이라 비판하고, 세계화에 대응하는 경쟁력 있는 지역창조를 목표로 하여 전 국토의 성장 잠재력 극대화를 추진하고 있다. 이를 위해 전국을 기초생활권, 광역생활권, 초광역 생활권으로 나누어 개발하고자 한다. 마을 단위에서도 각종 개발 사업이 진행되어 왔고 지금도 추진되고 있다.

과연 이러한 각종 개발 사업들이 중소도시와 농촌지역의 쇠퇴를 막고 '살기 좋은 마을지역'을 만들 수 있을 것인가. 지금까지도 수많은 농촌개발 정책이 있었지만, 농촌지역의 쇠퇴를 막지 못하였고, 농촌이 급속히 쇠퇴하여 왔듯이, 정부의 각종 개발 사업에 대한 농촌주민들의 시선이 곱지만은 않다. "농촌은 사람이 살만한 곳이 아니다, 그래서 모두 떠나는 것이다, 앞으로도 나아질 것 같지 않다, 한 마디로 농촌의 미래는 절망이다"라는 어느 토론회에서 만난 농민의 절규처럼 많은 농촌주민들은 절망에 빠져 있다. 더욱이 우리나라 지자체 가운데 상당히 모범적으로 농촌지역사업을 추진하고 있는 어느 지자체의 장이 간절한 표정으로 필자에게 "우리 농촌에 정말 살 길이 있는 것입니까, 방법이 없어요"라고 고백할 때 나 또한 절망감을 느끼지 않을 수 없었다. 나 역시 정부의 농촌개발 사업과 그 성과에 대해서 우려의 시각으로 바라보고 있다. 수많은 사업 가운데 참으로 성공하는 사례는 매우 적고, 지역에 따라서는 정부 지원 없이 자력으로 잘 해오던 기존 사업을 정부 지원금으로 인해 오히려 망치고, 심지어는 지역이 걷잡을 수 없는 갈등에 빠지는 경우도 적지 않다. 가장 커다란 이유는 주민들이 사업을 주체적으로 수행할 역량이 부족하기 때문이지만, 거의 모든 사업이 하드웨어 중심의 단기적 소득 증대라는 경제적 · 과시적 성과를 목표로 하고 있기 때문이다.

나는 적어도 당분간 농촌지역의 인구 감소와 고령화를 막을 방법이 없다고 생각한다. 그런 점에서 나 또한 농촌의 미래에 대해 절망적이다. 농촌 쇠퇴의 원인이 도시와의 격차 때문이라고 한다면 그러한 격차를 단기간에 메울 방법이 없다. 도시에는 있는데 농촌에는 없는 것이 너무 많기 때문이다. 우리 사회는 그 동안 급속한 경제성장을 최고의 가치로 매진하여 왔다. 그런 가운데 알게 모르게 경제적 효율주의가 우리의 삶을 지배하여 왔고, 돈money이 가장 중요한 기준이 되는 물실 황금만능주의가 우리의 가치를 왜곡해왔다. 경제적 효율주의와 황금만능주의로는 우리 사회가 더 이상 지속가능하지 않다는 것을 잘 알지만, 나약하고 어리석은 개개인의 삶이 그것으로부터 자유롭기는 당분간 어려울 것 같다.

그러나 생각을 바꾸어보자. 2001년 초 이와테현(岩手縣)의 마스다 히로야增田 寬也지사는 '분발하지 않기 선언'을 하였다. "경제적 이익에 편중하고, 그것을 화폐로 환산하여 가치를 따지고, 효율성만을 추구해 온 덕분에 일본은 경제대국이 되었다. 그러나 반면, 자연을 파괴하고 귀중한 지구자원을 낭비하고 지역의 자립을 해쳐왔다. 20세기적인 개발, 대규모, 집중과 같은 가치관을 되돌아보아야만 한다. 그래서 이와테현은 '시간, 여유, 안정, 자연환경' 등 이제까지는 그다지 높은 평가를 받지 못했던 것들을 제대로 평가하는 일부터 시작하겠다." "이는 척도를 바꾸는 일이다. 이제까지 '뒤처져 있다'고 일컬어져온 도후쿠東北 지방은 새로운 척도로 말하면 '일본이 지닌 아름다운 모습을 간직한 무한한 가능성을 지닌 땅'으로 변신할 것이다. '분발하지 않기'란 이제까지와 같이 도쿄나 뉴욕 등의 척도에 비추어서 '없는 것'을 애석해 하고 그것을 얻기 위해서 다른 지역과 경쟁을 벌이는 것이 아니라, '있는 것'을 재발견함으로써 각각의 지역에 맞는 개성과 특성, 각자의 페이스에 맞춘 발전의 길을 열어가겠다는 것이다."

농촌은 한편에서는 노령화의 진전과 도시와의 경제적 격차의 확대로 활력을 잃고 인구가 감소하겠지만, 다른 한편에서는 오히려 농촌이 도시에 비해 지니는 우위성여유, 환경과 경관, 안락함과 고요함, 안전과 안심, 전통과 공동체성 등 비물질적 가치을 적극적으로 평가하는 '활기 있는' 농촌주민은 꾸준히 증가할 것이고, 전원적 삶을 지향하는 사람들의 귀농귀촌도 크게 늘어날 것이다. 중요한 것은 농촌인구의 절대 수가 아니라 '활기 있는' 농촌주민의 수가 얼마나 될 것인가가 우리 농촌의 미래를 결정할 것이다. 두려운 것은 인구의 과소가 아니라 마음의 과소이다. 따라서 우리의 과제는 농촌을 그 곳에 살고자 하는 사람, 그리고 살고 있는 사람들에게 '살만한 곳'으로 만드는 것이다. 이런 점에서 진정한 농촌마을 만들기는 단순한 소득증대 사업이 아니라, 주민들의 기본적인 인권을 보장하고, 지역의 개성을 살리면서 경제적으로 사회문화적으로 환경적으로 통합적인 발전을 추구하는 것이다.

나는 직업이 둘이다. 하나는 충남대학교 경제학과 교수이고, 다른 하나는 지역재단 상임이사이다. 나는 남들에게 충남대학교 교수는 본업이고, 지역재단 상임이사는 주업이라고 설명한다. 본업이란 내가 일하고 월급을 받아 생활하고 공문서의 직업란에 기재하는 직업이다. 그리고 주업이란 월급을 받지 않는 볼런티어이지만 내가 하고 싶은 일을 주로 하는 직업이라고 설명한다. 그리고 나는 본업과 주업이라는 두 개의 직업을 가질 수 있는 것에 대해 스스로 참으로 복 받은 행복한 인생이라고 생각한다. 그런데 굳이 돈도 벌지 못하는 힘든 일주업을 왜 하느냐고 묻는 사람들이 있다. 나는 경제학자로서 우리 농촌과 농민이 잘 살 수 있는 길이 무엇이고, 그것을 위해서는 정부가 무엇을 해야 하는가를 연구하여 학술논문을 발표하고 적지 않은 책도 출간하였다. 그리고 정부의 각종 위원회에 참가하여 정부 정책의 잘잘못을 따지고 대안을 제시하기도 하고, 신문에 칼럼을 쓰고, 텔레비전에 나가서 목청을 돋우기도 하였다. 그런데 안타깝게도 정부의 농업 · 농촌정책이나 우리 농촌 현실은 내가 기대하는 것과는 거꾸로 돌아갔다. 그 이유가 무엇일까. 나의 오랜 고민의 결론은 이렇다. 우선 정책결정자들은 지금의 농업 · 농촌정책을 바꾸어야 할 이유가 없다. 농정은 국가 전체 경제정책의 하위정책으로 경제정책의 방향이 바뀌지 않는 한 농정도 바뀔 수 없다. 정부의 경제정책 방향이 개방과 자유화를 추구하고, 농업 · 농촌을 희생해서라도 고도경제성장을 하는 것이

지상과제라면 농촌과 농업의 붕괴가 눈에 들어올 리 없다. 농정은 기껏해야 성장제일주의 경제정책의 뒤치다꺼리나 하면 된다. 그 구체적 표현이 농업농촌에 대한 각종 보조금과 투융자 정책인데, 이것은 농촌문제를 해결하기 보다는 오히려 더욱 악화시키고 있다. 그런데 보다 심각한 문제는 농촌주민이나 농민이 이러한 정책의 본질을 제대로 파악하지 못하고, 농업농촌문제의 해결을 위해서는 정부가 더 많은 지원을 해야 한다고 요구한다.

목마른 사람이 샘을 판다는 말이 있듯이 농업·농촌문제의 해결은 문제의 당사자인 농촌주민과 농민들이 스스로 해결해야 한다. 그리고 그러한 문제를 해결할 수 있는 주체역량이 성숙되는 만큼만 농촌문제가 해결될 수 있다. 그렇다고 해서 나는 사람이 바뀌어야 세상이 바뀐다고 생각하는 것은 아니다. 농업농촌문제의 근본적 해결을 위해서는 세상이 바뀌어야 하지만, 그것을 바꿀 수 있는 주체 역량이 우리에게 있는가를 묻는 것이다. 뜻을 같이하는 동료들과 함께 몇 년 준비 끝에 2004년 3월 지역재단을 창립하였다. '지역을 바꾸어 세상을 바꾸는 지역리더'를 양성하겠다는 야심을 갖고. 지역재단 창립 이후 6년을 되돌아보면, 우리가 한 일은 미약하고, 우리 농촌의 현실은 조금도 나아지지 않았고 동시 다발적 자유무역협정에 의한 농산물시장개방 압력 등으로 어떤 점에서는 더 절망적으로 변하고 있다. 그렇지만 나는 최근 우리 농촌지역에 과거 어느 때보다도 지역의 운명을 중앙정부나 외래 자본에 맡기지 않고 자신의 운명을 스스로 결정하려는 주체적 노력이 증대하고 있는 것에 우리 농촌과 한국사회의 미래 희망을 본다.

이 책은 우리가 이 시점에서 왜 지역에 주목해야 하는가, 지역의 지속가능한 발전경제적, 사회적, 환경적으로 통합적 발전과 지역의 내발적 발전, 주민자치, 그리고 지역의 주체 역량 강화를 위해서는 무엇을 어떻게 해야 할 것인가에 대해 내가 지난 6년 동안 발표한 글과 강연 등에 기초해서 집필한 것이다. 그리고 지역의 내발적 발전, 즉 순환과 공생의 지역 만들기를 위한 농촌주민의 주체적 노력들 가운데 몇몇 대표적 사례들을 정리해보았다. 이미 많은 농촌지역에서 훌륭한 지역 리더들에 의해서 진정한 농촌마을 만들기 혹은 지역 가꾸기가 추진되고 있다. 정부의 정책 사업에 의존한 것도 있지만, 순수한 민간 차원의 힘으로 추진되고 있는 곳도 적지 않다. 이른바 성공사례라고 하는 것도 겉으로 보기에는 그럴듯하지만, 속을 들여다보면 문제가 적지 않다. 악전고투란 말처럼 지역리더의 현실을 잘 표현하는 말은 없다. 그렇지만 우리는 그러한 지역리더의 헌신과 땀 속에서 우리 농촌의 희망을 본다. 책의 제1부의 일부 내용은 이미 학회지〔『농촌사회』제3장 일부와 『사회경제평론』제3장 일부, 『농정연구』제1부 서장 및 제2장 일부〕등과 지역재단의 전국지역리더대회제2장 등에서 발표한 것을 새롭게 재구성한 것이다. 그리고 책의 제2부 지역사례의 집필에 있어서는 자료조사 및 초고 작성 과정에 지역재단의 허헌중 이사와 유정규 이사에게 많은 도움을 받았다. 현장 출장 조사 시에 귀한 시간을 내어 인터뷰에 응해주신 사례지역의 대표들에게도 사의를 표한다. 그리고 무엇보다도 이 책의 출간에 커다란 도움을 준 'KRA와 함께하는 농촌희망재단'에 대해 깊은 감사를 드린다.

2011년 1월

저자 박 진 도

차례

# I 지역의 내발적 발전의 이론

서장

# 왜 지역에 주목하는가

## 농촌사회의 붕괴, 위협받는 한국사회의 지속가능성

### 붕괴하는 농촌

우리나라의 농촌 인구읍면 인구는 1970년 1,850만 명전체 인구의 58.8%에서 2005년 876만 명18.1%으로 절반 이하로 줄었고, 65세 이상 고령인구의 비중은 같은 기간에 4.2%에서 18.1%로 증대하였다. 이 통계는 얼마나 농촌인구가 급격하게 줄고 고령화가 빠르게 진행되고 있는가를 단적으로 보여 준다. 그러나 평균적 통계는 진실의 일부만 이야기할 뿐이다. 농촌형 중소도시 나주시의 예를 보자. 나주시의 인구는 1970년 227,261명에서 2005년에는 98,770명으로 57%나 감소하였고 지금도 매년 천명 이상 줄고 있다. 세대 당 인구는 같은 기간에 5.6명에서 2.3명으로 줄었다. 자식들은 모두 떠나고 홀로 사는 노인 또는 노인부부 2인 가족이 보편적인 모습이다. 2007년 현재 나주시의 고령인구 비율은 평균 21%이지만, 시 지역동을 제외한 거의 대부분의 읍면지역은 인구의 30% 이상이 65세 이상 노인들이다. 자연부락 단위로 내려가면 상황은 더욱 심각하다. 60세 넘은 청년(?)이 가장 젊은이인 마을이 적지 않다. 태어나는 아이는 없고, 돌아가시는 노인들만 계시니, 머지않아 문을 닫아야 할 '자연 양로원'이 적지 않다. 명색이 시 지역의 형편이 이러하니 군 지역의 사정은 더 말할 나위 없다. 〈표 1〉에서 참고로 몇몇 지역의 인구추이를 보자.

〈표 1〉 농촌지역의 인구 추이(1965-2005년)

| 연도 | 인구 | | | | 65세 이상 인구 | | | |
|---|---|---|---|---|---|---|---|---|
| | 경북 의성 | 충남 금산 | 전북 순창 | 충북 보은 | 경북 의성 | 충남 금산 | 전북 순창 | 충북 보은 |
| 1965 | 203,753 | 124,944 | 104,966 | 113,620 | | | | |
| 1975 | 179,538 | 122,658 | 91,688 | 97,601 | 12,559(7.0) | 7,394(6.0) | 5,803(6.3) | 6,196(6.3) |
| 1985 | 122,645 | 95,222 | 60,576 | 68,153 | 13,847(11.3) | 8,236(8.6) | 6,203(10.2) | 6,840(10.0) |
| 1995 | 77,328 | 63,453 | 35,316 | 42,687 | 16,424(21.2) | 10,115(15.9) | 7,231(20.5) | 8,007(18.8) |
| 2005 | 56,522 | 53,269 | 26,250 | 32,320 | 18,512(32.8) | 11,881(22.3) | 8,232(31.4) | 9,071(28.1) |

### 위협받는 한국사회의 지속가능성

농촌사회는 붕괴되었지만, 한국사회는 고도성장을 달성했다. 가난한 농업국이었던 한국은 1960년대 후반 이후의 고도성장을 통해 2008년 현재 1인당 국민소득은 1만9231달러로 2만 달러에 육박하여, 세계28위211개국 중이고, 경제규모는 세계 15위를 기록하였다. 이러한 급속한 성장의 와중에 국민경제에서 농업이 차지하는 비중은 급속히 저하되고, 세계에서 그 유례를 찾아보기 힘들 정도로 빠른 농업구조조정이 이루어져, GDP에서 농업이 차지하는 비중은 1965년 37.6%에서 2008년 2.2%로 크게 하락했다.

농촌사회의 붕괴의 대가(?)로 얻은 고도성장으로 우리 국민들은 얼마나 행복해졌는가? 일인당 국민소득, 교육수준, 문맹률, 평균수명으로 평가하는 유엔개발계획UNDP의 인간개발지수에 따르면 우리나라는 세계 182개국 가운데 26위2009년로 상위권에 속해 있다. 그러나 기대수명, 삶의 만족도, 생태 발자국 등으로 평가되는 행복지수Happy Planet Index는 세계 143개국 가운데 68위2009년로 나타났다. 특히, 흡연율과 자살사망률, 그리고 교통사고 사망률은 OECD 국가 가운데 1위, 양극화상대적 박탈감와 이혼 증가율 역시 OECD 국가 가운데 1위라는 불명예를 안고 있다.

농촌사회가 과소의 불이익으로 붕괴의 위기에 직면한 반면, 도시는 집적의 불이익으로 교통문제, 환경문제, 주거문제, 교육문제, 실업문제 등으로 고통당하고 있다. 또한 수입농산물의 증대로 국민 식생활이 위협받고 있고, 도시의 사회적 생활환경이 악화되고 있다. 한 통계자료에 따르면 서울의 삶의 질은 세계 215개 도시 가운데 86위이고, 세계 10대 도시 가운데 꼴찌로 나타났다.

농촌사회의 붕괴로 식량안보, 농촌지역사회의 유지 발전, 국토 및 환경보전, 전통 및 문화의 계승, 인간교육의 장, 도시민을 위한 휴양 공간 등 농업·농촌의 다원적 가치가 위기에 처해 있다. 특히 국민의 먹을거리 기본권이 위협받고 있는 상황이다.

오늘날 농촌사회의 붕괴는 한국사회의 지속가능성의 총체적 위기로 나타나고 있다. 우선 경제적으로 지속가능하지 않다. 불평등과 양극화의 심화, 고용 없는 저성장, 식량과 에너지, 그리고 원자재와 시장 등 경제적으로 대외의존도가 높아 경제적 지속가능성의 위기에 직면해 있다. 또한 생태계적으로 지속가능하지 않다. 과도한 화석 에너지에 대한 의존과 흙, 물, 삼림자원의 파괴, 자연 약탈형 농법 등으로 생태계가 위기에 처해 있다. 그리고 공간적으로도 지속가능하지 않다. 도시와 농촌의 격차 심화, 대도시 특히, 수도권 일극으로의 집중이 심화되어 공간적 지속가능성의 위기에 처해 있다. 끝으로 사회문화적으로도 지속가능하지 않다. 공동체 정신의 파괴, 소수자의 인권에 대한 배려 부족, 전통 및 문화의 위기, 풀뿌리 민주주의 위기, 지역주체성의 위기 등 사회문화적 지속가능성의 위기에 직면해 있다.

### 농촌사회 붕괴의 원인 : 국가 프로젝트의 산물

한국 농촌사회의 붕괴는 이른바 '페티의 법칙'으로 불리는 산업구조의 전환과정만으로는 설명할 수 없다. 이는 성장제일주의와 경제제일주의 정책에 따라 추진된 수출주도의 불균형, 공업화, 대기업재벌과 대도시 중심의 성장전략, 그리고 세계화와 시장개방, 경쟁력지상주의 농정이라는 국가 프로젝트의 산물이다.[1)]

이러한 국가 프로젝트 과정에서 우리 농업과 농촌은 국민경제에서의 올바른 위치를 상실하고 고도성장을 위한 희생양으로 치부되었다. 즉 개발독재 시기에 농업과 농촌은 경제성장 과정에서 값싼 농산물, 값싼 노동력, 값싼 농지와 수자원의 공급자로서의 역할만이 일방적으로 강요되었고, 세계화 시기에는 성장의 걸림돌로 인식되어 "농업보호는 소탐대실"이라는 주장이 제기되기에 이르렀다. 따라서 농촌과 농업은 고도성장의 과실떡로부터 소외되고 농촌주민은 일부가 떡 고물만을 분배시혜받은 반면, 엄청난 희생과 대가를 지불했다. 대량 이농과 자연환경 파괴로 인해 농촌사회의 유지 기반 자체가 붕괴되고, 농촌은 인간의 삶의 공간이 아니라 하루 빨리 떠나야 할 버려진 땅으로 인식되어 이농의 악순환 현상이 전개되었다.

현재 한국의 식량자급률은 전체적으로 25% 수준, 쌀을 제외하면 5% 이하로 떨어졌다. 녹색혁명은 쌀의 자급에는 기여하였지만, 식량자급 수준을 크게 떨어뜨리고 농업과 농촌의 환경과 생태계를 파괴했다. 생산성과 국제경

---

1) 박진도(1994)와 (2005)를 참조

쟁력 제일주의 농정으로 인해 농업은 지역자원 순환형 산업으로부터 석유에너지와 해외 수입 사료에 의존하는 대외 의존형 산업으로 전락하게 됐다. 또한 생산성 제일주의 농정은 농업 경영비의 증대와 농업수익률의 저하, 그리고 농가부채의 증대를 초래했다.

## 신자유주의 세계화와 지역 - 위기 그리고 기회

### 신자유주의 세계화란?

신자유주의는 우리 주변의 일상적 용어가 되었다. 그렇지만 이 말의 의미를 정확하게 아는 사람은 많지 않은 듯하다. 그 이유는 신자유주의란 말이 지니고 있는 이데올로기와 현실의 괴리가 크기 때문이다. 제2차 세계 대전 이후 선진 자본주의는 포드시스템과 복지국가라는 두 개의 수레바퀴로 황금시대golden age를 맞이하였다. 포드시스템은 높은 생산성과 대량생산을, 높은 생산성은 높은 임금을, 그리고 높은 임금은 대량소비를, 대량소비는 고이윤을, 고이윤은 고투자와 고생산성이라는 호순환 과정을 가져왔다. 그리고 이러한 호순환 생산시스템에서 소외된 사람들에 대해서는 국가가 복지정책으로 보호하였다. 그러나 이러한 자본주의의 황금시대는 미국경제의 위기베트남 전쟁으로 인한 재정적자와 무역적자와 두 차례의 오일쇼크 이후 스대그플레이션장기불황에 빠지면서 위기에 봉착한다. 1979년 영국의 대처수상의 등장대처리즘 그리고 1980년 미국의 레이건의 등장레이거노믹스은 이러한 선진 자본주의의 축적위기를 배경으로 한 것이다. 영국의 대처수상은 1979년부터 무려 11년간 집권하면서 주요 국영기업의 민영화, 사회복지 혜택의 축소 등 국가개입을 축소하는 시장주의 경제정책을 도입하였다. 이러한 대처리즘에 대해 이른바 진보학자들이 신자유주의라고 비판하면서 신자유주의는 정부개입의 최소화를 추구하는 시장근본주의와 같은 개념으로 사용되고 있다.

신자유주의는 국가의 시장개입 배제 혹은 최소화 즉 경제 자유화와 개방화, 규제완화, 민영화, 재정지출의 삭감과 감세, 노동시장의 유연화 등을 주장한다. 그러나 진보학자들이 신자유주의라고 비난한 대처와 레이건 등 보수주의 정권의 경제정책을 보면 시장주의와는 상당한 거리가 있다. 보수주의 정권 하에서 국가의 개입은 실제로 줄지 않았고, 그 내용과 형태가 달라졌을 뿐이다. 정부지출의 비중은 결코 줄지 않았고, 군사비 지출 등은 오히려 증가하였다. 보수주의 정권에서는 국가의 노동시장 개입 즉 노조탄압이 강화되고 이른바 법치주의를 앞세워 대중운동을 탄압한다. 거듭되는 경제위기 때마다 정부가 나서서 기업이나 금융기관의 도산을 막아준다. 경제위기 해결을 위한 국가의 개입은 1950년대와 60년대의 케인즈주의 시대보다 신자유주의 시대에 더 빈번하고 강력하게 추진되었다.

신자유주의의 본질은 시장주의가 아니라 자본본위주의資本本位主義, 그것도 초국적 대자본 본위주의라고 할 수 있다. 50년대, 60년대의 자본주의 황금기가 노동자계급과 자본가 계급의 일정한 힘의 균형을 바탕으로 해서 성립하였다고 한다면, 신자유주의는 자본가계급대자본의 일방적 우위에 기초하고 있고, 신자유주의는 대자본의 이익에 복무하는 이데올로기이다. 신자유주의자들이 말하는 시장경쟁의 강화는 기본적으로 시장의 강자대자본를 위한 이데올로기이고, 공기업의 민영화와 감세의 수혜자는 말할 나위 없이 대자본이다. 반면에 노동자계급과 서민대중은 노동운동의 탄압, 그리고 복지 지출의 축소 등으로 고통을 받는다.

세계화란 대자본의 경제활동의 무대를 세계로 확장하는 것, 즉 초국적 자본을 위한 이데올로기이다. 세계화란 미명하에 개방과 경쟁주의가 사회를 압도하여, 공동체적 가치의 파괴와 시민적 권리의 침해가 정당화되고 있다. 세계화라는 미명 하에 달러화와 영어를 앞세운 미국화가 급속도로 진행되고 있다. 신자유주의 세계화란 결국 초국적 자본의 경제활동의 세계화이고, 미국식 문화의 세계화이다.

### 사회경제시스템의 변동 : 1극 3중 경제에서 2극 3중 경제로

신자유주의 세계화 이전의 시대에는 '국민경제'의 발전을 중심으로 해서, 그것의 발전을 국제경제와 지역경제가 지원하는 1극 3중 경제의 사회경제시스템으로 파악할 수 있다. 즉 국민경제가 중심에 있고 국제경제무역을 통한 국제적 자원의 남용 · 약탈와 지역경제자원의 이동과 집약적 이용가 그것의 발전을 지원하는 구조란 점에서 형식적으로는 3중 경제이지만, 실질적으로는 국민경제만의 일극 3중 경제라고 할 수 있다.[2] 이러한 사회경제시스템에서는 지역경제는 국민경제에 종속되면서 쇠퇴할 수밖에 없고, 국민국가는 국민경제의 증대된 경제력을 토대로 해서, 낙후지역에 대한 지역개발정책을 실시하여 왔다.

그러나 신자유주의 세계화가 진전되고, 자본의 활동이 초국적 자본을 중심으로 세계화되면서 국경의 의미가 퇴색되고 '국민경제'의 의미도 퇴색된다. 초국적 자본의 입장에서는 세계경제만이 존재할 뿐 국민경제는 더 이상 의미가 없다.[3] 이미 국제경제관계는 국가 간의 경제관계internationalization로부터 세계경제로 확대globalization되었고, 지역경제는 초국적 자본의 이해관계에 따라 재편되어 대부분은 존립의 위기에 처해 국민경제의 걸림돌로 작용하고 있다. 그러나 초국적 자본이 주도하는 신자유주의 세계화는 더 이상 지속 가

2) 高崎經濟大學附屬産業研究所編『循環共生社會と地域づくり』. 日本經濟評論社. 2005년. pp.68-69

3) 그러나 이것이 국민국가의 몰락을 의미하는 것은 아니다. 초국적 자본의 이익을 뒷받침하기 위한 각종 국제기구가 존재하기는 하지만 세계국가가 없기 때문에, 초국적 자본은 여전히 자신이 속한 국민국가의 뒷받침을 받으며 발전한다.

능하지 않다. 오늘날 전 지구적으로 겪고 있는 경제위기세계적 장기불황과 금융위기, 자원위기석유 및 식량위기, 환경위기기후변화의 융합이 그것을 대변하고 있다. 뿐만 아니라 지역경제는 세계시장에 통합되면 될수록 불안정성은 증대하고, 지역경제의 흥망성쇠가 초국적 자본의 움직임에 의해 좌우된다. 세계화 특히 금융세계화는 고도의 기업서비스 활동과 정보통신시설이 집중된 이른바 세계도시를 필요로 하고, 세계도시는 세계경제의 지역적 네트워크로 존재하고, 세계경제의 지역적 네트워크에 포함된 일부 지역은 성장하지만, 대다수의 지역은 배제되고 주변화된다. 이러한 현상은 하나의 도시나 지역 내에서도 진행된다. 특히 세계화는 경쟁력이 약한 산업과 그러한 산업을 기반으로 한 지역의 경제적 기반을 붕괴시킨다. 즉, 농업과 중소기업의 몰락은 농촌과 지방중소도시의 쇠퇴로 진행되게 된다. 뿐만 아니라 신자유주의는 삶의 공간생산과 재생산으로서 지역을 위협하고 있다. 신자유주의에 기초한 경쟁과 시장주의는 노동권의 불안실업과 비정규직화, 대형 유통 자본에 의한 지역 상권의 잠식과 자영업자의 몰락, 농촌경제의 쇠퇴 등 지역경제를 위협한다. 다른 한편으로 신자유주의는 주거, 보육, 교육, 보건의료, 환경, 문화 등에서 공공성을 후퇴시키고, 사회서비스의 민영화, 시장화를 통해 지역주민의 삶을 위협하고 있다.

이와 같은 신자유주의 세계화 과정에서, 지역 환경이 파괴되고, 지역경제가 불안정해지고, 지역에 따라서는 지역의 경제적 기반 그 자체가 붕괴된다. 그렇지만 중앙정부는 재정위기 등을 이유로 더 이상 지역개발을 추진할 수 없게 되고, 신자유주의 분권화를 추진한다. 즉 지역의 문제는 지역 스스로 해결하도록 강요한다. 신자유주의적 분권화에서 지방자치단체들이 지역의 재정력과 경쟁력 강화를 내세우면서 무분별한 기업유치와 각종 개발 사업을 추진함으로써 난개발로 인한 지역 환경의 위기와 지방재정의 위기, 주민의 삶의 위기를 초래하고 있다.

세계화세계경제의 통합는 진전되겠지만, 초국적 자본의 일방적 주도 하의 신자유주의적 세계화는 지속 가능하지 않다. 한편에서는 경제위기, 자원위기, 환경위기를 극복하기 위해서는 초국적 자본의 활동에 일정한 규제를 가하는 글로벌 거버넌스global governance가 확립되지 않으면 안 된다. 다른 한편에서는 지역사회의 붕괴, 지역경제의 위기, 지역 환경의 위기는 지금까지처럼 지역경제를 국민경제나 세계경제의 종속적 지위에 두어서는 해결방법이 없다. 지역경제의 자립, 순환형 지역경제의 형성이 무엇보다도 긴요하다. 이런 점에서 사회경제시스템은 세계경제와 지역경제가 각각 독자의 발전을 모색하는 2극을 형성하고 그 가운데서 국민경제는 자본의 일 활동영역으로서의 국내경제로 전환된다. 즉 2극 3중 경제가 형성되고 있다.

## 지역의 재발견

### 지역이란?

지역이란 무엇인가? 첫째, 지역은 자연 · 경제 · 문화의 복합체다. 지역은 인간이 서로 협동하여 자연에 작용하고 자연의 일원으로서 인간답게 살아가는 장, 생활의 기본권역으로서 인간발달 · 자기실현 · 문화의 계승 · 창조가 이루어지는 곳이다.

둘째, 지역은 독자성을 갖는 개성적 존재이다. 지역은 자연, 자원, 경관뿐만 아니라 문화 및 삶의 방식에서 독자성과 개성을 지니고 있다. 지역의 매력은 독자성에 있지만, 다른 한편으로 지역은 항상 변화하는 존재이다. 따라서 지속과 변화의 균형이 중요하다.

셋째, 지역은 주민이 주인인 자율적이고 주체적인 자치단위이다. 따라서 지방분권과 주민참가를 토대로 한 지방자치를 확립하여야 한다. 지역의 크기범위는 불변은 아니고 생산력의 발전, 교통통신수단의 발달, 주민의 통치역량의 발달 등을 배경으로 확대될 수 있지만, 주민이 공동이해를 갖고, 귀속의식을 느끼며 지역 경영에 적극적으로 참가할 수 있는 크기의 단위여야만 한다.

넷째, 지역은 개방적 존재이고 지역의 교류와 연대가 필요하다. 지역의 자립과 지역 간 연대를 기초로 한 지역 간 시스템으로서 국토경영이 가능하다.

다섯째, 지역은 중층적 존재이다. 세계를 하나의 세계 공간이 아니라 지역경영에 기본을 둔 중층적 지역 시스템으로 이해할 필요가 있다. 인간의 기본적 생활권자연, 경제, 문화의 복합체인 지역의 경영이 먼저 있고, 지역 간의 종합조정시스템으로서 광역경영 · 국토경영이 있고, 국제적인 종합조정시스템으로서 국제적 지역경영 · 지구경영이 있다.

여섯째, 지역은 전국적, 국제적, 세계적 존재이다. 지역은 국가나 세계와 유기적 관련을 갖는 구성부분이므로 지구차원으로 생각하고 지역차원으로 행동해야 한다Think Globally, Act Locally. 지역의 재생으로부터 국가사회, 국제사회, 지구사회의 재생을 전망하는 것이 중요하다.

### 지역의 재발견 : 주체적 · 자립적 · 저항적 지역

첫째, 지역은 주체적 존재이다.

신자유주의적 분권은 중앙정부의 관점에서 지방분권이요, 신 개발주의적 지역개발은 자본의 관점에서의 지역개발이라는 점에서 그 한계가 명확하다. 지역을 중앙정부나 자본의 관점이 아니라 지역주민의 관점에서 재정립할 필요가 있다. 다시 말하면, 지역을 중앙정부나 외부자본에 의해서 그 운명이 결정되는 수동적 존재가 아니라, 지역주민들이 공동체적 일체감을 갖고 서로 연대하여 삶을 영위하는 공간, 즉 주체적 존재로서 파악할 필요가 있다.

둘째, 지역은 자립적 존재이다. 즉 지역은 인간 생활의 기본거점이다.

인간은 지역에서 생활하고 지역의 자연에 규정되어 지역마다 상이한 생활양식과 문화를 형성하며 지역적인 특색을 지닌 형태로 인간과 자연 간의 물질대사를 행한다. 또한 인간은 태어나서 배우고 놀고 일하고 즐기고 하는 모든 생활과정에서 사회적 협동연대을 한다. 이처럼 사람들은 자연과의 물질대사를 행하고 서로 협동하여 살아가는 생활의 거점, 즉 '인간적 지역'을 형성한다.

고대 이래 인류의 역사는 지역의 역사였고, 지역은 자립적 · 주체적 존재이다. 인간의 욕구에 비해 희소한 재화나 서비스를 생산하고 분배하고 소비하고 폐기자연에 환원하는 경제과정은 지역을 기본단위로 조직되어 왔고, 지역의 사람들이 일상적으로 필요로 하는 생활물자나 서비스는 지역의 토지, 자원, 에너지나 노동 등 지역적 생산요소의 투입에 의한 지역에서의 경제과정을 통해서 자급적으로 생산되는 것이 기본이다. 지역특산품을 이출하여 지역에서 부족한 타 지역의 특산품을 이입하는 지역 간의 거래관계는 지역에서의 경제과정을 보완하는 위치에 있다.

그러나 근대 이후 자본주의 경제발전은 노동력과 토지를 포함한 모든 생산요소를 전면적으로 상품화하고, 인간과 자연의 공생보다도 자연의 정복을, 지역적인 생활과 생산의 결합보다도 생산과 소비의 분리를 촉진하고, 지역적인 경제과정 대신 국민경제에서의 자본의 자유로운 영리활동과 재생산과정을 경제과정의 기본으로 했다.

국민적 규모의 분업과 교환을 기초로 하는 생산력의 발전은 사람들의 생활을 물질적으로 풍요롭게 하고, 인간의 자유를 확대했다. 경계나 국경의 아무런 제약 없는 경제활동의 자유가 강조되면서 지역이나 지역경제는 실질적으로 의미 없는 존재가 되었다. 경제의 국제화, 세계화가 진전되고 초국적 자본에 의한 세계경제의 통합이 진행되면서 지역의 자립성독자성은 상실되고, 국민경제와 세계경제의 종속적 일 구성 부분으로 전락하였다. 이처럼 자본주의 경제의 발전은 인간적 지역을 파괴하는 과정이라 할 수 있다. 그러나 이러한 경제성장이 자연환경을 파괴하고, 상품소비와 생활양식의 획일화가 다양한 지역적 생활양식을 쇠퇴시키고 삶의 질을 희생해왔다는 인식이 높아지고, 환경의 질이나 생활의 질과 연결된 경제발전이 요구되면서 지역경제이 다시 주목을 받고 있다. 더욱이 경기침체와 고용위기가 장기화되면서 기업이나 국민경제, 국제경제 뿐만 아니라 지역경제를 경제발전의 단위로 새롭게 다시 보는 움직임이 생겨나고 있다.

셋째, 지역은 저항적대안적 존재이다.

글로벌 시대라는 변화된 여건 속에서 지역을 국민경제와 세계경제의 종속적 존재가 아니라 주체적 자립적 존재, 즉 '인간적 지역'으로 재구성복원하는 것이 우리의 과제이다. 그런 의미에서 지역은 초국적 자본이 지배하는 중앙집권적 정치경제시스템을 인간의 삶을 중심으로 한 지방분권적 정치경제시스템으로 바꾸어가기 위한 저항적대안적 존재라 할 수 있다. 지역은 누구로부터 지배되지 않는 주민 자립의 공간이며 독자적 문화와 역사를 창조해 가는 곳이다. 따라서 지역은 중앙과 자본의 의지에 종속되지 않는 저항의 기반으로 작용할 수 있고, 지역을 '인간적 지역'으로 재구성하려는 노력은 궁극적으로 사회경제시스템의 변화로 이어질 수 있다. "지역을 바꾸어 세상을 바꾼다"는 말이 성립할 수 있는 근거이다.

01

# 지역개발의 두 전략

## 외래형 개발과 내발적 발전의 이론과 실태

### 외래형 지역개발의 이론과 실태

#### 외래형 개발이란?

외래형 지역개발이론은 후진국의 경제개발 이론을 지역개발에 원용한 것이다. 외래형 개발이론에 따르면 후진국의 경제개발의 목표는 선진국을 따라잡는 것catch-up인데, 후진국에는 경제개발에 필요한 자본과 기술이 없으므로 이것을 선진국으로부터 어떻게 도입하느냐에 따라 경제개발의 성패가 좌우된다. 마찬가지로 외래형 지역개발이론은 지역개발의 목표를 낙후된 지역이 앞선 지역을 따라잡는 것으로 정하고, 이를 위해 필요한 개발의 동력을 지역 밖에서 찾는다.

〈그림 1〉은 외래형 지역개발의 기본적인 이론모델을 나타낸다. 외래형 지역개발은 SOC에 집중 투자하여 산업기반을 정비하여 공장을 유치하면, 관련 산업이 발전되어 지역경제가 발달하여 지역의 자산 가격과 소득수준이 상승하고 재정수입이 증대되고, 주민의 삶의 질도 향상될 것으로 기대한다.

산업기반의 공공투자 집중

↓

소재공급형 중화학공업(첨단산업)의 공장 유치

↓

관련산업의 발전

↓

도시화 · 식생활 등 생활양식의 변화
(쌀법 중심 → 육고기 · 생선 · 낙농제품 · 과일 등 다양한 식생활)

↓

주변 농어촌의 농어업 근대화(수도작 → 다각경영 · 양식어업)

↓

지역 전체의 재산(토지) 가격 · 소득수준의 상승

↓

재정 수입의 증대

↓

생활 기반에 대한 공공투자 · 사회서비스의 증대에 의한 주민복지 향상

↓

기업 · 인구의 분산

↓

과밀 · 과소 문제의 해결

주: 미야모토 겐이치(宮本憲一 2009) 참조

〈그림 1〉 외래형 지역개발의 이론

이러한 외래형 지역개발이론을 농촌개발에 적용하면 다음과 같다.

첫째, 농촌지역의 주요 문제를 도시와 비교한 경제적, 기술적, 사회문화적 낙후성backwardness에서 찾고 있다. 따라서 농촌개발의 과제는 농촌이 도시를 따라잡는 것catch-up이 된다. 이것은 농촌발전이 농촌이 도시처럼 되는 것이라는 잘못된 이해를 가져온다. 둘째, 성장의 동력을 외부에서 찾고 있다driven from outside. 셋째, 개발주체를 중앙정부나 외부자본으로 본다. 따라서 중앙에 의한 하향식 개발이 주된 방식으로 된다. 넷째, 개발전략으로서 농업생

산성을 높이기 위한 농업근대화와 도시자본의 유치 등이 중시된다. 즉 중앙정부는 농업근대화농업기반정비 및 기계화, 기술보급 등를 지원하는 한편, 중앙정부가 중심이 되어 보조금 및 조세감면, 산업기반 및 기업입지조건의 정비 등을 통해 농촌지역에 외부자본이 진출유치할 수 있는 여건을 마련한다. 이를 통해 농공단지 및 리조트의 건설, 도로 등 사회간접자본의 건설을 추진한다. 다섯째, 개발목표는 경제적 개발이다. 즉 농업생산성의 향상 그리고 농촌지역의 새로운 일자리 창출, 사회간접자본의 건설 등이 개발의 목표이다. 여섯째, 농촌지역의 기능은 팽창하는 도시에 대한 식량 및 원료 농산물의 공급이다.

### 외래형 개발의 실태

그러나 외래형 지역개발은 그 기대와는 달리 지역발전에 기여하기 보다는 많은 문제점을 노정하였다. 〈그림 2〉에서 보듯이 외래형 개발은 막대한 사회간접자본을 투자하여 산업기반을 조성하였지만, 대부분 공장유치에 실패하였다. 이것을 만회하기 위해 무리하게 에너지 기지심지어는 핵폐기물처리장를 유치하거나 대규모 관광지 개발 사업을 추진하여 지방재정의 위기, 지역의 환경과 주민의 삶을 위협하는 결과를 낳았다. 중화학공업의 유치에 성공한 지역에서도 지역 주민의 삶의 여건은 나아지지 않았다. 그것은 공해, 재해, 자연파괴를 증대시킨 반면에 지역산업과의 관련성이 부족하여 실제로 지역주민의 일자리 창출이나 소득증대에 기여하지 못하였고, 경제구조와 재정의 왜곡, 농어업의 쇠퇴를 초래하였다. 이는 부의 대도시 집중과 대도시화에 따른 과밀과 지방의 과소화를 낳았다.

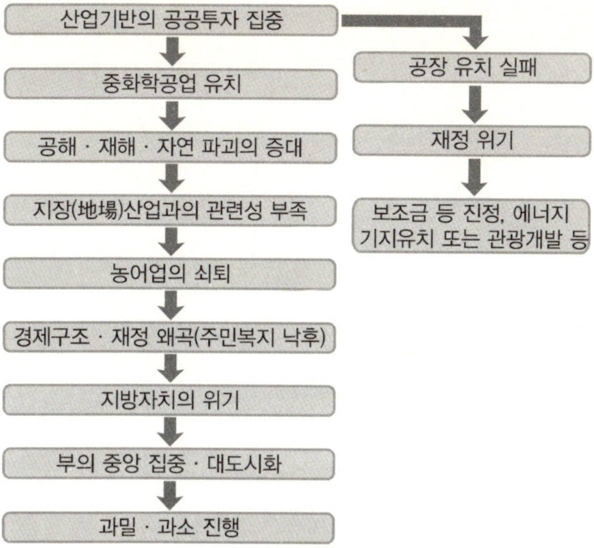


주: 미야모토 겐이치(2009) 참조

〈그림 2〉 외래형 개발의 현실

이러한 외래형 개발은 이론과는 달리 농촌지역에 다음과 같은 변화를 초래하였다. 첫째, 지역의 쇠퇴를 막지 못했다. 즉 정부의 지역개발 노력에도 불구하고, 1차 산업 부문 고용의 끝없는 감소, 젊고 유능한 노동력의 이농, 개발성과의 지역외 유출, 서비스의 쇠퇴, 산간오지의 방기, 조건불리지역의 공동화 등이 지속되고 있다. 둘째, 종속적 개발을 가져왔다. 즉 지역의 운명이 외부의 손에 맡겨지고 있다. 셋째, 왜곡된 개발을 가져왔다. 즉 소수의 선택된 부문과 농민에 관심이 집중되는 반면 나머지 부문은 소외되고 있다. 넷째, 파괴적 개발을 가져왔다. 즉 농촌지역의 문화적 환경적 차별성특성이 상실되고 있다. 다섯째, 불균형 개발을 가져왔다. 즉 외부자본 유치 매력에 따라 지역 간 불균형 개발이 심화되고 있다. 거의 대부분의 농촌지역은 외부자본을 유치할 매력이 없기 때문에 개발대상에서 소외된다.

## 외래형 개발론과 한국의 지역개발정책

우리나라에서도 국민의 정부 이후 지방분권화가 본격적으로 논의되었고, 특히 참여정부는 지방분권과 균형발전을 국정의 주요 과제로 설정하였다. 참여정부는 그 동안의 '통합적 균형발전'이 가치 이전을 통한 결과의 균등을 추구하였다고 비판하고, 지역에서 구축되는 지역혁신체계간의 경쟁과 협력을 통해 가치창출이 이루어지는 '역동적 균형발전'을 표방하였다. '역동적 균형발전'은 기회의 균등을 추구하면서 지역의 자기혁신 노력 정도에 따른 결과의 차등을 인정하고 오히려 결과의 차등을 역동성 발휘의 인센티브로 활용하고자 하였다. 이런 점에서 참여정부의 균형발전은 '경쟁력 강화를 위한 지역성장정책'이고, 지방에서도 발전 지역 또는 가능성이 큰 지역을 대상으로 하고 있다는 점에서 본질적으로 불균형 성장정책거점 중심의 개발전략이라고 할 수 있다. 참여정부는 균형발전이란 이름하에 각종 개발정책 예 행정중심복합도시, 6개 기업도시, 11개 혁신도시, 수도권 신도시, 경제자유구역, 지역특화특구 정책, 낙후지역개발, 새만금건설사업, 골프장 건설 등을 쏟아냄으로써 신개발주의 정부라는 비난을 받았다. 즉 참여정부의 균형발전정책은 말로만 소프트웨어지역혁신를 강조하고, 각종 개발프로젝트를 생태, 환경, 역사, 문화, 여가 등의 '잘나가는 주제'로 포장하였지만, 실제로는 하드웨어 중심의 개발이 압도하고, 대형 공공사업을 통하여 환경을 훼손하고 생태계를 파괴하는 신개발주의 혹은 신성장주의에 지나지 않는다는 것이다. 이 과정에서 지역혁신의 일차적 대상이 되어야 할 지방의 정치, 행정, 기득권 세력이 오히려 혁신주체가 되어 개발이익을 향유하고, 지역의 무능부패구조는 그대로 유지되었다. 천문학적 건설비와 토지보상금이 지역개발사업에 투입되었고, 전국에 개발 붐이 조성되면서, 토건자본 등에게 막대한 이윤을 실현할 기회를 제공하는 한편, 관료－정치인자본－지방토호 사이의 성장 동맹이 더욱 강고해졌다.

중앙정부의 이러한 신개발주의에 편승하여 지방정부도 지방재정력 강화와 지역소득 증대를 앞세워 공장유치, 골프장 건설 등 크고 작은 지역개발사업을 벌리고, 최근에는 대규모 국제대회의 유치에 열을 올렸다. 평창 동계 올림픽 유치 두 차례 실패와 삼수 의지, 2011년 대구 세계육상선수권 대회 및 2014년 인천 아시안 게임 개최권 획득, 2012년 여수 세계박람회 유치, 2015년 광주 하계 유니버시아드 대회 유치, 2020년 부산 하계 올림픽 유치 경쟁 등이 벌어지고 있다. 이들 도시가 이러한 국제대회의 유치에 열을 올리는 명분은 지역경제 성장 및 고용증대 효과이다. 대규모 개발 사업 특히 국제대회가 인프라 건설 등 대회기간을 전후하여 상당한 고용창출과 경제적 효과를 가져오는 것은 사실이지만, 그 동안 여러 차례의 국제대회에서 보았듯이 국제대회 개최가 과연 지역 주민의 삶이나 지역의 지속적 발전에 기여하는가에 대해서는 따져보아야 할 부정적 측면이 적지 않지만, 지역의 주민들은 '먹고 사는 문제'를 앞세운 신개발주의, 신성장주의의 포로로 되고 있다.

참여정부의 지역균형발전 정책신개발주의은 지역혁신과 지역 주체를 강조하였지만, 실제로는 외부자원국가예산지원과 자본유치에 의한 단기적 · 가시적 성장을 추구하는 외래형 개발의 변형이라고 할 수 있다. MB 정부는 참여정부의 지역균형발전정책이 산술적 · 결과적 균형에 집착한 나머지 실질적 지역발전과 국가경쟁력으로 이어지지 못했고, 세계지역과 비교한 경쟁력 강화보다는 수도권과 비수도권간의 균형과 행정구역간 형평성에 치중하였고, 중앙부처의 나눠주기식 분산 · 유사 중복 투자로 막대한 재정투자에도 불구하고, 투자효율성이 저조하고 지역의 특화발전을 저해하였다고 비판하였다.

MB 정부는 광역경제권(5+2) 발전 전략을 중심으로 기초생활권, 초광역경제권 등 3차원적 국토개발전략을 제시하고 있다. 정책의 기조는 균형발전보다는 경쟁력국가경쟁력과 지역경쟁력의 제고이다[4]. MB 정부는 수도권과 비수도권의 상생발전, 지역의 자율성에 기반을 둔 내생적 특화발전을 표방하고 있지만, 그 실체는 수도권 규제완화와 기업유치를 통한 노골적인 외생적 개발의 추진이다. 30개 선도프로젝트 국책사업을 추진하기 위한 광역기반시설 확충과 성장거점 육성50조원 투자, 광역경제권별 신성장 지역 선도 산업 육성, 토지이용 규제 완화, 5개 신규 국가산업단지 조성 및 노후 산단 · 항만 재정비, 수도권 규제완화와 개발이익의 지방이전, 개발가능 토지공급의 지속적 확대 등이 그 주요 내용이다. MB 정부 지역개발 정책의 핵심을 이루는 광역경제권 발전전략에 대해 김형기 교수는 "균형, 혁신, 자치 등의 개념이 빠져있고 기본적으로 외생적 거점개발 방식과 하향식 경제학에 기초하고 있기 때문에 내생적 지역발전 역량 강화를 기대하기 어렵고… 수도권에 집중 투자하여 그 적하효과trickle-down effect를 통해 지방을 발전시킨다는 하향식 경제학에 기초한 전략으로는 내생적 지역발전, 자립적 지방화, 자립적 지역경제 실현을 기대할 수 없을 것"이라고 비판한다.[5] 특히 MB 정부는 녹색성장을 표방하지만, 그 중심 내용이 4대강 살리기로 포장된 전국적 토목공사란 점에서 심각한 문제를 안고 있다. 뿐만 아니라, MB 정부에서는 감세정책으로 인해 지방교부세가 감소한 반면, 지방정부들의 강요된 경쟁력 강화 정책을 위해 무리하게 지방채 등을 발행함으로써 지방재정이 장기적으로 심각한 위기에 처할 것으로 우려되고 있다.

이렇게 볼 때 참여정부의 지역개발정책이 비록 신개발주의라는 비판을 받기는 하였지만, 지방분권과 균형발전을 중요시하는 정책 마인드가 있었다고 한다면, MB 정부의 지역개발정책에서는 경쟁력 제고가 전면에 나서면서

---

4) MB 정부의 지역개발정책에 관해서는 조기현, 「시군단위의 기초생활권정책의 변화와 전망」, 농정연구센터 『농정연구』 2009년 가을호(31호) 참조. 2009.

5) 김형기. 「지속가능한 선진지역경제 실현전략」, 지역재단 제6차 전국지역리더대회 자료집 『위기의 한국경제, 지역에서 희망을』 수록. 2009.

분권과 균형의 가치는 상실되고 대기업과 수도권 중심의 토목공사 위주의 구개발주의로 후퇴하였다는 비판을 피하기 어렵다.[6] 이처럼 참여정부와 MB 정부를 통틀어 우리나라의 지역개발정책이 외생적 개발을 벗어나지 못하는 가장 커다란 이유는 정부의 정책에서 주민과 지역의 관점이 결여되어 있고, 중앙권력과 자본에 의한 지역개발이 정책의 기조를 이루고 있기 때문이다.

## 내발적 지역발전의 이론

선진국에서는 제2차 대전 이후 1970년대까지는 외생적 개발전략이 중심이었지만, 70년대 말부터 외생적 개발전략에 대한 비판이 제기되면서 1980년대부터 내발적 발전전략이 추진되고 있다. 우리나라의 지역개발도 그 동안 기본적으로 외생적 개발을 추진해왔으나, 1990년대 말 이후 내발적 발전전략에 대한 관심이 높아지고 있다.

내발적 발전은 우선 근대화론에 입각한 성장제일주의를 부정하고, 인간의 기본적 권리의 실현을 추구하고, 발전은 물질생활의 향상 뿐 아니라 정신적 각성과 지적 창조를 통해서 실현될 수 있다고 본다. 둘째, 내발적 발전은 자율적自立的 발전을 추구한다. 즉 내발적 발전은 타율적 종속적 발전을 부정하고, 각 사회는 스스로 주권을 행사하고, 스스로의 가치관과 미래전망에 따라 발전을 도모한다. 각 사회의 발전은 그 자연적 문화적 환경 하에서 사회구성원이 지닌 활력을 살리고, 그 경제사회가 지닌 제 자원을 이용하는 형태

6) MB 정부의 지역개발정책에서 긍정적인 측면이 전혀 없는 것은 아니다. 기초생활권 정책은 "전 국민이 어디에 주민의 기본적 삶을 보장"하려고 한다는 점에서 진일보한 정책이고, 참여정부의 국가균형발전특별회계를 광역발전특별회계로 전환하면서, 지역개발계정의 국가보조금을 포괄보조금으로 전환한 것은 의미 있는 정책 전환으로 평가할 수 있다.

로 진행되어야 한다. 그리고 내발적 발전은 주민 스스로의 창의와 노력에 의한 산업의 진흥을 도모한다. 즉 내발적 발전은 외래 자본이나 보조금을 부정하지는 않지만, 그것들을 지역 주민이 주체적 · 계획적으로 도입해야 한다는 점에서 지역경제의 자립성 혹은 의사결정의 자율성을 중시한다. 셋째, 내발적 발전은 공생사회의 실현을 추구한다. 이는 인간과 인간의 공생 뿐 아니라 생태계의 보전을 통한 인간과 자연과의 공생을 추구한다. 넷째, 내발적 발전은 주민 참가와 협동, 자치에 의한 발전을 추구한다. 마지막으로 내발적 발전은 경제사회구조의 변혁을 추구한다. 즉 내발적 발전론은 독점 자본 본위의 정치 경제 사회 문화 구조의 변혁을 추구한다. 다만, 구조변혁을 기다리거나 구조 변혁을 전제로 해서 지역의 발전을 추구하는 것이 아니라, 지역에서의 실천을 통해 전체 구조를 바꾸려고 한다.

이러한 내발적 발전의 사상을 지역개발에 적용하면 다음과 같다. 첫째, 지역개발의 목표는 단순한 경제적 개발이 아니라 지역의 지속가능한 발전 즉 경제적, 사회적, 생태환경적으로 통합적 발전integrated development을 추구한다. 외생적 개발전략은 오로지 경제적 개발 즉 소득 · 고용 · 인구 등의 증대만을 목표로 하였지만 성공하지 못하였다. 내발적 발전에서는, 경제개발은 그 자체가 목적이 아니라 결과로서 실현되는 것이며 주민의 기본적 인권의 확립을 위한 수단물적 토대일 뿐이다. 따라서 내발적 발전에서는 안전, 건강, 자연 보전, 아름다운 경관 및 역사적 문화재의 보전, 복지 · 교육 · 문화의 향상, 민주주의, 주민의 인권 확립 등을 목적으로 하지 않으면 안 된다. 둘째, 내발적 발전은 지역개발의 방법으로서 발전의 동력을 원칙적으로 지역 내에서 찾는다driven from within. 내발적 발전은 지역 내 자원자연적, 인적, 물적, 문화적, 환경적의 최대한 활용을 통한 개발을 추진하고, 개발성과가 지역 내 순환보전되도록 한다. 그렇다고 내발적 발전이 외부와의 관계협력를 거부하는 것은 아니다. 모든 지역은 내적 요인과 외적 요인으로부터 동시에 영향을 받고, 지역 밖과 항상 상호작용을 하기 때문에 외부와의 관계를 중시한다. 그런 의미에서 외래자본이나 정부의 지원책 등을 적극적으로 활용하지만, 그들에게 지역의 운명을 맡기는 것이 아니라, 지역의 주체적 계획요구에 의해 외부와의 관계를 설정한다. 셋째, 내발적 발전에서는 지역발전의 주체가 원칙적으로 지역 자체이다. 따라서 지역주도의 상향식 발전, 지역 주민의 참여와 협동, 자치에 의한 발전이 중시된다. 지역 주민, 지역의 기업, 지자체, 협동조합, NGO, NPO 등이 지역 발전의 주체이다. 그렇지만 지역주민의 자치역량이 부족한 상황에서는 중앙정부 및 지방정부의 역할이 매우 중요하다. 따라서 정부와 민간의 역할을 분명히 하고, 다양한 행위자 사이의 파트너십과 네트워크를 형성하는 것이 중요하다. 또한 지역의 주체역량을 강화하기 위한 학습을 조직하는 것이 중요하다.

## 지역 혁신과 내발적 지역발전: 이론과 실천 사례분석

### 지역혁신과 상호학습

슘페터는 기업의 혁신적 행동으로 ① 새로운 재화제품기술 혁신, ② 새로운 생산방법제조기술혁신, ③ 새로운 판로의 개척마케팅 기술 혁신, ④ 원료 또는 반제품의 새로운 공급원 획득원료조달원의 혁신, ⑤ 새로운 조직의 실현조직혁신 등을 지적하였다. 기업의 이러한 혁신행동의 성과는 시장에서 평가되고 인정받는다.

그러나 혁신은 기업 뿐 아니라 정부, 학교 등 광범한 사회조직에서도 요구된다. 오늘날 정부부문의 혁신은 기업 못지않게 중요하게 인식되고 있다. 기업부문의 혁신은 시장에서 강제되는 반면에 정부부문 혁신은 외부의 강요

보다는 스스로의 노력에 의해 수행해야 하기 때문에 훨씬 어렵다. 정부 혁신 특히 자치단체의 혁신은 시민들의 정부에 대한 행정 서비스의 질적 향상 요구 때문이라고 할 수 있다. 따라서 정부혁신은 시민의 요구가 강할수록 강력하게 추진되고, 그 성과는 비용절감과 고객만족서비스의 질 향상의 정도에 의해 정치적 과정 등을 통해 평가받는다.

이렇게 볼 때, 혁신이란 일반적으로 기업부문이나 정부부문에 상관없이 새로운 아이디어개념와 기술을 적용하여 사회-경제적인 문제를 효과적으로 해결하고, 경제적 효율성과 수익성을 향상하는 의도적 활동을 의미한다. 종래에는 혁신 특히 기술혁신은 R&D연구개발 투자에 의해 주도된다고 인식되었다. 그러나 최근의 기업에 관한 연구결과에 따르면 R&D는 기술변화의 30% 밖에 설명하지 못한다. 즉 기술혁신은 R&D보다 생산현장에서 시행착오에 의한 관련기업, 공급자, 고객과의 상호관계를 통해서 이루어진다는 것이다. 따라서 최근의 혁신이론상호작용모델에서는 상호작용적 과정과 학습 과정이 중시된다. 과거에는 혁신이 수요 또는 시장에 의하여 유발되는가 또는 기술발달 혹은 과학에 의해 초래되는가를 놓고 논란이 있었다. 그러나 상호작용모델은 혁신이 수요와 공급 중 어느 하나에 의해 유발되는 것이 아니라 양자 간의 상호작용이나 피드백이 훨씬 중요하다고 본다. 또한 상호작용모델은 기술혁신을 신기술의 창출 뿐 아니라 새로운 기술과 지식을 습득하고, 소화하고, 사용하고, 변용하고, 변화시키고, 창조하는 과정이라고 본다. 새로운 지식을 흡수, 적용, 개량하기 위해서는 부단히 사용에 의한 학습, 실천에 의한 학습이 필요하기 때문에 혁신과정에는 학습이 중요한 지위를 차지하게 된다. 고객, 경쟁기업, 공급자, 연구소 등 다양한 외부자원과 지속적인 상호작용을 통해 학습learning by interaction할수록 혁신의 가능성은 커지기 때문이다.

상호작용적인 학습에서는 거래될 수 있는 지식, 즉 코드화되어codified 시장에서 거래될 수 있는 지식과 시장에서 거래되어지지 않는 암묵적tacit 지식을 구분하는 것이 중요하다. 여기서 암묵적 지식이란 개인이 소유하고 있지만 잘 정의되기 어렵고, 기호화하거나 문서화되지 않으며, 개인 · 집단 · 기업에 특수한 형태의 지식으로서 관계집단 간에는 상당한 정도 공유되는 지식을 말한다. 그런데 이런 암묵적 지식은 일부 관계 집단 사이에만 배타적으로 공유된다는 특징이 있다. 따라서 혁신을 위해서는 이런 지식에 접근하기 위한 네트워크의 형성과 이를 뒷받침하는 신뢰 형성과 같은 사회적 자본이 중요하다. 이처럼 암묵적 지식은 개인적이고 소통적인 상호작용을 통해서만 교환, 이해, 적용되기 때문에 암묵적 지식이 경제 내에서 발현되고 소통되는 양식은 사회적 맥락에 의존하기 때문에 혁신과 학습에 있어 영역성territoriality이 점점 중요한 의미를 갖게 된다.

지역은 대면적 관계가 가능한 '제한적 사회적 영역' 즉 지역의 대면성, 공통의 정체감, 소속감 등 문화적 근접성을 갖고 있기 때문에 상호협력과 지식의 유통을 촉진하는 역할을 한다. 지역혁신이란 지역 내에 입지한 제조업, 금융기관, 도소매업체, 대학, 사회단체, 공공기관, 행정기관, 농어민 등 다양한 사회-경제주체가 업무 추진에 있어 생산성, 경제성, 효율성 및 부가가치를 증진하는 혁신활동을 촉진시킬 수 있는 지역기반을 창출하는 혁신활동을 의미하고, 혁신의 성과가 혁신 주체 뿐 아니라 지역 전체에 파급되는 것을 말한다. 지역혁신의 내용은 경제주체의 혁신과 경제활동을 촉진하는 지식창출기반 확대, 인력개발, 지역의 관행 · 제도 · 문화를 만드는 것, 개별적인 경제주체가 상호학습과 협력을 통하여 경제활동 전 과정에 걸쳐 새로운 아이디어와 지식을 창출, 수용하여 경쟁력과 부가가치를 높일 수 있도록 하는 상호교류와 협력 시스템을 의미하며 이를 통틀어 지역혁신체제Regional Innovation System라 한다.

### 지역혁신과 발전의 유형(성과)

슘페터의 기업혁신이론을 적용하여 지역발전의 구체적인 성과를 주체의 특성을 중심으로 그 유형을 나누어 보면 〈표 2〉와 같다. 물론, 어떤 지역의 혁신이 이루어지기 위해서는 지역 내 구성원의 통합적인 의사결정과 실천이 필요하기 때문에 특정한 하나의 주체를 중심으로 혁신의 유형을 나누는 것은 한계가 있다. 즉, '지역농업인주도형'이라고 하더라도 행정이나 농협의 협조 없이 지역농업인만으로 혁신을 이루는 것은 불가능하며 마찬가지로 지역주민의 협력과 참여 없이 지자체의 노력만으로 지역혁신을 이루는 것 역시도 불가능하다. 다만, 여기서는 어떤 주체가 혁신의 주도적 역할을 담당했는가를 중심으로 유형을 분류해 보기로 한다.

먼저, 지역혁신을 통해 '새로운 지역상품재화 및 서비스의 개발'에 성공한 사례로서는 지역농업인이 혁신을 주도한 경우로 전북 고창 복분자, 고창 청보리 축제, 경남 남해 다랭이 마을의 그린투어리즘 등이 있고, 지자체가 혁신을 주도한 경우로 전북 순창 장류사업, 전남 함평 나비축제, 경남 남해 스포츠마케팅, 전북 무주 반디부리축제 등이 대표적이다.

둘째, '기존의 지역상품의 생산방법의 혁신'을 통해 지역의 부가가치를 높이고 혁신을 이룬 사례로서는 지역농업인이 혁신을 주도한 경우로 충남 홍성 문당리, 강원 화천 신대리 등이 있고, 지자체가 혁신을 주도한 경우로 충남 보령 머드산업 등이 대표적이다.

셋째, '지역상품에 대한 새로운 판로의 개척'을 통해 혁신을 이룬 사례로서는 지역농업인이 혁신을 주도한 경우로 장성 학사농장이 대표적이며, 농협이 주도한 경우로 안성 연합마케팅사업과 대관령 연합마케팅 등이 있고, 기타 종교단체나 그 지도자목사 등가 중심이 되어 지역상품의 새로운 판로를 개척한 경우로는 전남 장성의 한마음공동체와 강원 원주호저면의 원주생협 등이

〈표 2〉 성과를 통해서 본 지역혁신의 유형

| 구분 | 지역농업인주도형<br>(民主行從) | 지자체주도형<br>(行主民從) | 농협주도형<br>(농협+행정) | 기타형<br>(종교단체, 학교 등) |
|---|---|---|---|---|
| 새로운 지역상품<br>(서비스)의 개발 | • 고창 복분자<br>• 고창 청보리축제<br>• 남해 다랭이마을<br>• 양평 신론리마을<br>• 곡성 봉조리마을<br>• 진안 능길마을<br>• 의성 교촌마을<br>• 포천 교동마을<br>• 경주 세심마을<br>• 서천 합전마을 등<br>• 농촌관광마을 | • 보령 머드산업<br>• 함평 나비축제<br>• 남해 스포츠마케팅<br>• 무주 반디부리축제 | • 팜스테이 | |
| 기존 지역상품의<br>생산방법 혁신 | • 홍성 문당리<br>• 화천 신대리 | • 순창 장류사업<br>• 금산 인삼산업 | | |
| 지역상품의<br>새로운 판로 확대 | • 장성 학사농장 | | • 안성 연합마케팅<br>• 합천 연합마케팅<br>• 대관령 연합마케팅 | • 장성 한마음공동체<br>• 원주(호저) 원주생협<br>• 홍성 풀무생협 |
| 지역혁신체계<br>혹은 조직의 결성 | • 아산 푸른들영농조합법인<br>• 양평 팔당생명살림연대<br>• 남원 남농영농조합법인 | • 원주 의료기기산업 밸리<br>• 보성 녹차클러스터<br>• 양평 환경농업-21(YEAM)<br>• 서천 한산모시클러스터<br>• 경남 친환경쌀농업 클러스터 | | |
| 공공서비스 혁신 | | • 남해 민원배심원제도<br>• 나주 시민참여예산 학교<br>• 곡성 농촌교육 살리기<br>• 진안 환경농업대학 | | |

있으며, 지역학교가 중심이 된 경우는 충남 홍성의 '풀무생협'이 있다.

넷째, '지역혁신을 지속적으로 추진할 조직의 형성'을 통해 지역혁신을 이룬 사례로서 지역농업인이 혁신을 주도한 경우로 충남 아산 푸른들영농조합법인과 전북 남원 남농영농조합법인이 대표적이며, 지자체가 주도한 경우로 강원 원주 의료기기산업밸리, 전남 보성 녹차클러스터, 경기 양평의 환경농업-21YEAM 등이 있다.

다섯째, 공공부분의 혁신사례로서 전남 나주의 '시민참여예산학교', 전남 곡성의 '농촌교육 살리기', 그리고 전북 진안의 '환경농업대학' 등이 대표적이다.

### 지역혁신과 발전의 성공요인

① 지역리더의 리더십과 주체형성

지역리더의 확고한 리더십과 주체형성이 혁신의 가장 중요한 성공요인이다. 보다 구체적으로 보면, 지자체장 등 최고의사결정권자의 의지, 헌신적인 지역리더의 존재, 지역주민과의 파트너십 등이 지역혁신 성공지역에서 공통적으로 찾아볼 수 있는 특징이다.

함평군 「나비축제」의 경우 민선2기 자치단체장으로서 지역발전방향에 대한 확고한 의지를 가진 단체장군수의 리더십이 지역혁신의 가장 중요한 관건이 되었다고 할 수 있다. 전직이 방송국 PD출신인 현 군수의 환경관련 프로그램제작 과정에서 얻은 경험과 나비전문가나비연구소장의 만남이 지역의 비전을 '나비를 중심으로 한 청정지역 조성'으로 설정하는 계기가 되었고, 여기에 민선자치단체장이 갖는 상징성과 추진력이 지역의 비판과 반발을 잠재우고 혁신을 지속적으로 추진해나갈 수 있는 원천이 되었다.

또, 홍성군 문당리의 경우 지역주체형성과 관련하여 중요한 의미를 갖는 것이 '위대한 평민육성'을 목표로 하는 풀무농업고등기술학교이다. 지역밀착형 학교로서 노작교육과 인성교육 그리고 농업의 중요성을 강조하는 이 학교는 지역발전을 위한 인적자원 공급풀pool의 기능을 담당하고 있다. 풀무신협과 풀무생협, 홍동신문현 홍성신문의 전신 등을 설립하여 자립기반을 조성한 후 지역주민으로 환원하는 등 지역의 자각과 각성을 위한 주체적 기능을 담당해 왔다. 실제로 문당리의 환경농업은 물론 홍동면 전체의 지역혁신의 주체적 역할을 담당하는 주형로, 박인수, 박종권씨 등도 모두 이 학교출신이다. 이들은 환경농업의 확산을 위해 새로운 농법오리농법, 우렁이농법 등을 도입하고 소비자조직과의 직거래를 위한 지역조직체인 풀무생협전 이사장 : 박인수, 현 이사장 : 박종권의 활성화와 새로운 발전을 위한 주체로서 활동하고 있으며, 이들의 지도력과 헌신성이 지역혁신의 큰 원동력이 되고 있다.

이외에도 안성시 고삼농협, 아산시 푸른들영농조합법인 등도 조합장(조현선)이나 대표(이호열)의 미래를 내다보는 비전과 헌신성, 리더십이 조직과 지역의 혁신을 가능케 한 토대가 되었으며, 원주시 의료기기산업밸리의 경우는 지자체의 일관성 있는 지역특화산업 육성정책과 지자체, 대학, 기업, 지원기관간의 네트워크구축 및 주체별 역할분담 · 파트너십 형성이 지역혁신의 토대가 되었다. 특히, 원주시는 동 사업의 추진기간에 자치단체장이 3번이나 바뀌었음에도 최우선 시정추진과제로서 일관성 있게 추진함으로써 구성주체간의 상호신뢰 구축은 물론이고 대외적인 신뢰 확보에도 중요한 토대가 되었다.

나주시의 '시민참여예산학교'나 진안군의 '진안사랑환경농업대학', 양평군의 '양평환경농업－21' 등은 함평군 사례와 마찬가지로 자치단체장의 확고한 철학과 리더십이 지역 내 민 · 관 파트너십을 구축하는 토대가 되었고, 민 · 관의 상호협력이 지역혁신의 출발이 되었다고 할 수 있다.

이상에서 보는 것처럼 지역혁신에서 리더가 갖는 이러한 중요성은 유사한 사례연구에서도 그대로 나타나는데, 이처럼 소수의 지역리더에 대한 지나친 의존이 자칫 혁신사업의 지속성을 위협하는 요인이 되기도 한다는 점도 동시에 고려해 봐야 할 것이다.

② 지역자원의 발견과 종합적 활용(=逆발상)

지역혁신의 성공사례 특히, 기존의 자원을 활용하여 새로운 재화나 서비스를 창출함으로써 지역혁신에 성공한 지역의 경우 이러한 특징이 두드러지게 나타난다. 지역의 독특한 자원이 없다는 것이 오히려 지역자원의 새로운 활용방법, 역발상을 가능하게 한 요인이 되었다. 가령, 함평나비축제의 경우 버려진 지역자원을 역발상을 통해 상품화에 성공한 사례이며 특히, 남해군의 다랭이 마을의 경우는 한때는 '가난과 고통'의 상징이었던 다락 논을 활용하여 전국적인 명소로 탈바꿈하였고, 남해의 경우 상대적으로 온난한 지역의 기온과 스포츠에 대한 사회적 관심의 증폭을 효과적으로 연계함으로써 지역혁신을 주도한 지역으로 유명하다. 또, 무주 반디부리축제의 경우 역시 그동안의 국토개발과정에서 소외되고 낙후됨으로써 보전되어 왔던 지역자원 즉, 청정한 지역 환경을 '반디부리'라는 매체를 통해 효과적으로 이미지화시킴으로써 지역의 정체성 확립에 성공한 지역이며, 보령의 머드산업 역시 그동안 버려져 왔던 지역의 개펄을 효과적으로 자원화한 경우이고, 양평군의 환경농업추진정책 또한 수도권의 상수원으로서 각종 규제에 묶여 더 이상의 개발이 불가능한 지역적 조건을 '환경농업'을 통해 극복해 나가려는 역발상의 사례라고 할 수 있다. 이 모두가 지역의 버려진 자원을 재발견하고 역발상을 통해 그 불리함으로 재활용하면서 독창적인 아이디어를 결합시킴으로써 '장소마케팅' 혹은 '브랜드마케팅'에 성공한 경우라고 할 수 있다.

함평군의 경우, 나비축제를 개최하기 위해 절개지나 버려진 하천함평천변, 휴한지 등에 자운영, 유채, 갓 등을 심어 나비가 서식할 수 있는 환경을 조성하고, 1999년부터 나비축제를 시작할 당시 60만 명이던 지역방문객이 2001년에는 123만 명, 2003년에는 143명으로 증가하였다. 이러한 성공을 바탕으로 함평군에서는 나비를 형상화한 브랜드 「나르다」를 지역의 대표브랜드로 개발하여 지역 농특산물의 부가가치제고는 물론이고, 한 가지 소재로 다양한 목적을 충족시키는 이른바 'One-Source Multi-Use' 전략을 채택하여 나비가 갖는 청정이미지를 최대로 활용함으로써 지역전체를 친환경, 청정지역으로 홍보하는 수단으로 활용하고 있다. 지역의 생산물을 판매하는 것이 아니라 지역상품에 지역의 이미지를 결합시켜 판매하는 장소마케팅전략을 구사함으로써 소비자의 선호를 자극한 것이다.

홍성군 문당리 역시, 전통적인 축산지역이며 동시에 상대적으로 넓은 평야지역 즉, 수계와 오염원이 외부에 개방된 지역으로 일반적인 사고방식으로는 환경농업을 하기에 적절하지 않은 곳이다. 즉, 기존의 사고방식에 따르면, 환경농업은 산골짜기나 수계가 독립적인 곳 등 지역적으로 독립되어 있어 외부의 환경부하가 유입되지 않는 곳을 중심으로 전개하는 것이 유리하다고 되어 있었다. 그러나 오히려 이 지역이 환경농업에 불리한 지역이었기 때문에 그 효과나 상징성이 훨씬 더 클 수 있었고 사회적인 주목을 받을 수 있었던 것이다.

지역혁신의 성공사례로서 잘 알려져 있는 일본의 오오야마大山町 혹은 이시우찌石打區 등 많은 사례지역을 보면 지역혁신혹은 활성화 노력은 가장 불리한 지역조건과 가장 어려운 시기에 시작되었다는 점이 공통된 특징이다. 지역자원의 재발견과 종합적 활용, 역발상이 지역혁신의 주요한 동력이라는 것을 말해주는 것이다.[7]

③ 지역밀착형, 틈새시장을 겨냥한 경영안정의 도모

지역생산물의 안정적인 판로확보는 지역주민의 동참과 지속적인 혁신을 추진해 나가기 위한 필수적인 전제이다. 따라서 지역혁신 성공사례지역의 경우 다양한 판로 확보노력을 엿볼 수 있다. 마을단위의 사례로서는 화천군 신대리토고미 마을, 지역단위로서는 문당리를 중심으로 한 홍성군 풀무생협과 원주시의 원주생협, 조직체로서는 아산시 푸른들영농조합법인과 남원시 남농영농조합법인, 그리고 양평군 팔당생명살림연대구, 팔당상수원유기농업운동본부와 장성군 학사농장, 그리고 수입개방에 대응한 지역농산물의 안정적인 판로확보를 위해 개별생산자의 연합 혹은 생산자조직예 : 지역농협이 연합하여 소비자의 선호에 부응할 수 있도록 품질을 규격화하고 판매단위를 규모화하는 등 지역의 브랜드파워와 시장교섭력 강화에 성공한 경우로써는 안성연합마케팅, 대관령연합마케팅의 사례가 대표적이다.

홍성 문당리의 경우, 1960년에 설립된 풀무 고등학교 내 무인구판장이 모태가 되어 1983년에 공식 창립된 풀무생협을 중심으로 소비자조직과의 직거래를 통해 지역에서 생산되는 환경농산물의 안전적 판로확보를 위해 지속적인 노력을 해 왔으며, 그 결과 1985년 수도권 5개 지역과의 직거래계약을 맺은 이후 지속적으로 거래물량과 품목이 확대되어 오고 있다. 뿐만 아니라, 1995년부터는 '도농 일심의 함께 짓는 벼농사'를 지향하며 '오리보내기 운동'을 전개함으로써 소비자의 지역이해는 물론이고 농업 · 농촌이해의 폭을 넓히고 지역 환경농업발전을 촉진하는 계기가 되고 있다. 지역주민의 역량에 맞추어 단계적으로 조직을 확대해 나갈 뿐만 아니라 시대적인 흐름을 정확히 인식하여 소비자가 요구하는 환경농업으로의 전환을 다른 지역보다 앞서서

7) 박진도 · 박경(2000), 「일본의 내발적 지역개발전략에 관한 연구」, 『사회경제평론』 제14호. 한국사회경제학회

추진한 결과, 소비자조직과의 안정적인 직거래가 가능할 수 있었던 것이다.

안성 연합마케팅사업의 경우, 전국 최초로 지자체-농협-생산농가의 역할 분담을 통한 협력체계를 구축한 사례로 유명한데, 사업연합 내 각각의 핵심 주체들은 클러스터로 상호 연결되어 있고 그 클러스터의 핵으로서 안성사업 연합이 유통커뮤니케이션을 구축해 나가는 형태이다. 생산주체인 농가는 생산을 담당하고 농협은 농가의 조직화와 생산 및 출하지도, 시설보호 및 상품화 · 마케팅 사업연합으로서의 역할을 담당하며, 행정은 제도를 만들고 조정하는 역할을 담당한다. 이처럼 안성사업연합은 지역농협 간 협력시스템과 산지유통시설의 물적 기반APC, RPC, 신선편이, LPC을 토대로 상품화 · 마케팅 · 시설운영을 전담하고 규모화 · 전문화 · 시설화로 경쟁력을 확보해 나가는 형태로 사업을 추진하고 있다. 환경농산물직거래로부터 시작된 고삼농협의 노력이 조합내부의 경제 사업을 확대시키는 계기가 되었고 사업연합을 통해 지역 전체로 확산된 것이다.

#### ④ 지역농업경영의 복합화와 다각화

일반적으로 생산자조직의 구성원이 늘어남에 따라 새로운 문제점도 나타나는데 그것은 크게 두 가지로 대별된다. 하나는 소비를 초과하는 과잉생산이고 다른 하나는 효과적인 생산자관리이다. 그리고 이를 해소하기 위한 방법의 하나로서 가공 등 경영의 복합화와 유통망의 다각화새로운 유통망확보가 필요한 것이다. 가령, 금산군 인삼산업의 경우 한편으로는 다양한 소규모 농가형 가공백삼을 통해 농가의 부가가치제고와 대규모시설투자의 위험성을 줄여가면서 다른 한편으로는 홍삼 엑기스, 홍삼절편, 인삼주 및 인삼약초차 등 다양한 가공을 통해 제품의 부가가치를 제고시키기 위한 노력을 계속해 나가고 있으며, 보성녹차의 경우도 지역특산물인 녹차의 브랜드화와 가공을 통한 부가가치 제고 노력을 지속해 나가면서 다른 한편으로는 녹우, 녹돈, 녹차해수탕, 녹차가공체험단지조성 등 다양한 방향으로의 경영다각화를 추진해 나가고 있음을 볼 수 있다.

아산 푸른들영농조합법인 역시 생산자의 조직화를 통해서 규모화의 장점을 살려나가면서 생산증대와 시장변화에 대응하여 경영을 다각화함으로써 지역혁신을 지속시켜 나가고 있는 대표적인 사례라고 할 수 있다. 1975년 아산시 음봉면 산정리 40여명의 청년생산자들의 유기농업생산조직으로 출발한 이 조직은 1980년도부터 생산한 무농약 쌀을 직거래하기 시작하였으며 1996년에는 한살림천안지역조직과의 연계를 통해 '한살림 아산시생산자연합회' 결성으로 이어졌고, 2000년에는 친환경농산물의 과잉공급 사태에 대비하여 가공을 통한 안정화 및 안정된 유통망확보에 주력하기 위해 '푸른들영농조합법인'으로 확대 설립하였다. 그러나 2000년 까지만 해도 60여명에 불과하던 회원이 콩을 재료로 가공두부, 콩나물을 시작하면서 급속히 늘어나기 시작하였다. 콩 가공을 시작하면서 원활한 원자재확보의 방안으로써 콩 생산농가에 대해 장려금kg당 1,000원을 지급하자 아산에 거의 없었던 콩 기반이 약 40만평으로 확대되었을 뿐만 아니라 참여농가도 급속히 늘어난 것이다. 또한, 콩을 제외한 다른 품목도 일반농산물보다 친환경 농산물이 높은 가격이 보장되자 아산시 전 지역에 참여조합원이 500여 농가로 늘어났고 친환경농업 실천면적도 약 200만평으로 확대되었다2005년. 농업생산물을 그대로 판매하기 보나는 가공함으로써 부가가치제고와 지역의 고용을 창출을 늘릴 수 있을 뿐만 아니라 생산과잉이나 시장수요의 변화에 효과적으로 대응할 수 있게 된 것이다.

⑤ 지속적인 혁신노력

'혁신'은 지속성이 있어야 하며 그 결과가 구성원들에게 귀속되어야만 의미가 있다. 그러므로 혁신에 성공적인 지역의 경우는 그 혁신을 유지하기 위한 지속적으로 노력하고 있음을 알 수 있다.

가령, 함평나비축제의 경우 1999년 축제를 시작한 이후 지금까지 매년 다양하고 새로운 프로그램을 지속적으로 개발해 나가고 있으며, 2004년에는 학습과 체험을 주제로 한 '종합생태체험마당', '친환경농업체험마당', '추억·특별체험마당', '문화·예술마당' 등 5개 주요 프로그램을 진행하였다. 뿐만 아니라 함평군에서는 나비의 서식환경을 조성하기 위한 조치의 하나로써 자운영 씨 무상공급 등을 통해 주민참여를 유도해나가면서 주민의 체험과 학습기회를 확대해나가고 있다.

홍성군 문당리 역시, 새로운 농법의 시험과 도입, 유통시설의 확충과 새로운 유통망 확보, 장기발전계획 수립 등 지속적인 혁신을 추진해 나가고 있다. 한때 최고의 환경농법으로 각광받던 오리농법에 대한 사회적 비판, 환경부하의 증가 가능성 등의 문제가 제기됨에 따라 새로운 환경농법의 하나인 우렁이농법, 참게농법, 쌀겨농법 등을 지속적으로 시험해나가고 있으며, 유통시설의 확충과 새로운 유통체계를 도입하기 위해 환경농산물쌀 보관창고, 전용정비소, RPC 등을 추가설치하고 직거래로 충당할 수 없는 물량을 처리하기 위해 농협과 상업회사와 계약을 체결하는 등 새로운 판로를 확보해 나가고 있으며, 현 세대의 지역 가꾸기 노력과 환경농업 발전계획을 후세에까지 이어주기 위해 지역발전 100년 계획을 수립하여 추진해나가고 있다. 또한 화석에너지의 과다사용에 따른 문제점을 각성하고 교육하기 위한 풍력에너지를 시험하고 있으며, 환경농업교육관 설치 등을 통해 주민들에 대한 지속적인 교육을 실시해나가고 있다.

아산 푸른들영농조합법인의 경우, 농가에서 재배된 콩으로 푸른들식품공장에서 두부를 만들고 이때 나온 비지 등의 부산물을 채소와 축산농가에서 재활용하고 축산농가에서 나오는 분뇨를 경종농가에 공급하는 지역순환형 농업기반을 조성함으로써 지역의 부가가치를 높이는 동시에 환경오염을 최소화하는 지역순환형 농업생산시스템을 도입하였으며, 법인참여 조합원들과의 토론을 통해 장래의 친환경농산물시장변화예 : 공급과잉, 가격폭락 등에 대비한 자체적인 유통안정기금을 조성2000년함으로써 생산과잉에 따라 예상되는 농가피해를 최소화하기 위한 자구책을 마련하는 등 혁신노력을 지속해 나가고 있으며, 지방자치단체 및 농협과 긴밀한 협조체제를 이루면서 농협에서 농안기금을 지원받아 회원들의 농산물을 수매하는데 도움연간 약 80억 원을 받는 동시에 지방자치단체와 장기발전계획을 공동으로 수립함으로써 지역의 요구를 장기발전계획에 반영하는 등의 지속적인 혁신노력을 하고 있다.

안성사업연합에서도 조합간 협력시스템에 의한 회원제 공동계산조직 육성을 원칙으로 출하권 위임을 전제로 한 출하협약을 체결한 농가조직을 중심으로 광역화를 유도하는 한편, 회원제 공동계산이라는 계약을 이행하는 농가에 한해 사업 참여를 허용하는 등 선택과 집중을 지향하는 새로운 실험을 해나가고 있다.

### ⑥ 내발적발전의 동기부여

지속적인 혁신을 추구해 나가기 위해서는 구성원들의 자발적 참여가 절대적으로 필요하며, 구성원들의 참여를 촉진하기 위해서 가장 중요한 것은 혁신을 통해 주민소득을 증대시킬 수 있어야 한다는 것이다. 뿐만 아니라 지역 내 다양한 구성원들의 참여를 유도해 나가기 위한 지속적인 교육이 필요하다. 아울러, 지역사회의 의사결정과정에 시민단체의 참여를 확대해나가는 것도 지역구성원들의 내발적인 동기부여를 위해 대단히 중요한 방법이다.

아산 푸른들영농조합법인에서는 생산기술이 단순하고 부가가치가 적은 농경수도작을 기반으로 점차 고부가가치분야과수, 원예, 축산 등로 확대해나감으로써 실패가능성을 줄이고 주민들의 동참을 유도해 나가는 한편, 배당금 분배방식의 개선을 통해 조합원의 자발적인 참여를 촉진해 나가고 있다. 모든 조합원은 조합운영에 필요한 급여와 사무실 운영비 등을 수수료의 형태로 부담하는데, 이는 자기매출 총액의 1% 정도이다. 채소의 경우 가락동 농수산물시장 경우는 7%의 유통수수료를 받고 있지만 여기서는 약 2%에 불과하다. 만약 부족분이 발생하면 이에 대해서는 가공에서 나오는 이익으로 충당한다. 또, 법인의 활동을 통해 발생하는 이익은 우선적으로 농민들에게 배당되며 그 다음에 가공공장과 유통부문에서 일하는 직원들의 인건비, 지역 연대 사업, 장학사업, 회원들 중 자금이 필요한 농가에 대해 선도금 지급에 사용한다. 이러한 시스템은 조합원의 자발적인 참여를 촉진하는 유용한 동기로 작용하고 있다.

나주시의 시민참여예산학교 운영 역시, '21세기 나주발전위원회' 등 민간단체의 참여를 통해 민간의 자발적인 참여를 유도하고, 교육 참여를 통해 예산수립과 집행시스템을 이해한 지역리더들이 자기가 계획하는 사업 혹은 주민들과의 협의를 거쳐 지역에서 필요한 사업을 예산수립 일정에 맞춰 행정에 제출함으로써 주민의 의견이 예산에 반영될 수 있도록 하는 등 주민의견의 실질적인 참여를 촉진하는 계기가 되고 있다. 뿐만 아니라, 예산학교 운영을 통해 예산참여 필요성에 대한 주민들의 인식을 제고시킴으로써 일방적인 예산요구가 아니라 지정된 기한과 방법을 활용한 합리적인 예산참여가 가능하게 되고, 주민의 예산참여에 대해 행정 측의 이해가 증진됨으로써 시민들의 예산참여를 행정에 대한 간섭으로만 보던 관행적 시각에 변화가 보이고 있다. 시민들과 행정 내부로부터의 변화가 나타나고 있는 것이다.

⑦ 내외부(전문가)와의 효과적인 연계

대부분의 경우 혁신의 동력을 지역내부에서 찾기 어려운 실정이기 때문에 아무리 내발적인 발전전략을 추진한다고 하더라도 외부와의 연계는 불가피하다. 이러한 점은 지역혁신에 성공지역에서 공통적으로 나타나고 있는 현상이다. 안성사업연합의 추진과 (주)지역농업네트워크의 연계, 강원 화천 신대리와 (주)이장의 연계, 문당리와 풀무학교의 연계, 푸른들영농조합법인과 한살림의 연계 등이 그것이다.

안성사업연합의 경우, 그 실질적인 출발은 고산농협과 외부전문가그룹(서울대 농업정책연구회 : 현 (주)지역농업아카데미의 모체)과의 만남으로부터 시작되었다고 할 수 있다. 1994년부터 고삼농협의 새로운 경영진의 출범과 함께 외부전문가들이 참여하여 '지역농업컨설팅'을 위한 지역영농실태와 주민의식조사를 실시하였고 이를 토대로 환경농업과 직거래를 체계적으로 추진함으로써 '작아서 해볼게 더 많은 조합'으로서 자신감을 갖게 되었고, 이것이 발전해서 오늘날의 안성사업연합이 되었다는 것이다. 만약, 이러한 외부전문가의 적절한 도움이 없었다면(물론, 지역주체의 역량이 전제되었지만) 面인구 2,500여 명, 농가 500가구에 불과한 고삼농협은 벌써 통폐합을 거쳐 소리 없이 사라져버렸을지도 모른 일이다.

오늘날 환경농업의 최대 메카라고 일컬어지고 있는 홍성 문당리 역시 풀무농업고등기술학교라는 지역학교가 없었다면 상상할 수 없을 것이다. 이러한 판단은 다른 유사지역에서도 마찬가지이며, 이러한 의미에서 최근에 나타나고 있는 '신활력사업'의 FDfamily doctor제도 의무화 등 몇몇 정책상의 변화는 매우 바람직한 현상이라 생각된다. 정책당국에서도 지역혁신을 위한 외부전문가들의 참여필요성을 인정하기 시작했다는 증거일 것이다. 그러나 문제점도 없지는 않다. 이른바 농촌지역개발과정에서 외부컨설팅이 일정한 '시장'

을 형성하게 됨에 따라 불량한 '상품'이 나올 가능성도 커졌기 때문이다. 이러한 측면에서 지역혁신을 위한 보다 체계적인 전문가그룹의 양성과 관리가 절실한 실정이다.

⑧ 정부의 적절한 지원

사례지역의 대부분은 정부로부터 직·간접적인 지원을 받아왔고, 또 그것이 지역혁신을 달성하는데 중요한 토대가 되었음을 부인할 수 없다. 정부의 지원은 지역의 내발적인 동력이 극히 쇠약한 우리의 경우, 외부로터 혁신을 동력을 충원하는 중요한 수단이 되고 있다. 문제는 지역의 주체적인 역량이 어느 정도인가 즉, 지역이 얼마나 주체성을 유지하면서 정부의 지원을 받아들이느냐 하는 것이다. 동일한 정부지원을 받았음에도 불구하고 성공적인 사례가 많지 않다는 점에 유의하지 않으면 안 된다.

홍성군 문당리의 경우 초창기에는 별다른 행정지원이 없었지만, 1994년부터 환경농업에 대한 사회적 관심이 높아지면서 오리구입비용과 오리망, 오리집설치비용을 매년 500만원씩 지원받기 시작했으며, 이후에도 환경농업교육관 지원 사업을 비롯한 크고 작은 정책지원을 받았으며 2004년에는 농촌마을종합개발사업5년간 70억의 대상지역으로 선정됨으로써 새로운 발전의 계기를 맞고 있다.

화천군 신대리 역시, 강원도 새농어촌건설운동의 상償사업비, 녹색농촌체험마을, 마을가꾸기 대상, 정보화시범마을, 농촌마을종합개발사업 등 크고 작은 정책 사업이 지원되었거나 혹은 될 예정이며 아산 푸른들영농조합법인 역시 아산 친환경농업클러스터 지정 등 다양한 정책 사업을 지원받았거나 받을 예정인데, 이러한 경우는 다른 지역에서도 거의 공통적인 현상이다.

물론, 이러한 정책지원이 우리 농촌전체의 발전에 얼마나 기여할 수 있을 것인가 혹은 특정 선진지역에 편중 혹은 집중되고 있는 이러한 지원이 과연 바람직한 것인가 혹은 얼마나 효율적인가 등등에 대한 논란이 없는 것은 아니지만, 보다 더 중요한 것은 해당지역이 이러한 정책지원을 수용할 수 있는 능력이 얼마나 되느냐 하는 점이다. 정책수용능력 즉 지역의 주체역량에 따라 외부지원이 '독'이 될 수도 있고 '약'이 될 수도 있다는 것이다. 지역혁신에 성공한 지역의 경우, 공통적인 것은 모두 뚜렷한 자기목적 하에 정부지원을 활용하고 있다는 점이다. 따라서 지역혁신을 추구하는 지역에서는 먼저 지역 내부의 역량을 강화시키는 노력이 필요할 것이며 이에 대한 정책당국의 관심과 노력이 요구된다.

### 지역혁신과 발전의 과제

#### ① 1인의 지역리더에 대한 과도한 의존

지역혁신에 성공했다는 지역의 경우도 아직은 대부분이 소수의 지역리더에 대한 의존도가 매우 높은 것이 사실이다. 즉, 헌신적인 지역리더 1인의 역량과 희생으로 지역혁신이 유지되어가고 있는 지역이 많다는 것이다. 그러나 이처럼 소수의 지역리더에 대한 지나친 의존이 종종 혁신의 지속성을 위협하는 요인이 된다. 이러한 문제는 위의 사례에서도 찾아볼 수 있으며 특히, 그 리더가 지자체장일 경우, 주민의 선거에 의해 단체장이 바뀔 경우 혁신사업 자체가 위기에 직면할 수 있다. 그러므로 혁신을 주도하고 있는 지역리더의 이러한 문제점을 정확히 인식하고 정책결정과 이익배분과정에 전체 구성원의 의지를 담아낼 수 있도록 적극적이고 의식적인 노력을 기울여나가야 할 것이다. 더구나, 시대의 변화에 따라 리더의 유형이나 자질도 과거의 1인 중심의 영웅적이고 카리스마적인 리더에서 함께하는 리더, 시스템적인 리더로 변화하고 있다는 점을 정확히 인식할 필요가 있다. 아울러, 지역구성원 모두의 인식개선도 시급히 요구된다. 가령, 나주시의 주민참여예산학교 운영결과 예산에 대한 민원성요구가 증가하고 있어 이 예산학교가 자칫 민원제기의 장으로 변질될 우려가 있다는 점에 시민 모두가 유의해야 할 것이다.

② 지나친 행정주도에 따른 주체형성의 미약

이는 관주도로 추진되고 있는 지역혁신사례에서 공통적으로 나타나는 문제점이다. 과도한 외부홍보, 눈에 보이기 위한 하드중심의 사업 준비 등으로 인해 지역 내 갈등이 증폭되는 경우가 많다. 그 결과 많은 이벤트가 방문객 중심으로 치러지기 쉽고 결국, 행사는 성공적이었는데 '지역주민은 없는 행사', '주민이 배제된 체험과 놀이'가 행사의 주요내용이 되어버리는 경우가 많다. 주민의 합의와 참여가 전제되지 못한 채 행정주도로 이루어지는 각종 혁신사업은 자치단체장의 교체에 따라 지속성을 가질 수가 없다는 것이 일반적인 사실이다. 이러한 예는 과거 전국 최초로 그린투어리즘을 주창했던 전북 S군의 사례에서도 잘 알 수 있으며, 위에서 예시한 사례지역에서도 이러한 위험성은 상존하고 있다. 그러므로 행정에서는 각종 의사결정과정에 주민의 참여를 의무화하고 주민의 동의를 얻는 절차를 강화해 나가야 할 것이다. 지역 내 다양한 시민단체들을 정책의 결정과 추진과정에 참여시키려는 노력, 지역을 시민단체와 공동으로 운영해 나가는 이른바 거버넌스governance에 대한 의식이 요구된다.

③ 경쟁지역의 급속한 증가에 따른 지역적 독자성의 상실

지역혁신에 성공한 지역 특히 많은 농촌지역의 경우 생산방법의 혁신을 통해 지역을 변화시킨 경우가 많다. 가령, 홍동 문당리나 화천 토고미마을, 원주 원주생협구, 호저생협, 아산 푸른들영농조합법인 등이 그 대표적인 예이다.

즉, 관행농업에서 환경농업으로의 전환을 통해 지역을 혁신시킨 것이다. 그러나 이제 이러한 사례가 일반화되고 있어 이들 지역도 지금까지와 같은 독자성이 언제까지 유지될 수 있을지 의문이다. 뿐만 아니라, 지역 내에서도 참여회원들이 늘어남에 따라 판로나 회원관리 등 여러 가지 문제들이 나타나고 있다. 물론, 이러한 문제들에 대응하기 위해서 가공부문에 대한 관심이 늘어나고 있으며 농촌관광, 일사일촌 등의 도농교류 행사를 통해 도시소비자들과의 직거래체계를 만들어가는 등의 노력을 하고 있지만, 이러한 활동이 얼마나 내실을 거둘 수 있을지 의문이다. 따라서 문당리와 같이 유통망을 다양화하고 규모를 확대한다든가, 안성사업연합과 같이 농협 등의 생산자조직을 활용하여 지역브랜드를 만들고 체계화하는 등의 적극적인 대책이 요구된다.

#### ④ 지역자원의 효과적인 연계 미흡

지역축제의 대부분이 지역 내 특정자원을 활용하여 산발적으로 이루어지는 경우가 많다. 가령 함평나비축제의 경우도 생태가치의 재발견을 통한 지역의 부가가치 제고라는 의미를 갖고는 있지만 기존의 전통적인 문화와 접목되지 못한다는 지적이 있을 뿐만 아니라 인근지역과 광역의 관광자원과 연계할 수 있는 프로그램이 없기 때문에 방문객의 증가에 한계가 있을 것이라는 예상이다. 다시 말해 단순방문객은 증가하는데 한계가 있을 수밖에 없다는 것이다. 따라서 지역 내의 다양한 역사 문화적 자원, 자연적 · 인공적 자원을 종합적으로 연계 활용하는 지역혁신노력이 필요하다.

#### ⑤ 구성원의 이질화에 따른 내부갈등의 증폭

지역혁신에 성공적인 지역일수록 외부로부터의 이주자=귀농자들이 늘어나고 있다. 특히 최근에는 도시생활에 지친 시민들이 농촌지역으로 이주하는 사례가 늘어나고 있고 또, 정부에서도 이러한 이주활동을 적극적으로 지원할 계획이기 때문에 앞으로 이러한 귀농인구는 더욱 늘어날 것으로 예측된다. 이에 따라 농촌지역의 구성원들도 매우 다양화, 이질화되어가고 있고 따라서 구성원들 간의 이해갈등도 증폭될 것이다. 뿐만 아니라 기존의 생산조직도 참여자가 늘어나고 조직이 확대됨에 따라 구성원 내부의 의견충돌 가능성도 커지고 있다. 조직이 확대됨에 따라 생산농가들의 생산품목 및 생산량에 대한 자율적 의사결정 참여가 점차 축소되고 있으며, 중앙조직연합회 중심의 계획과 계약재배에 따른 문제점, 생산주체들의 불만해소 대책이 필요하다.

03

# 내발적 지역발전의 과제

## 순환과 공생의 지역 만들기

### 지역 만들기의 비전과 과제

**지역 만들기의 비전**(목표)

지역 만들기의 궁극적인 목표는 지속가능한 지역사회 만들기, 즉 지역의 지속가능한 발전이다. 이를 위해 근대화론에 입각한 성장제일주의를 부정하고, 인간의 기본적 권리의 실현, 기본적 필요의 충족을 목표로 하는 발전 패러다임의 전환이 필요하다. 발전은 물질생활의 향상뿐 아니라 정신적 각성과 지적 창조를 통해서 실현될 수 있다. 또한 지역 만들기는 경제적 · 사회적 · 환경적생태적으로 통합적인 발전을 추구해야 한다. 경제는 인간 생활에 필요한 물질적 기초에 지나지 않기 때문에, 경제적 개발이라는 하나의 관심만으로 지역 만들기를 추진하는 경우 지역의 발전이 아니라 지역의 파괴나 쇠퇴를 초래할 수 있다. 생태계의 보전과 인간의 전인적 발달을 지향하는 장으로서 지역을 재생하는 것이 지역 만들기의 기본목표라 할 수 있다.

### 지역 만들기의 기본원리 : 순환과 공생

지역은 인간이 서로 협동하여 자연과 물질대사를 행하는 생활의 거점이다. 이러한 지역이 지속성을 갖기 위해서는 인간과 인간의 공생, 인간과 자연의 공생이 필요하다. 이러한 공생의 원리는 순환의 원리에 의해 뒷받침되어야 한다. 첫째, 순환과 공생의 지역 경제를 만들어야 한다. 즉, 지역경제의 순환, 생산과 소비의 순환생산자와 소비자의 공생, 도시와 농촌의 순환공생이 이루어져야 한다. 둘째, 순환과 공생의 지역 사회가 조성되어야 한다. 인간 간의 공생협동과 연대과 지역자치가 이에 포함된다. 셋째, 순환과 공생의 생태계를 기본 원리로 한다. 여기에는 생태계의 순환, 지역자원의 순환리사이클링, 환경재생, 지역자원 순환형 농업이 포함되어야 한다.

### 지역 만들기의 과제

① 자립적 지역경제

지역의 자립적 발전의 기초는 자립적 지역경제의 확립에 달려 있다. 따라서 국민경제, 세계경제로부터 지역경제로 사고를 전환하고, 지역주민의 필요를 충족시켜줄 수 있는 경제, 즉 지역자원의 확보와 지역주민에 의한 지역주민을 위한 지역경제를 만들어야 한다.

또한 먹을거리와 생산 · 생활 자재, 서비스, 재화 등의 생산, 유통, 소비 등이 지역 내에서 이루어지는 지역순환형 경제를 실현하도록 노력해야 한다. 이것이 지역자급을 지향하는 것은 아니다. 지역은 개방적 존재로서 지역 내 순환과 지역 간 분업에 기초하여 성립한다. 다만, 지역 내 수급을 우선시키고 지역 간 분업국제·국내 시장 수출입을 이차적인 것으로 한다는 의미이다. 지역 간의 수평적대등한 상호의존관계에 기초한 지역경제의 자립을 추구하며, 여기서는 지역 이외의 수요에 의존하는 이출산업export industry과 지역 내 수요에 의존하는 지역시장산업local service industry의 연관효과가 중요하다. 가능한 한 지역자원자연적, 물적, 인적, 문화적, 환경적을 최대한 활용하고 발전의 성과가 최대한 지역 내에 보전되도록 한다. 따라서 외래 자본이나 보조금 등은 적극적으로 활용하되 지역의 주체적 계획에 의해 도입해야 한다.

이를 위한 실천과제로는 농촌지역의 관점에서 로컬 푸드, 지역농업 조직화, 재래시장 활성화, 지역특화산업 육성, 지역통화, 도농교류 등이 구체적 수단이 될 수 있을 것이다.

② 지역생활공동체(분권과 자치의 지역사회)

각 지역은 중앙이나 자본에 의한 타율적 · 지배적 발전을 부정하고, 스스로 주권을 행사하고 스스로의 가치관과 미래전망에 따라 발전을 도모한다. 각 지역의 발전은 그 자연적 · 문화적 환경 하에서 지역주민이 지닌 활력을 살리고, 그 경제사회가 지닌 제 자원을 이용하는 형태로 진행되어야 한다. 따라서 지역의 자립적 발전을 위해서는 지역주민의 참가와 협동, 자치가 반드시 필요하다.

민주적 지방분권은 주민자치의 실현을 위한 불가결한 필요조건이다. 따라서 풀뿌리민주주의를 위한 제도적 장치의 마련과 실천이 선행되어야 한다. 구체적으로는 주민발의, 정보공개, 주민 참여 예산, 주민참여조례, 주민소환 등의 제도가 도입되어야 한다. 또한 분권과 자치를 실현할 수 있는 주민역량의 강화도 필요하다. 여기에는 주민의 책임의식, 문화수준 향상, 공동학습 등이 포함된다. 구체적 실천과제로는 사회적 서비스교육, 보건, 개호, 의료, 환경, 문화 등를 지역 스스로 해결하기 위한 지역주민과 지방정부의 다양한 실천과 활동, 그리고 주민자치 운동과 공동학습 등을 들 수 있다.

### ③ 생태계의 보전

녹색혁명은 비료, 농약, 제초제 등 농자재 다투입형 농업, 비닐하우스 등 시설이용형 농업, 중화학적 농업으로 농촌지역의 생태계 교란과 환경파괴를 가져오고 먹을거리의 안전성을 위협했다. 녹색혁명은 다수확의 대량생산과 대량유통을 통해 제3세계의 식량문제 해결에 기여할 것으로 기대하였으나, 그 결과는 초국적 기업에 대한 종자 종속, 농자재 종속, 금융종속, 에너지 종속, 그리고 식량종속이라는 결과를 초래했다.

중앙집권적 개발에서 자연은 항상 개발의 대상일 뿐, 자연과 인간이 형성하는 생명의 순환시스템생태계이라는 사실이 거의 고려되지 않았다. 즉 중앙집권적 혹은 외래형 개발은 엔트로피 증대의 법칙을 무시하고 투입-산출의 효율극대화만을 추구하기 때문에 지역의 환경파괴와 주민의 빈곤화를 초래했다.[8] 따라서 인간 중심의 환경관에서 생태계 중심의 환경관으로의 전환이 필요하며, 이를 위한 실천과제로는 자원의 리사이클링, 환경의 재생, 지역자원 순환형 농업, 물과 에너지, 그리고 퇴비와 사료 같은 유형자원의 지역 내 자급 등을 들 수 있다.

### ④ 경제사회구조의 변혁

지역은 주체적 존재이지만, 국민국가와 세계의 일 구성 부분이기 때문에 국민국가와 세계의 정치경제시스템에 의해서 영향을 받을 수밖에 없다. 오늘날의 많은 지역문제는 중앙집권적 정치경제시스템과 이른바 세계화의 진전과 밀접한 관련을 갖고 있다. 지역이 안고 있는 문제지역경제의 쇠퇴, 공동화, 생태계 파괴 등의 대부분은 지역 자체의 힘만으로 해결할 수 없다. 따라서 순환과 공생의 지역 만들기와 인간의 전인적 발전을 위해서는 중앙집권적 국가와 초국적 자본

8) 엔트로피 법칙과 물질순환에 관해서는 권영근 역(2002) 참조.

에 의한 정치경제시스템을 민주적 정치경제시스템으로 변혁하지 않으면 안 된다. 문제는 중앙집권적 정치경제시스템의 변혁을 위한 원동력을 어디서 찾을 것인가 하는 점이다. 현행 시스템의 가장 커다란 피해자인 지역 그리고 지역주민이야말로 변혁의 주체이며, 지역은 저항적대안적 주체이다.

## 순환과 공생의 지역 만들기 : 실천과제와 사례

### 자립적 지역경제 만들기

지역의 자립적 발전의 기초는 자립적 지역경제의 확립에 있다. 자립적 지역경제란 지역자원의 확보와 지역주민에 의한, 지역주민의 필요를 충족시켜주는 지역주민을 위한 지역경제이다. 농촌지역의 관점에서 볼 때, 자립적 지역경제 만들기의 주요 실천과제는 지역먹을거리 체계로컬푸드 시스템 구축, 지역농업 조직화, 재래시장 활성화, 지역특화산업 육성, 지역통화운동 추진, 도농교류 활성화 등이다.

#### ① 로컬푸드 시스템 구축

지역경제의 순환 활성화와 자립적 지역경제를 실현하는 방법으로써 대표적인 것 중 하나가 '로컬푸드 시스템'의 구축이다. 우리발로 '지역먹을거리 체계'라고도 할 수 있는데, 지역에서 생산된 먹을거리를 지역에서 소비하는 것을 말한다. 지역을 중심으로 한 먹을거리의 수급체계를 통해 안전하고 신선한 먹을거리의 지역 내 안정적 공급체계를 실현하여, 화석연료의 사용을 억제하고 지역 내 생산자와 소비자의 공생을 도모하는 '인간의 얼굴을 한 지역 직거래 관계'를 구축하는 것이다.

로컬 푸드 운동의 의의와 효과는 신선한 식품공급, 생산자와 소비자의 연결, 환경적인 지속 가능성, 지역경제 활성화, 지역순환형 지역농업 발전 등을 들 수 있다. 로컬 푸드 운동의 대표적 유형은 학교 및 직장 등의 단체급식, 지역 농민시장, 생산자조직과 소비자생활협동조직생협 간의 직거래 등이며, 이러한 로컬 푸드 운동은 세계화에 대응하는 지역화 전략의 주요 수단이다.[9)]

앞으로 로컬 푸드 운동 발전을 위한 주요 실천과제는 바른 식생활교육의 국민적 전개, 로컬 푸드 홍보 강화와 소비확대를 위한 제도 정비, 생산 · 공급 측면에서 다양한 로컬 푸드 품목 개발과 농민적 식품가공산업 및 로컬 푸드 식당 육성, 소비유통 측면에서 공공기관 급식에의 지원체계 확립과 농민시장 및 직판장 활성화, 지역농업 활성화의 중요성 홍보와 도시농업 활성화 등이다.[10)]

**주요 실천사례**

현재 로컬 푸드 운동은 주로 우리농산물 학교급식 공급운동, 다양한 농민시장직판장의 형성, 약 30만 세대의 생협 직거래운동 등을 중심으로 전개되고 있다.

대표적인 사례로는 원주협동조합운동협의회의 생산자－소비자－행정－대학 간 로컬 푸드 지원센터 건립 추진과 상지대학교의 지역 친환경농산물의 학교급식 사용 등을 들 수 있다.

나주시는 2003년 9월 전국 최초로 학교급식조례를 제정하고 친환경 학교급식 생산단지를 조성하는 등 모범적인 급식재료 생산 · 공급체계를 갖췄다는 평가를 받고 있다. 이 밖에 장흥군도 2008년 3월 로컬 푸드 운동 원년을 선포했고, 완주군의 로컬푸드사업단을 운영하는 등 민·관 차원의 다양한 실천사례를 찾을 수 있다.

---

9) 김종덕 외(2006), 허남혁(2006)을 참조.
10) 우영균, 「로컬 푸드 운동과 신·소·학·관 연계방안」, 『'지역농업과 로컬 푸드 운동' 심포지엄 자료』, 상지대학교 국제친환경유기농센터 · (재)지역재단, 2007.

학교급식운동은 안전한 국내산 먹을거리특히 지역산 먹을거리의 급식 사용 의무화를 목표로 추진된다는 점에서 로컬 푸드 운동의 대표적 실천과제라 할 수 있다. 2002년부터 본격 추진된 학교급식운동은 당초 추진과제별로 구체적인 내용을 살펴보면 다음과 같다.

첫째, 무상급식의 경우, 2006년 학교급식법 개정에서 저소득층 자녀에 대한 지원 확대와 농어촌지역 학생급식 지원 이외에는 성과가 미비하여 향후 중점 실천과제로 지적되고 있다.

둘째, 우리농산물 사용의 경우 2007년 말 서울시의 조례 제정과 함께 16개 시·도 모두 조례를 제정했고, 234개 시·군·구 가운데 153개2007년 12월 말 현재에서 제정 또는 추진 중에 있다. 이들 조례에서 당초 '우리농산물' 사용 의무화 규정이 WTO협정 위반 시비로 문제가 되었으나, 약 27개 기초 지방자치단체에서 우리농산물의 사용을 의무화하는 조례가 제정되는 성과를 거뒀다. 그 외의 지역도 대부분 사실상 지역산 또는 국내산을 구입해야 지자체로부터 식재료비를 지원받을 수 있도록 되어 있다. 특히 제주도와 전라남도특히 나주시의 경우 지역산 먹을거리의 학교급식 공급체계 운영의 모범을 창출했다는 평가를 받고 있다.

셋째, 직영급식 전환의 경우 2006년 학교급식법 개정에서 법 시행2007.1.20 이후 3년 안2010.1.19까지에 모두 직영 전환을 강제하는 큰 성과를 올렸다.

넷째, 식생활교육 강화는 영양사의 영양교사 격상으로 일부 여건은 마련되었으나, 여전히 미비한 형편이다. 향후 급식운동의 중점 추진과제는 '(가칭)바른식생활교육기본법'의 제정을 통해 유아 및 초·중·고등학생은 물론 더 나아가 성인에 이르기까지 로컬 푸드 운동을 국민적으로 전개하는 것이다.

학교급식운동은 안전한 우리 먹을거리의 안정적 공급, 특히 지역단위에서 실현하는지산지소 로컬 푸드 운동으로서 의의를 갖는다. 또한 급식운동은 주민발의의 직접민주주의에 의해 추진됨으로써 지방자치주민자치 활성화에 기여하고, 아이들의 건강 증진과 국내산 및 지역산 먹을거리의 국내시장 확대에도 기여한다.

그러나 학교급식이 더욱 확대되기 위해서는 관련 법제도 개선에 이어 지자체 및 중앙정부의 예산확보무상급식의 단계적 실시에 이르기까지, 학부모 · 교사 · 생산자의 연대와 참여운동 활성화, 학생들의 바른 식생활교육 강화관련 법 제정과 농촌체험학습, 바른 식생활지침의 생활화 등, 지역산 먹을거리 공급체계 구축과 확대 등 해결과제도 적지 않다.

농민시장 및 직판장 등 지역 내 직거래시장의 형성과 활성화에 관한 주요 실천 사례는 다음과 같다.

장흥군의 토요시장 '고향할머니장터'는 노인 일자리 창출 및 토요시장 활성화를 위해 2006년 9월부터 시작한 지역농산물 직거래시장이다. '예당댁, 덕골댁, 위반댁' 등 택호를 활용한 판매 할머니 실명제 운용으로 소비자로부터 높은 신뢰를 얻고 있다.

원주시 새벽시장은 1994년 5월 개장하여 15년째 운영되고 있으며, 지역농업인 중심의 새벽시장협의회 관리체제 아래 생산자실명제, 원산지표시제 의무화, 회원 관리를 하고 있다. 이 밖에 충남농협지역본부의 대전 중구 직거래장터나 경기농협 지역본부의 금요장터 등 농협의 직판장들도 활발히 운영되고 있는 곳이 많다.

예천군 지보면 참우작목반의 경우, 한우 정육점 및 직영 식당을 운영하여 큰 성과를 얻었다. 21명의 한우 사육농민이 2006년 12월부터 생균제 사료의 신선 한우 직영 판매로 값싼 고품질의 한우정육 직판 및 농민 직영 로컬 푸드 식당을 운영하고 있다. 참우작목반의 직영식당의 성공으로 인근 개인사업자 식당도 활성화되었는데, 이와 유사한 로컬 푸드 운동 사례를 정읍, 횡성, 순천 등 각지에서 찾아볼 수 있다.

그 외에 신선한 친환경 제철 채소의 회원제 직거래 유통망 구축도 시도되고 있다. 수도권 '등대생협YMCA생협' 조합원들과 팔당생명살림 생산자 간의 "제철 채소 꾸러미 공급망" 실천이나 사회적 기업인 새벽공동체남원의 "유기농 쌈채 회원제 공급사업" 등이 이에 포함된다.

### ② 지역농업 조직화

개별 경영체의 규모화에 치중하는 엘리트주의 전업농 노선에 의한 농업구조개선정책은 농업과 지역사회의 쇠퇴, 식량자급률 하락과 농가경제 위기만을 초래했다. 이에 오늘 영세농경적 농업구조에서는 영세농을 포함한 지역의 모든 농업생산자원을 합리적으로 이용할 수 있는 '지역농업 조직화론'이 순환과 공생의 자립적 지역경제 만들기의 유효한 실천수단이 될 수 있다. 지역농업 조직화란 지역 내 한정된 지역자원을 지역 전체의 관점에서 효율적으로 결합·이용해 지역 전체의 토지이용형 농업 진흥, 생산력 증대, 산지 공동 마케팅 확립 등을 유기적으로 통합·추진하여, 지역 전체의 소득 증대와 경제 활성화에 기하는 것이다. 한마디로 농산물의 생산·가공·유통·소비의 총체적 체계로서의 지역농업 조직화를 추구하는 것이다.

주요 실천사례

지역농업인생산자조직 주도형으로는 아산 푸른들영농조합아산 한살림생산자연합회, 양평 팔당생명살림연대, 남원 남농영농조합, 제주 생드르영농조합흙살림제주도연합회, 원주 원주생협, 홍성 풀무생협, 고창 복분자산업, 장성 한마음공동체, 임실 치즈마을 등이 이에 속한다.

지역농협 주도형으로는 안성 고삼농협을 기초로 한 안성연합마케팅, 합천 율목농협을 기초로 한 합천연합마케팅, 대관령원협을 기초로 한 대관령연합마케팅, 고창연합마케팅 등이 포함된다.

지자체 주도형으로는 양평 환경농업-21YEAM, 보성 녹차클러스터, 순창 장류사업, 금산 인삼산업, 서천 한산모시클러스터 등이 있다.

### ③ 재래시장 활성화

중소도시와 배후 농촌지역의 지역경제 쇠퇴를 가장 잘 보여주는 것은 전통 재래시장의 침체이다. 이미 우리나라의 식품소매시장을 사실상 지배하게 된 대형소매업태'대형 할인점', '대형마트'가 중소도시에까지 경쟁적으로 입점하여 지역 내 재래시장 상권이 침체 몰락하게 되었다. 이는 배후 농촌지역의 소농중심 지역시장의 소멸을 초래했다. 대형마트는 지역매출의 대부분을 중앙으로 유출시킴으로써 재래시장을 통한 지역 소비자와 생산자 간 경제순환 고리가 끊기고 일방향의 지역수탈만 있게 된 것이다.

이에 대형마트의 지역구매력 독점 규제 조치가 가능한 수준에서 강구되어야 하지만, 이와 별도로 지역주민 · 생산자 · 행정 등의 상생협력을 통한 재래시장 활성화는 지역 농민시장 활성화를 포함하여 지역경제의 순환 활성화를 통한 내발적 지역발전에 필수 요건이라 할 수 있다.

주요 실천사례

그동안 재래시장 활성화를 위해선 2004년 '재래시장 육성을 위한 특별법' 제정 2006년 '재래시장 및 상점가를 위한 특별법'으로 개정과 함께 전국 재래시장에 주차장, 화장실 설치 등 시설정비에 대한 지원이 있었으나 큰 효과를 거두지 못했다. 지자체의 정비 사업은 대부분 기존 시장을 헐고 대형마트와 비슷한 상가로 재개발 또는 재건축하는 전면개발 방식이었다. 이에 따라 기존 상인들의 이해관계가 복잡하여 원활한 추진이 어려울 뿐 아니라, '대형마트 따라잡기, 흉내내기'에 불과했다.

2009년부터 중소기업청과 문화체육관광부 등 정부부처에서 지역문화와 주변관광자원이 풍부한 전통 재래시장을 '문화 · 관광형 시장'으로 육성하기 위한 전통 재래시장 활성화 시범사업을 추진하고 있다. 그런데 이 또한 지역주민과 상인, 인근 생산자, 지역 내 전문가집단 등 지역주체들이 상호 협력하여 모든 지역자원을 통합적으로 활용하는 지역주체의 내발적 발전전략이 결여되어 있고, 지역역량의 강화 과정이 생략되어 있어 그 효과가 불투명하다.

최근 '장도 보고 굿도 보고 콩쥐팥쥐전' 등 다양한 프로그램을 통해 교육, 문화가 어우러진 공간으로서 재래시장의 기능 변화를 추구하고 있는 전주 남부시장과 지역 공공예술집단 '공공작업소 심심心心'의 실험이 주목을 받고 있다. 시장특성에 맞게 고객위주의 시장 정비, 지역특성을 살린 지역시장 특화전략 등으로 자리 잡고 있는 주요 사례로는 장흥군 토요시장, 횡성군 횡성시장, 논산시 화지시장, 청주시 육거리시장, 대전시 서구 한민시장 등이 있다.

지역문화와 공연 공간의 조성, 신선하고 믿을 수 있는 다양한 로컬 푸드 체험 및 직거래, 지역상품권의 적극적인 활용 등 최근 재래시장 활성화를 위한 지역의 다양한 시도들이 지역살림의 사회경제 만들기라는 지역공동체문화운동으로 촉발되어가야 할 것이다.

### ④ 지역특화산업의 육성

지역의 특성을 살리고 여건에 맞으면서 연관 산업1차 – 2차 – 3차 산업의 시너지를 극대화할 수 있는 지연 · 향토 산업의 특화 육성지역특화산업 육성은 지역 내 기초산업의 소득증대와 연관 산업 전체의 일자리 창출, 발전성과의 지역 내 귀속, 지속가능한 지역발전구조의 정립 등 자립적 지역경제의 순환 활성화에 필수 요건이다.[11)]

역대 정부의 지역균형발전정책이 지역별로 나눠 먹기식 배분과 백화점식 나열 정책으로 추진되어, 지역 간 사업 중복에 의한 소모적 경쟁과 차별성지속성 약화, 지역의 실질적 자생력 육성 실패 등의 결과를 초래하고 있다. 따라서 지역특화산업 육성의 방향은 무엇보다 진정한 지속가능한 내발적 지역발전을 위해서 지역 특성을 살려 경제적 · 사회문화적 · 생태 환경적으로 통합적인 발전을 도모함으로써 지속 가능한 자생적 지역발전 역량을 강화하는 데 두어야 한다.

**주요 실천사례**

대표적 실천사례로는 고창군 선운산 복분자 주를 들 수 있다. 지역특산물풍천장어+복분자주을 결합한 통합 이미지를 활용함으로써 브랜드를 선점하여, 지역이미지 제고와 경제적 부가가치 증대로 지역 활성화에 기여했다는 평가를 받고 있다.

금산군의 인삼도 대표적 사례라 할 수 있다. 인삼생산은 국내 5%에 불과하지만, 국내 유통량의 85%를 차시한다. 홍삼엑기스, 절편, 인삼주 등 가공을 통한 부가가치 증대, 백삼 가공 등 다양한 소규모 농가형 가공 확산으로 부가가치의 지역 내 귀속 및 참여를 촉진했다.

보성군은 대기업 원료 생산기지에서 출발한 녹차 생산을 지역특산물화 하는데 성공한 사례이다. 지역 내 가공 녹차로 보성녹차 브랜드화지역마케팅에 성공했으며, 특히 관련 산업녹우, 녹돈 프랜차이즈화, 녹차해수탕 운영, 녹차가공단지 조성 등 확산으로 지역

---

11) 박진도 외(2009) 참조.

핵심 산업 구축, 차밭경관 조성 및 관광과 체험프로그램 운영으로 소비자를 유인하는 지역마케팅 성공으로 지역경제 활성화에 기여하고 있다.

함평군의 나비축제는 전통적인 농작물유채, 갓 등과 퇴비작물자운영을 활용한 대규모 꽃 단지를 조성하여 지역자원의 관광화에 성공한 사례이다. 함평군은 이를 토대로 나비축제를 개최하고, 지역의 청정이미지를 효과적으로 홍보하여 관광객을 유치하는데 성공했다. 이 밖에 지역축제를 활용한 브랜드나르다 개발로 지역산물의 상품화 및 부가가치 증대 등 지역경제 활성화의 견인차 역할을 하고 있다.

보령시 머드산업은 지역 부존자원머드, 갯벌진흙의 상품화, 화장품, 머드탕 등 관련 산업의 확대와 브랜드화, 머드축제를 통한 통합적 대외 이미지 제고와 홍보효과 극대화 등의 성과를 거뒀다.

그 외에도 봉화군의 파인토피아 '춘양목과 송이' 특화사업, 문경시의 오미자건강산업클러스터, 상주시 · 청도군 · 영동군의 곶감산업, 경산시의 종묘산업, 영양군의 고추산업, 김제시의 총체보리-한우산업'단풍미인' 브랜드, 신안군 천일염산업, 무안군의 백련클러스터, 부안군의 신 · 재생에너지산업유채단지 등, 서천시의 한산모시산업, 제주도의 마필산업 등이 이러한 사례에 포함된다.

이러한 다양한 실천사례를 통해 지역경제 순환 활성화의 과제 중 하나로 지적할 수 있는 것은 바로 지역 내 산업연관효과의 제고이다. 지역 내 수요에 의존하는 지역시장산업과 지역 외 수요에 의존하는 이출산업의 다양한 육성, 그리고 이들 산업 간의 연관관계를 구축하고, 지역 내 경제적 · 사회문화적 · 환경적 제자원의 통합적 발전을 추구하여 범위의 경제를 실현해나가는 것이 지역경제 순환 활성화의 핵심적인 실천과제라 할 수 있다.

### ⑤ 지역통화운동 추진

지역통화는 지역화폐, 지역품앗이, 지역병행통화 등으로도 불리는데, 'LETSLocal Exchange Trading System, 지역교환체계'를 우리말로 풀이한 것이다. 지역 안에서 구성원들의 신뢰를 바탕으로 서로 필요한 물품, 기술, 서비스를 주고받는 자립적 경제활동체계를 의미한다.

중앙은행 화폐가 불공정하고 파괴적인 법정통화로서 화폐의 물신성物神性을 조장, 부의 양극화를 심화하고 인간적 신용과 소통, 인간다운 삶의 교환문화를 파괴하는데 반해, 지역통화는 공동체 화폐로서 경제적으로 지역경제 활성화와 순환형 지역경제 확립의 의의를, 윤리적으로는 호혜적 교환을 통한 상호부조적 공동체 회복의 의의를 지닌다.

주요 실천사례

지역통화운동은 지난 90년대 후반부터 많은 곳에서 시도되었는데, 최근 대표적인 활성화 사례로는 대전 한밭레츠, 과천품앗이, 인천 이웃사랑품앗이 등이 있다. 최근 지역통화운동으로는 fm'미래화폐'시스템, 서초품앗이저축은행, 송파품앗이, 렛츠코리아, 녹색가게, 전주품앗이, 민들레 교육통화, 아름다운 지역공동체 나눔, 중앙대 부설 사회복지관 기술·도구은행, 감리교 통합 품앗이, 대구지역품앗이 늘품, 광명그루, 대전 한밭레츠, 과천품앗이, 인천 이웃사랑품앗이 등을 들 수 있다.

대전 한밭레츠는 1999년 10월에 시작되어 '두루'라는 이름의 지역통화를 사용하여 거래소 계정을 통해 교환하도록 하고 있다. '대전민들레의료생협', '대전 꽃피는 학교'구 '푸른숲학교', '두루학교' 등과 상호 연계하여 운영하고 있으며, 지역공동체 만들기 운동에서 가장 중요한 세 영역이라 할 수 있는 대안 경제지역통화운동-(의료)생협운동-(대안)교육운동의 통일적 추진이라는 점에서 의의가 있다. 거래 품목은 농산물 구입, 의료서비스, 채식뷔페·보육서비스 등 가맹점 거래, 재활용품 교환거래, 생산자소모임워커즈 컬렉티브 운영 등이다. 한밭레츠에서 운영하는 '생산자소모임 행복한 두루 마을'에는 '두루 베이커리'안전한 빵, 쿠키 제조, '두루 숲'천연재료를 이용한 비누, 세제, 화장품 제조, '두루 한 땀'황토염색 옷 만들기 등 3개의 워커즈 컬렉티브가 있다.

⑥ 도농교류 활성화

내발적 지역발전에서 농촌 지역사회의 유지 활성화를 위해 가장 긴요한 과제 중 하나가 경제활동의 다각화와 복합화를 통한 고용기회 유지 · 창출과 소득원 창출이다. 이러한 측면에서 오늘 농촌 지역사회에서 도농교류와 그 주요 내용인 농촌관광은 특별히 접근할 필요가 있다. 지역 내 부존자원과 특산물의 활용, 부녀자와 고령자의 경험과 유휴노동력을 이용한 지연地緣사업화, 지역자본과 아이디어, 전통기술의 활용, 지역인재의 발굴 및 육성 등을 통해 지역주민의 창의력을 높일 수 있는 지역자원 활용형 경제활동을 활성화함으로써 도농교류 촉진을 통한 농산물 판매 촉진과 소득 및 취업기회 창출도 가능하다.

도농교류의 주체와 관련해서는 교류관련 사업이 민간 자율에 맡겨져야 하나 주체역량 취약으로 행정의 지원이 불가피하더라도 그 개입이 민간의 자립역량 강화 방향으로 이루어져야 한다. 그리고 도농교류 사업은 특히 지역의 독자성, 특성, 고유성을 살려 사업화한다는 관점에서 지역고유의 상품과 서비스를 개발하는 틈새시장전략에 입각해야 한다.

이러한 도농교류 활성화를 위한 정책과제는 지역주체의 계획적 접근, 지역경영관리 기능을 담당할 추진조직 확립, 도농교류 지원조직의 설립 운영, 정보화 전략교류기반 강화전략, 도·농간 연계 강화전략 등의 동시 추진 등이다.

주요 실천사례

마을 만들기와 다양한 농촌관광, 직거래, 체험학습, 환경농업 등을 통한 도농교류는 관련 정책 사업을 활용하거나 지역 자체 역량을 통해 각지에서 지난 10년간 활발히 추진되고 있다. 하지만 최근 지역 주체역량 강화의 준비과정 없이 정책사업 추진을 서둘러 지역 고유의 개성과 창의에 입각한 차별적인 지역 만들기에 실패했다. 어디를 가나 판박이인 사례들도 많아 종합적인 진단 평가와 새로운 모색이 필요한 상황이다. 아래 사례로 든 마을들은 도농교류에 성공적으로 평가받는 지역들로서 도농 간 신뢰와 사회적 관계에 기초한 지역 활성화를 추구하고 있는 곳이다.

여기에는 강원 화천군 신대리 토고미마을, 경기 이천시 부래미 마을과 포천시 교동마을, 경남 남해군 다랭이마을, 경북 의성군 교촌마을, 전북 임실군 치즈마을, 전남 장성군 한마음공동체, 충남 홍성군 문당리 마을과 금산군 바리실 마을, 충북 단양군 한드미 마을 등이 포함된다.

그동안 도농교류를 촉진하기 위한 농어촌 체험 및 휴양사업의 육성 지원에 관한 법적 근거가 미비한 상태였으나, 지난해2007.11.22 '도시와 농어촌 간의 교류촉진에 관한 법률'약칭 '도농교류촉진법'이 제정되어 2008.7.1부터 시행되었다. 이 법으로 일정 조건을 갖추면 체험 및 휴양사업 관련 법적 규제가 완화되고, 도농교류활성화를 위한 개인 및 단체에 예산지원도 가능해지며, 도농교류 활성화를 위한 교육 및 전문 인력 양성도 활발해질 전망이다.

### 지역생활공동체(분권과 자치의 지역사회) 만들기

지역은 중앙이나 자본의 타율적 지배에 따른 종속적 발전을 부정하고 스스로 주권을 행사하고 스스로의 가치관과 미래 전망에 따라 발전을 도모해야 한다. 지역 발전은 무엇보다 그 지역주민이 지닌 활력을 살리고 경제적 · 자연적 · 문화적 제 자원을 통합적으로 이용하는 형태이어야 한다. 따라서 이러한 내발적 지역발전을 위해서는 지역주민의 자발적 참가와 협동, 자치가 기본 조건이며, 이를 위한 풀뿌리 민주주의의 제도화와 실천을 통한 민주적 지방분권은 필수 조건이다.

분권과 자치의 실현을 위해서는 지역의 주체인 주민역량 강화가 필요한데, 역량 강화는 바로 이러한 분권과 자치를 통한 내발적 지역발전의 수단이자 목적이다. 이러한 주민역량 강화는 국가주의와 시장주의로부터 배제되거나 왜곡 · 해체되는 지역공동체를 주민과 지역 스스로 책임지고 만들어가는 자발적 참가와 협동, 자치의 과정을 통해 이루어진다.

분권과 자치의 지역사회 곧 지역생활공동체 만들기의 주요 실천과제로는 복지, 교육, 문화, 보건의료, 고령자 및 장애우 개호, 여성, 아동, 환경 등 제 영역의 사회적 서비스를 지역 스스로 해결하기 위한 지역주민과 지방정부의 다양한 실천 활동, 주민자치운동과 공동학습 등을 들 수 있다.

① 지역복지공동체

최근 지역사회의 복지수준은 신자유주의적 분권화로 인해, 즉 국민적 최저한의 인간다운 삶을 고루 보장해야 할 국가 책무를 관련 예산 · 인력 · 권한의 이양과 재정개혁 없이 지역에 전가시킴으로써 악화되고 있다. 이는 특히 정책 우선순위에서 밀려나는 지자체의 복지정책, 관련 주민을 권리 주체가 아닌 시혜구휼 대상으로 보는 복지와 인권 마인드의 부족, 주민이나 당사자의 참여를 배제하는 행정주도의 정책과 행정 등, 오늘 우리 지자체의 자치수준으로 인해 더욱 심각한 상황에 직면해 있다.

이러한 복지 현실로 인해 지역사회의 사회적 양극화와 노령화, 사회적 약자들의 소외와 배제 등을 지역사회가 함께 해결하기 위한 지역복지공동체 만들기는 상생과 공생의 지역 만들기에 있어서 가장 바탕이 되는 실천과제이지만, 아직 지역 차원에서 복지를 일상 의제로 하는 실천 활동은 활발하지 않은 편이다.

주요 실천사례

1990년대 중반부터 지방자치 부활과 함께 지역에서도 다양한 시민운동, 주민운동의 모색이 본격화되었으며, 복지와 관련해서도 지역 복지정책의 개선과 지역주민의 삶의 질 향상을 위한 주민조직화를 위해 대구의 우리복지시민연합1995, 관악사회복지1995, 천안 복지세상을 열어가는 시민모임1998 등 다양한 지역복지운동단체가 결성되었다.

2000년대 들어 지방분권이 복지 분야에서도 왜곡된 방식으로 진행되면서, 지자체 정책의 우선순위에서 사회복지가 밀려나거나 복지예산이 삭감되는 문제들이 발생했다. 또한 2005년 8월부터 사회복지법 개정에 따라 시 · 군 · 구 기초지자체 단위에서 지역사회 민 · 관 복지 거버넌스의 일환으로 지역사회복지협의체가 구성되는 등 관련 사회복지정책이 변화하여, 이에 공동 대응하기 위한 지역복지운동네트워크가 발족됐다2005년 7월 31일.

주요 참여단체는 경기복지시민연대, 관악사회복지, 광진주민연대, 구로건강복지센터, (안산)나눔과 연대, (천안)복지세상을 열어가는 시민모임, (대구)우리복지시민연합, 위례지역복지센터, 인천사회복지연합, (광주)한국복지교육원, (충북)행동하는 복지연합 등 19개 조직이 참여하고 있다. 네트워크는 지역복지계획 수립, 사회복지예산 분석, 지역복지운동 활동가 교육훈련 등의 공동사업을 추진하고 있다.

이러한 네트워크 가운데 1998년 사회복지 관련 종사자, 시민운동가, 지역주민들이 힘을 모아 창립한 천안 '복지세상을 열어가는 시민모임'이하 '복지세상'은 지역복지공동체 만들기의 현장실천조직의 대표적 사례이다. 이들 조직은 지역복지운동 인큐베이터 활동과 주민조직화, 지역사회 관련 기관 · 단체의 네트워킹 등에 모범적인 사례라 할 수 있다. 특히 주민들이 스스로 지역사회 복지문제를 해결하는 주체가 될 수 있도록 주민조직화에 힘써 왔는데, '복지세상'을 모태로 만들어진 주민조직으로는 지역아동센터 운영기관 "미래를 여는 아이들", 충남여성장애인연대, 충남장애인부모회, 노인복지·건강센터 '느티나무' 등이 있다.

이러한 방식의 사업으로 인해 다양한 지역사회 복지활동가를 양성하고 연계시키는 성과를 거두었다. 그리고 2002년 지방선거 당시 지역 내에 있는 여러 복지 관련 단체 및 시설들과 "살고 싶은 복지도시 천안 네트워크"를 형성했고, 지역정치에서 사회복지의제를 쟁점화하고, 2005년도에는 지역복지단체들과 참여예산복지네트워크를 결성하여, 시민 이해의 사회복지예산 반영을 위해 노력했다.

### ② 지역교육공동체

도 · 농간 교육 격차 문제는 지역사회 쇠퇴의 원인이자 결과로서 활력 있는 지역 만들기의 핵심 과제 중 하나이다. 그동안 지역의 교육문제는 교육행정기관이나 학교의 책임 소관으로 선이 그어지고 지역주민과 학생의 주체적 참여가 어려운 문제였다.

순환과 공생의 지역 만들기는 무엇보다 내발적 지역발전을 위한 주체역량 강화를 위해 지역 교육력의 개선과 회복운동을 필요로 한다. 즉, 아동, 청소년 교육은 물론 지역주민의 평생 학습권을 보장하는 지역교육이 지역의 재생을 촉진한다는 관점에서, 학교와 지역사회가 분리된 것이 아니라 학교와 지역사회지역주민, 행정, 시민사회조직, 지역산업체 등의 적극적인 연계를 통해 지역교육공동체를 형성해야 한다.

이와 같이 지역주민과 학교가 함께 만들어가는 지역사회학교는 지역을 떠나버리는 방법을 가르치는 교육이 아니라 지역 일꾼, 지역 지킴이를 육성하는 교육이어야 한다. 특히 농촌지역의 교육은 교육 대상, 교육 영역, 교육 내용 전반에 걸쳐 지역주민의 삶과 통합적이어야 하며, 지역 전체가 교육의 장이라는 관점에서 일터-삶터-배움터의 통합 운영을 지향해야 한다.

### 주요 실천사례

공교육 내 대안교육 실천사례로는 농촌지역의 작은 학교를 지역주민과 교사가 함께 만들어 지역사회학교로 육성해가는 충남 아산시 거산초등학교, 경기 광주시 남한산초등학교, 양평군 조현초등학교 등이 있다. 이 학교들은 공교육 내 대안교육의 실천으로 주목받고 있다. 관련 교사들은 대부분 10여개 학교 교사들로 구성된 '작은 학교 교육연대' 모임 구성원들로, 학교 운영 역량 계발, 공교육 내 대안교육 프로그램 개발, 공동 교육연수 등을 통해 농촌지역 작은 학교들을 도시학교 따라잡기, 도시학교 흉내내기식이 아니라 지역사회 속에서 지역주민과 함께 아동, 청소년들의 바른 성장을 돕고 농촌지역 학교의 고유한 가치와 장점을 살려나가는 지역사회학교를 추구하고 있다.

지역교육운동단체로서 대표적인 사례로는 충남교육연구소와 산하 청소년문화학교 '느티나무'가 있다. 충남지역 교수와 교사가 중심이 되어현 회원 300여 명, 2000년 9월 '교육 및 교육주체 정체성 재정립, 지역단위 연구실천센터 기능, 교육운동연대 강화'라는 창립취지를 내걸고 창립된 민간교육연구 실천단체이다.

충남교육연구소의 주요 사업방향은 '아이들의 삶에 필요한 자발성과 창의성을 바탕으로 다양성이 존중되는 공존과 상생의 교육'을 실천하기 위해 '지역을 사랑하고 지역공동체에 기여하는 실천적 교육 연구'이다. 특히 농촌교육문화공동체 형성 활동으로 연구소 산하에 청소년문화학교 '느티나무'를 운영하고 있다. 아동 대상의 '마을 방과 후 공부방', 청소년 대상의 '느티나무 주말학교', 초중등 대상의 방학 프로그램인 '느티나무 계절학교', 농촌지역의 가치를 재발견하고 농촌지역에 맞는 자연친화적인 새로운 형태의 교육, 문화 프로그램으로서 농촌문화체험학습마을 주민들이 강사로 참여 등이 있다.

그 외 지역주민 교육으로서 어른 대상의 컴퓨터 한글교실 및 취미교실, 짚공예, 노동요 등 전통 농경문화 잇기 교실 등을 운영하고 있다. 아울러 마을 현안사업 지원마을 정책사업 계획서 만들기 지원 등, 마을 주민 복지 지원마을 소외계층 청소년 장학사업 등, 인근 학교들에 방과 후 교육활동 강사 파견 등 지역학교와 연계활동을 전개하고 있다. 최근에는 충남지역 초중고대학교와 지역민간 교육단체, 배움터, 전문가 집단이 함께 농촌교육의 희망을 찾기 위해 '충남농촌교육희망찾기네트워크'를 결성, 학교 안팎이 서로 소통하며, 지역사회와 함께 지역의 교육력을 높여 농촌교육의 희망을 찾아나가는 연대활동을 펼치고 있다.

아동, 청소년 교육은 물론 지역주민의 다양한 교육수요를 지역사회와 함께 충족시켜가는 지역교육공동체로서는 여성농업인센터, 지역아동센터, 지역자활센터방과 후 학교, 공부방 배움터 운영, 이주여성 다문화가정 교육, 지역주민교육, 소규모 창업교실, 자활직업교육 등 등이 있다. 이들 기관들은 과소화해 가는 농촌지역의 사회적 서비스를 담당하는 핵심 지역사회조직으로서 앞으로 순환과 공생의 지역 만들기를 위한 역할이 더욱 커질 것으로 전망된다.

### ③ 지역문화공동체

지역문화란, 일정 지역의 지리적 범주에 속하는 사람들의 공동체문화를 말하며, 지역문화 활성화란 자연환경을 포함하여 자연과 사람, 사람과 사람 간 소통이 원활하게 되는 것을 의미한다. 즉, 자연과 사람, 사람과 사람 간의 소통의 원활화지역문화 활성화를 추구하는 지역문화운동은 더불어 살아가기 위한 '순환과 공생'의 지역 분위기를 생성하고, 지역문화를 생성하는 주체가 바로 지역주민임을 자각하게 한다. 그래서 지역주민이 스스로 문화적 삶의 질을 높일 수 있는 권리를 찾아나가는 과정을 통해 지역주민의 문화적 역량을 강화하는 것이다.

문화 측면에서 지역의 현실은 정치나 경제에 비해 더욱 암담하다. 경제성장 제일주의로 문화가 도외시 되어 지역문화는 개념조차 없었으며, 지역문화라고 해도 기반시설 같은 하드웨어 구축의 건설행정 일환이며, 이를 운영할 소프트웨어나 콘텐츠는 거의 가동 · 개발되지 못하는 상황이다. 234개 기초지자체에서 약 1,000개에 이르는 대부분의 지역축제 역시 각 지역 고유의 문화 자원을 매개로 하지 못하며, 지역과 주민의 삶 속에 용해되어 있지 못하다. 더욱이 행정 위주여서 지역민들의 실질적 참여가 봉쇄된 경우가 많다. 이러한 측면에서 지역문화의 활성화, 즉 소통의 활성화와 주체적 참여에 의한 지역주민의 문화 역량 강화는 바로 지역문화운동의 핵심 과제라 할 수 있다.

지역문화운동은 1995년 지방자치 부활과 함께 활기를 띠기 시작했다. 한편으로는 중앙 예속적인 문화현상과 중앙에서 일방적으로 편성한 문화 재원과 정책으로부터의 분권 · 자치를 요구하며, 다른 한편으로는 지방정부의 전횡적 문화행정과 지방토호화한 지역문화 권력에 종속되기를 거부하는 문화민주주의와 문화 분권을 위한 지역문화운동이 전개되어 왔다. 2000년대 들어서는 신자유주의 문화정책의 강화에 따라 이에 맞서는 대안적 지역문화운동의 활성화를 위해 다양한 조직들이 연대하여 전국 네트워크를 결성, 상호연대와 지원 및 공동행동을 적극 펼치기에 이르렀다.

**주요 실천사례**

지역문화운동의 대표적인 전국 네트워크로는 2003년 3월 발족한 '지역문화네트워크'를 들 수 있는데, 분기별 지역순회를 통해 지역문화 이슈와 정책에 대한 포럼, 워크숍을 개최하여, 지역문화 활성화와 문화 분권, 지역문화의 정체성 확립을 주제로 하는 행사를 추진하며, 지역문화 소개, 지역 문화답사 등을 진행한다.

전국 각지의 지역문화운동 리더들이 지역문화네트워크를 결성하면서 내건 지역문화 활성화를 위한 10대과제는 '순환과 공생의 지역문화공동체 만들기'의 핵심

과제로서 앞으로 지역문화운동의 실천 비전이라고도 할 수 있다.

지역문화네트워크의 10대 과제에는 ① 문화 분권화의 추진 ② 지역의 문화적 삶의 질 향상 ③ 지역문화정책 및 행정체계의 개선 ④ 지역문화 전문 인력 양성 ⑤ 시민의 문화 참여제도 활성화 ⑥ 문화교류와 문화프로그램 활성화 ⑦ 지역문화시설 활성화 ⑧ 지역문화 재정 확충 ⑨ 지역문화 정보화 추진 및 문화정보시스템 활성화 ⑩ 지역 간 문화교류의 활성화 등이 포함된다.

지역문화단체의 주요 사례로는 부안생태문화활력소를 들 수 있다. 2006년 개관한 부안생태문화활력소는 부안군 변산면 마포리에 위치한 마포초등학교를 리모델링해 만든 지역의 생태문화공동체이다. 부안 지역의 생태, 문화, 대안학교, 풍물공동체 등 지역의 다양한 문화 활동의 근거지로서 농촌지역의 중요한 문화공간의 역할을 담당하고 있다. 현재 부안생태문화활력소에는 어린이집, 주민도서관, 풍물실, 생태농생활사관, 부안문화관, '부안의 밥상'관, 마을영화관, 숙소 등이 있다. 이곳에서는 천연염색 및 우리 옷 만들기, 함께하는 부안문화답사, 생태문화체험, 대보름행사, 지역주민을 위한 미디어교육, 생태학교, 기관지 '변산 바람꽃' 등을 운영하고 있다.

④ 여성 · 보육

2006년 총 농가인구 330만4천 명 중 여성은 169만7천 명으로 51.4%를 차지, 농업주종사자 비율도 여전히 52.5%를 차지하는 등 현재 농촌여성은 농업의 중심 인력2007 농림업주요통계이다. 하지만 농촌여성은 과도한 노동, 휴식 부족, 건상 악화 속에 농업생산에서의 다양한 역할 수행에도 불구하고, 생산보조자로 취급되어 농가주부, 무급 가족종사자로 인식되거나 농업종사자로서 사회적 지위가 없다. 농촌여성은 농업 위기 속에 생산수단, 의사결정, 교육, 법적 지위 보장, 사회복지, 사회적 참여 등 여러 측면에서 소외돼 있다.

농업농촌식품산업기본법의 농업인규정에 여성농업인에 대한 구체적 명시와 법적 지위 보장을 통한 사회보장제도상의 수급권 확대와 노동 보수 확보 및 자산취득에 대한 권리 보장방안을 마련하기 위한 활동을 전개하고 있다전여농, 한여농 등.

대표적 사례로는 제주도 '여성농업인육성지원조례' 제정 등 지자체의 관련 조례 제정운동을 들 수 있다. 이 밖에 여성농업인 소규모 일감 갖기 사업을 위한 창업교실 운영과 횡성 지역순환영농조합 '텃밭' 등 여성농업인의 공동경영체 조직을 통한 전통식품 제조 및 판매 활동 등도 이에 포함된다.

현재 여성농업인센터를 지역 여성농업인 종합교육문화센터로 활성화하려는 운동이 추진되고 있다. 이를 통해 여성농업인의 생애주기별 맞춤형 전문교육기관 육성, 농촌여성 및 이주여성 등을 위한 삶의 질 향상 프로그램과 다양한 문화예술 프로그램 운영, 지역 아동 및 청소년의 방과 후 학교와 공부방 및 문화예술교실 등을 운영하고 있다. 대표적인 사례로는 나주, 안동, 부안, 횡성 등이 있다. 그러나 여성농업인센터의 공공적 성격과 재정상의 문제가 있기 때문에, 센터사업의 농림부 환원예산 지원 및 법인화가 필요하다.

'농촌지역 이주여성 후견인제도' 도 추진되고 있다. 1군당 10명 이상 한국인 여성농업인을 후견인으로 지정하고, 이들로 하여금 이주여성 2~4명을 매월 6회 이상 정기 방문하여, 영농 및 가사활동을 함께 하며 농촌생활 조기정착 도우미로서 역할 하도록 하는 방안이 여성농업인단체들의 노력으로 추진되었으나, 2007년도 예산사업에서 제외됐다.

이 밖에 농번기 가사노동을 사회화하고, 결식아동과 독거노인 등에게 안정적인 급식시설로 활용하기 위한 마을 공동급식식당이 나주시에서 운영되고 있다. 그 외에도 관련 단체들이 농가도우미 이용범위 확대출산, 영농, 교육, 질병/사고, 간병, 경로 봉양 등와 지원액 인상 및 지원기간 확대, 면단위에 국공립보육시설 1개소 이상을 확충하여 안전하고 질 좋은 보육서비스의 제공을 실현하기 위해 노력하고 있다. 구체적 실천사례는 미미하지만 농업정책 전반에 걸쳐 성인 지적 사고의 정립 또한 중요한 실천과제이다. 또한 모든 정책이나 사업을 대상으로 성별영향분석평가제도의 실시, 농정 담당자들에 대한 양성평등교육, 성인지력향상훈련, 성별영향평가교육 실시, 각종 정책에 있어 성별 분리통계, 성인지 예산 편성, 성별영향평가 등을 통한 여성농업인의 이해와 요구의 정책 빈영과 세도화 등도 필요하다.

⑤ 주민참여 · 주민자치

자립적 지역발전을 위해서는 지역발전의 주체인 주민의 참여와 협동, 자치가 필수적이며, 이를 활성화하는 민주적 지방분권과 풀뿌리민주주의를 위한 제도적 장치 마련이 필요하다.

주민참여는 정책형성 단계에서부터 집행단계까지 주민의 의사를 반영하고 주민과 지자체가 협동하는 것을 의미한다. 정책이 이미 결정된 단계에서 참여하는 것은 진정한 주민참여가 아니며, 관과 민이 수평적 관계에서 협동하는 것이 진정한 주민참여라는 것은 매우 중요한 의미를 갖는다.

1995년 지방자치 부활 이후 자치의 핵심인 주민참여는 형식화되어, 아직도 주민은 동원되거나, 자기 지역과 생활의 개별 이익에 좌우되는 통치의 대상화 경향이 강하다. 지방자치가 민주주의의 학습훈련, 정치의 주체화를 이루는 학교가 아닌, 경쟁적 이익 추구의 장이거나 주민의 관심과 문제의식을 오히려 희박하게 만들어 낮은 투표율 속에 기존 보수 이익집단의 목소리를 키우는 풀뿌리 보수주의 강화의 장으로 고착화되는 경향까지 나타나고 있다.

또한 단체장이 인사권공무원 임용 및 승진 등, 재정권예산편성권을 거의 독점하여 제왕적 권한을 행사하고 있으나, 견제장치는 미흡한 실정이다. 의회의 견제권한 역시 한계공무원 임명 동의권도 없음가 있다. 예 · 결산 승인권이 있기는 하지만, 역량 부족, 제도적 한계 등으로 실제 일부 사업의 축소, 액수조정 정도의 역할에 머물러 있다.

최근 몇 년간 주민견제 수단으로 주민소환, 주민투표, 주민감사청구, 주민소송제 등이 부분적으로 도입되었으나 실행요건이 엄격하다. 분권은 주민참여, 주민견제를 강화하는 민주적 분권이어야 하는데, 신자유주의적 분권으로 지역에 책임부담을 일방적으로 전가하거나, 관－관 분권형으로 지역에서 신개발주의, 개발지상주의의 목소리만 키우는 '지역 민주주의 없는 지방분권'

을 초래하고 있다.

결국 주민들의 관심과 참여만이 지방자치 활성화를 통한 자립적 지역공동체 발전의 길이다. '참여를 통한 자치의 활성화', '관심과 참여를 높일 다양한 제도 마련과 주민운동 활성화'가 현 단계 지역자치운동의 핵심과제라 할 수 있다.

주요 실천사례

주민발의운동은 지방자치법상 주민발의제도'주민 조례 제정 및 개폐청구권'를 활용한 주민참여운동이다. 청원이나 탄원과 달리 대의제 민주주의의 한계를 보완하는 직접민주주의제도이다. 그러나 지방의회가 주민발의 조례안을 부결시킬 경우 주민의 대응방법이 없거나 발의 사항에 제한을 둔다는 한계를 갖고 있다.

대표적인 주민발의운동은 2002년부터 현재까지 전국적으로 전개된 학교급식조례 주민발의운동이다. 16개 시 · 도 모두와 234개시 · 군 · 구 중 153개 곳2007년 12월 말 현재에서 제정 또는 추진 중인 학교급식조례제정운동은 지역에서 학부모 · 교사 · 생산자 등 제 부문운동의 연대에 의한 지역 공통의제 개발과 이를 통한 주민자치 활성화에 기여하고 있는 모범적인 주민발의운동 사례이다.

그 외에도 주민발의제도를 활용한 운동은 지방자치 부활 이후 최초 사례로서 2001년 광명시의 도시계획조례 개정운동숙박시설 및 위락시설 등 유흥시설로부터 주거환경을 보호하기 위해 거리를 30m에서 50m로 늘리는 조례 개정안 주민발의, 2001.12.19 통과, 같은 해 과천시의 영유아 및 아동보육조례 개정운동관련 조례를 주민 의사에 따라 전반적으로 개정, 2002년 안산시의 '판공비 자동공개 및 지출에 관한 조례 제정' 주민발의운동이듬해 조례 제정 등이 있다.

주민참여예산운동은 사후적인 예산감시운동에 머물지 않고 주민의 입장에서 필요한 예산을 확보하기 위해 예산편성과정에 주민이 참여하는 운동이다. 제도화한 주민참여예산제 참여운동과 주민운동 차원에서 예산감시, 예산편성 요구 운동을 들 수 있다. 지방자치단체의 한 해 예산 가운데 일정비율의 사용방안을 주민들이 직접 결정하는 참여예산제는 브라질 포르투알레그리시에서 처음 시작됐다. 우리나라에서도 시민사회운동에서 도입을 추진해 왔다. 우리나라의 경우 행자부에서 2005년 지방재정법을 개정하여, 39조에 지방예산편성과정에 주민참여 절차를 둘 수 있다는 규정을 마련했고, 시행령 46조2006.6.30에 따라 행자부 표준조례안이 제시된 이후2006.8.20 40여개 곳에서 관련 조례가 제정 또는 추진 중에 있다.

현재 도입된 제도는 행자부 표준안 전에 제정된 곳들울산 동구, 광주 북구, 대전 대덕구, 안산시 등 의 경우, 지역회의, 위원회, 협의회, 연구회 등 주민의견수렴 제도를 구비하고 있으나, 표준안 이후 제정된 곳은 의견수렴과정과 운영방안에 단체장의 재량권을 과도하게 부여, 참여예산제도의 실효성을 거두는데 불투명한 기구와 활동의 한계 및 민주적 대표성의 결여 등 문제점이 제기되고 있다.

현재 주민참여예산제도가 수요자 중심의 예산편성, 재정운영의 투명성과 효율성, 직접민주주의의 확충 등 본래의 취지와 달리, 제도 도입의 성과주의와 실질적 주민참여 없는 형식적인 제도도입으로 그치지 않도록 하는 예산참여운동 활성화가 필요한 상황이다. 여기에는 제도로서 참여예산제의 실질적인 운영을 위한 제도 개선 및 적극적인 참여 운동 이외에, 제도로 흡수될 수 없는 주민참여의 활성화를 위한 주민운동으로서 지속적인 지역예산 분석, 대안예산 마련, 주민의 입장에 선 필요예산 요구 등의 지역운동 활성화가 요구된다.

그 외에도 주민참여기본조례 제정운동과 주민소환운동 등이 주민참여운동 활성화의 주요 실천사례이다. 주민참여 활성화, 행정의 민주성과 투명성 증대, 지자체와 시민의 협동을 통한 지역사회 발전 도모 등을 목적으로 한 주민참여기본조례의 대표적 사례는 청주시2004.9 제정와 안산시2005.1 제정이다. 이들 조례에는 주민참여예산제도를 포괄 운영하고 있는데, 조례추진과정에서 지역 내 광범위한 민간사회들이 참여하는 위원회를 구성, 조례 제정의 성과를 올렸다. 이들 지역의 경우 그 후 지자체의 실천의지에 따라 정체되는 경향이 있어, 지자체의 정책 입안부터 집행까지 전 과정에 주민참여의 절차와 영역, 권한 등 기본 규범을 정하고 그 실효성을 담보하는 주민참여조례를 지역특성과 여건에 맞게 제정하여 운영을 활성화할 필요가 있다.

주민들이 지자체 장이나 지방의원 해임 여부를 묻는 주민투표를 실시해 해임할 수 있는 주민소환제는 지방자치법 개정과 주민소환법 제정으로 2007년 7월 1일 본격 시행되고 있다. 주민소환제는 단체장이나 의원의 전횡과 부패 등을 견제할 수 있는 강력한 주민참여제도이다. 시도지사의 경우 해당지역 투표권자의 10%이상이 서명했을 경우 소환 발의가 가능하며, 시장·군수·구청장의 경우 15%, 지방의원의 경우 20%이상이다. 또한 투표권자 3분의 1이상이 투표하여 과반수가 찬성한 경우 해임도 가능하다. 2003년 광주시민사회단체협의회에서 주민발의로 추진한 주민소환조례제정운동이 이번 주민소환법 제정에 큰 기여를 한 것으로 평가받고 있다.

### ⑥ 공동학습

분권과 자치, 그리고 지속가능한 내발적 지역발전의 성패는 주민역량 강화에 달려 있으며, 이를 위한 주민조직과 지자체의 주민 공동학습 조직화가 중요하다. 지자체의 경우, 지역발전을 위한 공무원 및 주민의 기획 및 경영역량 강화를 위한 지역 인재 육성 및 재훈련 프로그램과 평생학습체제의 구축이 필요하다. 최근 일부 지자체 차원에서 내발적 지역발전을 위한 주체역량 강화 교육프로그램을 추진하고 있는 것은 고무적인 사례라 할 수 있다. 주민조직의 경우, 주민 스스로 계획수립, 사업 실시, 평가를 통한 상향식 의사결정과 주민참여 활성화, 풀뿌리 리더십 배양 등을 위한 주민 교육과 학습이 반드시 필요하다.

특히 지역발전의 각 주체들주민조직, 조합조직, 행정조직 등 간 지역 만들기의 비전과 전략에 관한 공감대 형성 및 공동행동 학습, 파트너십 훈련 등을 위한 공동학습연구회, 토론회, 워크숍 등 포함이 필요하다.

**주요 실천사례**

지자체의 경우, 지역혁신 리더십 교육, 농촌지역개발 리더십 교육 등 지역 만들기 관련 지역리더들의 공동학습 프로그램 운영(익산, 춘천, 태안 등) 사례가 있다. 일회성 교육이 아니라 3개월 내지 6개월 과정의 단계별 참여형 공동학습 프로그램으로서 역량 강화와 지역리더 간 파트너십 배양에 기여했다는 평가를 받고 있다.

주민조직의 경우, 네트워크 형성에 의한 공동학습의 사례로는 지리산권 시민사회단체협의회가 대표적이다. 이는 지리산권역 시민사회단체 활동가들과 소속 회원들이 2006년부터 지리산권역의 사례를 중심으로 주제별로 학습하고 공유하는 공동학습 프로그램이다. 지리산 권역의 주민자치를 이끌 실무역량을 키우고 실현가능한 대안을 모색하고자 2006년 '지리산희망씨앗찾기 I : 우리의 역량을 키우자'에 이어 2007년 '지리산희망씨앗찾기 II : 주민과 함께 키우는 희망'을 운영하고 있다.

내용구성 단계에서부터 학습참가자들이 참여해 스스로 만들어가는 프로그램으로서, 2007년부터는 수료생들이 중심이 되어 개별지역을 대상으로 주민들이 직접 지역의 다양한 문제를 찾아내고 그 대안을 모색해보는 실질적인 주민참가형 프로그램을 진행하고 있다. 권역의 각 지역에 흩어져 있는 다양한 지역운동농민, 환경, 시민, 생협, 노조, 교육, 문화 등 역량들이 순환과 공생의 지역 만들기 비전과 전략을 함께 모색·실천하는 소통과 연대의 장으로서 의의가 있다.

### 생태계의 보전

그동안 생산성 제일주의 농정에 의한 녹색혁명형 농법은 에너지 다투입형 중화학적 농업으로서 자연 수탈과 농민 수탈을 통해 생태계 파괴와 주민 빈곤화를 초래하여 농업과 지역사회의 쇠퇴 및 해체를 심화시켜 왔다.

이제 이러한 녹색혁명형 농법은 더 이상 지속 불가능하다.[12] 고유가시대 에너지 위기와 지구온난화 위기는 자연과 공생하는 농업으로의 근본 전환을 요구하고 있는데, 생태계를 보전하고 나아가 생물 다양성을 살리는 환경을 재생 · 창조하는 것은 지속가능한 지역사회 유지 발전을 위해서도 필수 불가결한 조건이다.

순환 · 공생의 지역 만들기를 위한 생태계 보전의 실천과제로는 자연물질 순환형 농업, 에너지 자립형 지역 만들기, 리사이클링폐기물 재활용, 순환형 지역사회 실현 등이 있다.

#### ① 자연 순환형 농업

자연순환농업은 가축분뇨를 퇴비나 액비로 자원화하여 경종농가에 환원하고 경종농가는 이를 활용해 생산한 뒤 부산물을 다시 축산 사료자원으로

12) 녹색혁명과 생명공학(GMO)의 문제점에 대해서는 박병상(2006) 참조.

환원하는 등 경축복합자원화에 의해 자원 이용을 극대화하는 농업을 말한다. 경축 복합자원화에 의한 자연순환농업은 2012년 축분의 해양투기가 전면 금지됨에 따라 도입이 더욱 탄력을 받고 있다.

이에 따라 2005년 9월 농림부 내 자연순환농업팀이 구성되고 각 지역에 경축자원화사업단이 운영되어 퇴비 · 액비화 사업이 본격 추진되었으나, 경종농가의 액비 불신과 사용 기피, 수도작의 퇴비사용 기피로 부진한 상태이다. 따라서 냄새 없는 적정처리과정을 거친 양질의 액비를 생산하고, 시설 및 가격 지원으로 경종농가의 불신과 부담을 해소하고 경종－축산 전체의 자연순환 구조를 재생 · 확장하려는 노력이 필요하다.

**주요 실천사례**

충남 논산계룡축협과 인근 지역농협들이 2003년 이후 가축분뇨 퇴비와 액비를 공급하고 이를 논과 밭농사에 이용하는 자연 순환농업 협력체계를 유지 확대해왔다. 그 결과 과실의 당도가 높아지고 벼가 튼튼하게 자라 농약사용이 감소했다. 2006년에는 논산시–축협–농협–경종·축산농가 등이 '액체비료 살포 협의체'를 결성하여 자연 순환의 확산시킨 결과, 액비사용 논 면적이 2006년 1,100ha에서 2007년에는 2,200ha로 증가했다. 논산과 같이, 지자체－농축협－경종 및 축산농가가 협력하여 자연순환농업 협약을 체결, 가축분뇨 퇴·액비의 생산·소비체계를 구축하고 있는 지자체가 2006년 현재 18곳에서 지난해 말 39곳으로 증가했다.

광역친환경농업단지 사업의 경우, 약 1,000ha 내외의 수계중심 단지를 친환경농업단지로 조성하여, 단지 내 '경축자원화센터'를 설치하여 광역단위로 자연순환농업 단지를 조성하고 있다. 현재 양구, 익산, 산청, 울산, 완주, 옥천 등 9개소에서 정부 정책 사업으로 조성 중이다.

아산 푸른들영농조합, 홍성유기영농조합 등에서 본격 추진하고 있는 유기축산 역시 유기조사료 기반을 자체 조성하고, 유기축산 분뇨의 유기질 비료화를 추진하는 경축복합형 자연순환농업이라 할 수 있다.

이 외에도 양평군의 경우, 양평군청은 간벌목 활용에 소요되는 예산을 지원하고 지역 내 경종농가에게 유기질비료 보조금을 지급하면, 양평 임협은 간벌목을 파쇄 하여 수분조절제로 쓰일 톱밥을 농축협 유기질비료공장에 공급하며, 양평 농축협은 유기질비료공장 운영 및 유기질비료 공급 등 자연순환농업을 민·관 파트너십으로 운영하고 있다.

### ② 에너지 자립형 지역 만들기

생태계 보전에 의한 순환 · 공생의 지역 만들기에 있어서 지역에너지 체계Local Energy System의 추진은 고유가 시대 에너지 위기와 기후변화에 대응하기 위한 대안적 실천과제이다. 지역에너지 체계란 지역이 에너지 정책 수립과 실행에 대한 권한을 행사하여 에너지 절약과 효율 향상, 지역의 자연자원을 활용한 재생가능 에너지의 생산과 확대 등 지역의 에너지 자립도를 높여나가는 것을 말한다. 특히 지역주민들이 에너지 소비자에서 생산자로 전환지역 에너지 농부화되어, 최대한 중앙 집중적인 대규모 발전시스템과 에너지 다투입 · 다소비형 산업 및 생활양식에서 탈피하여, 지역여건을 고려한 소규모의 다양한 지역에너지 생산시스템과 에너지 저투입 · 저소비형 산업 및 생활양식으로 전환해가는 것을 의미한다. 에너지 절약은 물론 지역 내 자연순환형 에너지를 사용하고지역순환형 유기농업, 재생가능 에너지태양광, 태양열, 바이오, 풍력, 수력, 해양, 폐기물, 지열 등를 이용하여 지역을 기반으로 한 분산형 · 자립형 지역에너지 구조로 전환한다.

**주요 실천사례**

태양광을 이용한 에너지 자립형 지역 만들기 사례로는 부안 시민발전소 4기와 풀무학교 햇빛발전소, 홍성 홍동면 고요마을 태양광 발전주민들이 마을회관에 공동출자하여, 태양광 전기 판매 및 마을 공동 이용, 광주 신효천마을 태양광 발전64가구의 각 주택 옥상에 태양광 설치, 월 200원 정도 가구당 전기료 부담, 무안 남악 신도시의 태양광 발전 선-시티 Sun-city 조성2,700여 세대 아파트 가구 417kw 태양광 발전 시설 등이 대표적이다.

현재 부안에 설치된 상업용 햇빛발전소는 모두 4기로 부안성당, 원불교 부안교당, 하서면 생태학교 (사)생명평화마중물, 변산공동체에 설치되어 있다. 이들 햇빛발전소에서는 우리나라 4인 가구 한 달 평균 전력 사용량과 비슷한 300kWh가량의 전기를 생산해 한 달에 20만원씩 받고 한전에 판매하고 있다.

바이오디젤 사례로는 부안군 바이오디젤용 유채시범단지가 대표적이다. 2008년 부안군 농가 402호가 798ha에 유채를 재배하고 있으며, 이는 부안 방폐장 반대투쟁 이후 부안지역운동부안유채네트워크, 부안시민발전소이 주도하는 대안에너지운동의 일환이다.

농림부의 시범단지 3곳 가운데 한 곳인 부안은 시범사업 3년간 중앙정부로부터 총 25억5000만원을 지원받는데, 지역에서 생산된 유채는 농협 및 바이오디젤 업체 간의 생산 · 공급계약에 따라 전량 수매되어 친환경 에너지원으로 사용될 예정이다. 이에 따라 소득보장 대체작목 확보와 경관농업 조성 및 '신재생에너지 특구'로서 지역브랜드 가치 제고가 기대되고 있다. 현재 부안 주산면에서는 생산한 유채기름을 인근 학교급식에 사용하고, 남은 폐식용유는 다시 정제하여 주산초등학교 학교버스에 사용하고 있다.

농림축산 폐기물, 폐목재, 도시 및 산업 쓰레기 등 유기성 폐자원을 재활용한 바이오매스의 에너지원화에 의한 열병합발전은 현재 난방용 등으로 운영되고 있다. 이러한 바이오매스 에너지화를 위한 산업은 2012 축산분뇨 해양투기 억제에 따른 가축분뇨의 안정적 처리와 농림산 부산물 및 매립 쓰레기 활용 등으로 향후 고유가시대 대체에너지사업이자 기후변화기후온난화 대책사업으로서 지역사회의 대안사업으로 크게 성장할 전망이다. 이처럼 에너지 자립형 지역 만들기는 농업·환경·에너지 정책을 통합적으로 추진할 것을 요구하고 있다. 주요 실천과제로서 축산분뇨에서 메탄가스를 추출, 바이오매스 에너지를 자원화하는 '바이오매스 타운'을 마을별 · 지구별로 조성하는 것도 가능하다.

③ 리사이클링(폐기물 재활용, 순환형 지역사회 실현)

순환 · 공생의 지역 만들기는 인간과 자연의 지속 가능한 공생을 위해 지역사회를 소각형 사회와 매립형 사회에서 순환형 사회로 변화시켜가는 것을 말한다. 폐기물 발생을 억제하고reduce, 재사용하고reuse, 재활용하며recycle, 더 사용 불가능할 때 친환경적으로 처리하는 것은 갈수록 에너지난, 오염난, 원자재난, 매립지난 등이 심각해지고 있는 상황에서 지역사회의 지속가능한 유지 발전을 위해 필수적인 실천과제이다.

일본의 경우, 독일 등 유럽 선진국에 비해 늦었지만, 2000년 순환형사회 형성촉진기본법과 관련 하위법가전제품 리사이클링법, 건설 리사이클링법, 자동차리사이클링법 등 제정 이후 중앙정부나 지방정부 차원에서 전국적으로 순환형 사회를 촉진하는데 주력하고 있다. 특히 쓰레기 발생 억제와 배출 억제, 재생자원의 수거 및 이용 촉진을 위해 쓰레기 수수료 유료화, 용기 포장 리사이클링법 완전 실시, 시정촌의 쓰레기 자원화 정책 강화와 주민단체에 의한 집단수거 등 총자원화량과 리사이클링 비율의 상승 등이 주목할 만하다.

주요 실천사례

대표적인 사례로는 장흥군의 '지렁이 농부운동'과 지렁이를 활용한 자연순환형 농법이 있다. 2007년부터 본격 추진하고 있는 '지렁이 농부운동'과 지렁이를 활용한 자연순환형 농법은 농가의 축산분뇨와 음식물 쓰레기를 모아 지렁이 사육장에 먹이로 준 뒤 분변토지렁이 똥이 섞인 흙를 유기농 채소단지의 비료로 활용하면 친환경 농업과 음식쓰레기 처리가 가능한 리사이클 실천사례이다. 장흥군은 2007년 9월 환경부 주관의 '음식물류 폐기물 감량 및 지원화 시설 운영개선' 공모에서 우수 군으로 선정되기도 했다.

최근에는 음식물쓰레기 사료화 설비가 개선되어 투입-파쇄-선별-사료제조 전 과정에서 악취 발생이 없는 공정라인이 개발 상용화되고, 폐플라스틱과 폐비닐로부터 연료에너지를 재생하는 유화油化 설비도 개발 상용화되는 등 리사이클 관련

기술발전이 급속히 이루어지고 있다. 지자체 단위에서 리사이클링과 재생에너지 산업화는 자원의 효율적 사용 및 절감과 재생에너지로의 대체는 물론 녹색 일자리(green collar) 창출과 에너지 자립도 제고에 의해 순환형 사회로 나아감으로써 순환·공생의 지역 만들기를 앞당길 수 있을 것이다.

03

# 지역의 내발적 발전과 지방자치

## 지방자치의 현실

### 내발적 발전과 지방자치의 4단계

지역의 내발적 발전과 지방자치는 크게 4단계로 구분할 수 있다(그림 3). 제1단계는 중앙집권적인 지역개발정책으로부터 권한과 재원이 지자체에 이양되는 단계이고, 제2단계는 지자체가 주도하여 지역개발을 추진하는 단계이고, 제3단계는 주민참가에 의한 행정과 민간의 파트너십에 기초한 지역개발 단계이고, 제4단계는 주민 자치에 의한 진정한 의미의 지역의 내발적 단계가 추진되는 단계이다. 이처럼 4단계로 구분해 보면, 우리나라는 1단계와 2단계의 중간, 즉 불완전하기는 하지만 지방분권이 추진되면서 지자체가 중심이 되어 나름대로 각 지역의 발전을 도모하는 단계에 있다고 할 수 있다. 반면에 일본은 여전히 중앙정부의 권한이 강하기는 하지만 지자체 주도의 지역개발 단계를 넘어 주민들의 적극적인 참여에 의한 지역개발을 추구하는 단계2단계와 3단계의 중간에 있다고 한다면, EU는 이 보다는 한 발짝 앞선 3단계와 4단계의 중간 단계에 있다고 할 수 있다. 이처럼 나라마다 내발적 발전과 지방자치에 단계 차이를 보이는 가장 커다란 이유는 지방자치의 역사적 조건의 차이에 따른 지역의 여건과 주체역량의 차이라고 할 수 있다. 즉 유럽은 오래 전부터 민주주의가 확립되어 주민 자치의 경험이 풍부한 반면, 일본은 봉건제의 영향으로 지역의 개성적 발전의 경험은 있으나, 민주주의의 역사가 짧고 지방자치가 아직 주민자치로 발전하지 못하고 있다. 우리나라는 오랜 중앙집권적 통치로 인해 각 지역의 개성이나 자립도가 약할 뿐 아니라, 민주주의의 역사가 일천하여 아직 주민이 주인의식을 갖고 지방자치에 참여하는 힘이 매우 약하기 때문이다.

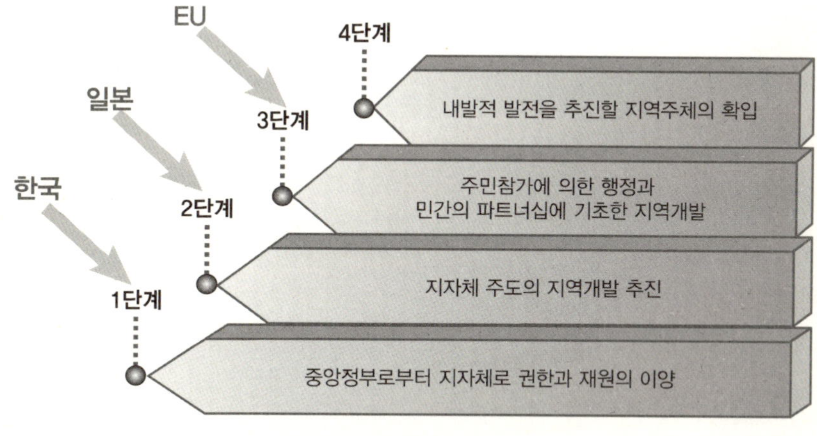


〈그림 3〉 지역의 내발적 발전의 4단계

### 지방자치의 현주소

지방자치는 크게 보면 지방분권과 주민자치로 나누어 볼 수 있다. 지방분권은 주로 중앙정부와 지방정부 사이의 권한과 책임의 배분 문제라면, 주민 자치는 지방정부와 주민 사이의 권한과 책임의 배분 문제라고 볼 수 있다. 그리고 지방분권은 다시 정치적 · 행정적 분권과 재정분권으로 나누어볼 수 있다.

참여정부는 2004년 지방분권특별법을 제정하여, 권한 및 사무의 지방이

양, 지방재정의 확충 및 건전성 강화, 자치입법권 · 자치조직권의 확대 등 자치 행정 역량 강화, 주민참여 확대, 자치행정의 책임성 강화 등 지방분권을 위한 일련의 조치들을 취하였다. 이외에 주민소송제도, 주민소환제도 등 새로운 주민참여제도가 도입되고 교육자치제도가 개선되었다. 그러나 참여정부의 지방분권 정책은 몇 가지 지방분권 과제를 나열하는 식으로 제도개혁을 추구하였으나, 실적이 미미하고, 중앙정부와 지방정부 사이의 관관분권도 매우 불충분하였을 뿐 아니라, 주민참여에 의한 지역 민주주의 비전을 갖지 못하였다.

지방자치가 발달한 선진국의 경우 국가사무와 지방사무가 명확히 구분되어 있으며 중앙사무는 중앙의 지방조직을 통해 직접 시행하는 것이 일반적이고, 지방에 위탁하는 경우 법정 수탁사무화하여 법에 명시된 범위내만 관여하고, 관련 비용은 전액 국가가 부담하고 있다. 그러나 우리나라의 경우 아직도 국가사무와 지방사무의 구분이 애매하고, 많은 국가사무가 지방자치단체에 위탁되어 있고, 일선 지자체에서는 이 중앙 사업을 관리 집행하는데 대부분의 인력과 시간을 써버리는 실정이다. 재원과 인력 면에서 자치제 스스로 독자 사업을 구상하고 실현할 여력이 없이 중앙위탁사무 처리에 과도한 부담을 지고 있는 것이다. 국가사무는 사업시행지침을 통해 세세한 내용까지 관여하고, 감사나 행정지도 등을 통해 지시 감독한다. 뿐만 아니라 정책기획(입안) 기능과 집행 기능이 미분리되어, 중앙정부와 지방정부가 모두 정책관리 단계policy – program – activity – action의 최하위 단계인 집행action에 초점을 맞추고 있다.[13] 이처럼 최하위 사업단계까지 중앙 차원에서 직접 관리하는 경우, 중앙정부의 업무가 과다하고 지역특성을 반영하기 힘들다.

---

13) 정책관리단계는 예를 들면, "농촌개발 – 농촌사회복지 – 농촌주거정비 – 문화마을 조성" 등으로 전개단계가 구분될 수 있다.

이처럼 우리나라에서는 행정 분권이 아직도 초보적인 수준일 뿐 아니라, 재정분권의 상황은 더욱 심각하다. 우리나라의 재정제도의 특질은 기본적으로 집권적 분산시스템을 취하고 있다. 즉 중앙정부가 국세의 형태로 세금의 대부분을 거두어들여 지방정부에게 교부세나 보조금의 형태로 배분하여 지방정부가 실제로 사업을 집행하도록 하는 것이다. 예를 들면, 2005년에 국세의 비중은 79.5%이고, 지방세의 비중은 20.5%에 지나지 않는다.[14] 그러나 중앙정부로부터 지방정부로의 재정이전지방교육재정 포함을 고려하면 조세의 43.8%가 중앙정부에, 그리고 56.2%가 지방정부에 배분된다. 조세에 정부 차입 등을 고려한 총재정의 경우 중앙정부의 비중은 51%, 지방자치단체 35%, 지방교육청 14%로 된다. 이처럼 우리나라나의 경우 지방세의 비중은 낮은 반면에 지방정부의 세출비중이 높은 이유는 중앙정부가 주요 세원을 장악하고 거두어들인 세금의 상당부분을 지방정부에 이전하여 지방정부가 공공서비스와 공공투자의 대부분을 점하도록 하고 있기 때문이다.

재정지출을 보더라도 우리나라는 경제 사업비 및 지역개발사업비의 비중이 매우 높다[15]. 그 가운데서도 토목사업비의 비중이 높다. 2007년 기준으로 우리나라의 GDP 중 토건업의 비중은 20%를 상회하여 OECD 평균 6%와는 비교할 수 없을 정도이다. 이처럼 경제 사업비 및 지역개발사업비의 비중이 높은 반면에 사회보장비 지출이 낮은 이유는 우리나라의 정부지출이 여전히 개발국가적 성격을 벗어나지 못하고 있음을 말해주는 것이다. 그러나 지역개발사업비 특히 토건업의 비중이 높은 이유는 그 뿐 만 아니다. 이는 지방재정

---

14) 전체 조세에서 차지하는 지방세의 비중은 1970년 8.3%에서 1980년 11.7%, 1988년 13.7%에서 1989년 19.2%로 급격히 높아지고 1990년에 20.9%로 증대한 후 오늘날에는 20%대 수준에 머물고 있다.

15) 자세한 것은 박신노, 「시방문권과 지방재정개혁」, 한국사회경제학회 『사회경제평론』 제28호. 2007.5. 참조.

의 자율성과 책임성이 매우 약하다는 구조적인 문제와 관련이 있다.

### 재정분권의 실태 – 지방재정의 문제점

우리나라 지방재정의 문제점은 다음과 같다. 첫째, 지방재정의 자율성이 매우 약하다. 우선 세입 면에서 보면 국세 위주의 조세구조 탓에 이전재원의 비중이 과다하게 높다. 또한 지방정부의 과세자주권이 극히 제한되어 있을 뿐 아니라 지방세가 세수 탄력성이 낮은 재산세에 의존하고 있기 때문에 재원조달의 자율성이 발휘되지 못한다. 세출 면에서는 사용용도가 지정된 국고보조금은 지방정부의 자율성이 거의 없고, 뿐만 아니라 지방비 부담의무로 인해 일반재원의 용도마저 제한한다. 또한 지방재정운영에 관한 사전적 사후적 지침, 심사, 평가 등의 과도한 간섭으로 지방정부 세출의 자율성을 제한하고 있다.[16)]

둘째, 지방재정의 책임성이 매우 약하다. 지방재정에서 차지하는 지방세의 비중이 매우 낮기 때문에 지방정부는 추가적인 재원이 필요한 경우 지방세보다는 이전재원을 통하여 해결하고자 하는 경향이 강하다. 자치단체장들은 정치적 로비력을 활용하여 중앙정부로부터 이전재원특히 국고보조금 확보를 통한 지방사업 수행을 자신들의 중요한 실적으로 홍보하고, 실제로 이것이 선거에서 중요한 역할을 한다. 한편 지역의 주민들은 추가적인 부담 없이 국고보조금 등 이전재원의 확대에 의해 공공서비스를 추가적으로 공급받을 수 있다면 공공서비스에 대한 비용의식이 희박해질 수밖에 없다. Downs1957는 주

---

16) "자치단체장이나 교육감 등 선출직이 지역사회를 위한 차별화된 정책을 구상할 수 있는 자율권은 상대적으로 적다. 지방세 등 세입에 대한 핵심적인 결정은 말할 것도 없고, 기획, 인사기준 등 모든 결정기준은 중앙정부가 통제한다... 선진국의 경우 지방정부는 자기가 담당하는 업무에 대한 전적인 책임과 자율성을 가지고 있다. 그러나 우리나라는 분권특별법의 규정과는 달리 지역 내 문제의 자율적 결정, 자원 동원 및 배분에 관한 권한이 외국과 비교하여 상당한 제약이 있다." 강인재(2006) p.16

민이 그 편익과 비용을 정확히 알지 못하는 재정착각상태를 합리적인 정치적 무지rational political ignorance라고 하였다. 지방정부의 입장에서는 비용을 부담하지 않는 주민들에 대하여 설명책임accountability을 질 필요도 덜 느끼게 된다. 지방정부와 주민의 상호 무책임 관계 속에서 지방정부들은 주민들의 후생 극대화를 추구하기 보다는 정치적 이해관계에 입각하여 지방재정에 관한 의사결정을 한다는 가설이 성립할 수 있다.[17]

셋째, 지방자치단체의 과세자주권이 크게 제한되어 있다. 지자체의 과세자주권은 세목결정권, 과세표준 결정권, 세율결정권으로 나누어 볼 수 있는데, 그 실태는 다음과 같다. 즉 지방자치단체의 세목결정권은 인정되지 않고, 과세표준 결정권에 대해서는 2005년 지방세법 개정 전에는 지자체가 재산가액 평가 과정에서 재량권을 가지고 있었지만, 지방세법 개정과 함께 자치단체의 과표 결정권을 사실상 없어졌고, 세율결정권은 지방세법에서 탄력세율제도를 통해 제한적으로 인정하고 있다. 따라서 지방정부의 과세자주권은 일정한 범위 내에서 세율을 정할 수 있는 제한적인 세율결정권만 인정되고 있다. 그런데 문제는 지방자치단체가 자율적으로 세율을 정할 수 있는 세목이 제한되어 있을 뿐 아니라, 허용된 세율결정권 조차 거의 활용되지 않는다는 점이다. 결국 많은 지방자치단체들은 재정부족을 호소하면서도 탄력세율제도의 과표결정권 등 과세 자주권을 활용하여 재원을 마련하려는 노력은 없이 거의 중앙정부에 의존하여 재원문제를 해결하고자 하였다.[18]

넷째, 지역 간 재정력의 격차가 매우 크다. 지방세 수입으로는 인건비조차 충당할 수 없는 기초자치단체가 시의 25%, 군의 81%나 된다. 심지어 지방

---

17) 최병호 (2006).

18) 현행 지방세법 15개 세목 중 13개 세목에 탄력세율이 보장되고 있지만, 담배세와 주행세의 개정에는 대통령령의 개정이 필요하기 때문에 실제로는 11개 세목에 자율권이 주어진다. 과세자율권의 적용 실태는 최병호(2006) pp.12-13 참조.

세 수입과 세외수입을 합친 자체수입 전부를 가지고도 인건비를 포함한 경상예산을 충당하지 못하는 자치단체도 적지 않다. 일인당 세수와 재정력 격차가 자치단체 간에 현저한 상황에서 세원이양과 국고보조금 감축 등을 통해 자치단체의 세입 자율권을 높여준다 해도, 그것은 재정력이 높은 자치단체에는 실질적인 의미를 갖는다 해도, 농촌 지역의 기초자치단체들에게는 한계가 있다. 따라서 이러한 점을 고려해서 지방재정개혁은 세입 자율권 뿐 아니라 세출자율권의 강화 관점에서 같이 검토되어야 한다.

다섯째, 지자체의 세출이 토목 등 SOC 분야의 투자와 농림수산업, 지역개발 등 경제개발관계비의 비중이 매우 높은 반면에 주민들의 삶의 질에 직접적 영향을 주는 사회복지, 교육, 의료, 환경, 문화 등 대인 사회서비스 기능이 취약하다. 이는 다른 선진국의 지자체와 확연히 구분되는 점이다.

### 주민자치의 실태

1995년 지방자치가 본격으로 도입되기 이전에 지역의 정치 · 행정 엘리트들은 중앙권력에 철저하게 예속되어 있었다. 지역의 경제 엘리트들도 중앙권력자에게 경제적 후원과 정치적 동원을 제공하고 그 대가로 각종 특혜와 정치적 · 행정적 편의를 제공받았다. 지방자치 제도가 도입된 이후에는 공천권을 매개로 한 중앙정치의 지역정치 지배가 관철되고 있다. 특히 영호남에서는 특정 정당의 공천이 곧 당선을 의미하면서 지방선거 자체를 무의미하게 만들고 있다. 우리나라에서는 중앙정치가 지방정치를 사실상 규정하고 있기 때문에 지방정치가 독자적으로 작동하지 못한다. 중앙정치는 지역토호와 "후원－충성" 관계로 유착되어 있다. 중앙정당은 공천권을 행사하여 지방정치에 영향력을 행사하는 반면, 지역의 구체적 정책 사안에 대해서 일반적으로 방관하기 때문에 지방정부의 정책결정에서 영향력이 크지 않다. 따라서 지역사회에서 가장 커다란 영향력을 가진 사람은 민선 자치단체장이다.

지방자치단체장은 중앙정부와의 관계에서는 자율성이 약하지만, 지역 안에서는 제왕적이라고 할 만큼 막강한 권한을 행사한다. 인사권, 예산편성권을 독점하지만, 지방의회의 견제 기능이 매우 취약한 실정이다. 이는 주민들의 지방자치에 대한 낮은 관심과 관련이 있다. 지방선거의 투표율은 일반적으로 국회의원 선거나 대통령 선거보다 투표율이 낮은데 우리나라의 지방선거의 투표율은 50% 전후의 낮은 수준이다. 예를 들면 지방선거를 처음 실시한 1991년의 투표율은 기초의회 55.5%, 광역의회 58.9%였는데, 1995년 자치단체장 선거가 도입되면서 1995년 68.4%로 상승하였다가, 1998년 52.7%, 2002년 46.4%, 2006년 51.6%로 낮아졌지만, 2010년 지방선거는 교육감 선거와 맞물려 투표율이 54.5%로 약간 높아졌다. 주민들의 지방자치 참여가 낮은 가운데 지역에는 정계-경제계-언론의 지배연합에 의한 지배구조가 강화하고 있다. 지역의 지배연합은 권력, 행정, 경제, 언론, 지식을 장악해서 여론을 통제하고, 지방의회와 자치단체를 장악한다. 그리고  지역 지배연합은 중앙정치와 '후원－충성 관계'를 맺고 안정을 추구한다.

지역 지배연합의 핵심을 이루는 것은 지역의 토호 세력이다. 토호는 중앙권력에 대비되는 지역의 토착 지배 세력으로서 지방권력과의 밀착을 통해 사익을 추구하는 세력을 말한다. 여기에는 보수적인 지역유지 뿐 아니라 지방언론사 사주, 지방기업체 사주, 지방정부 고급공무원, 관변단체 등도 포함된다. 심지어 연고주의에 바탕을 둔 전근대적인 선거행태 속에 지자체장, 지방의원 등 상당수가 지역에 기반을 갖고 있는 재력가나 지역토호 등 기득권층을 이루고 있다. 이렇듯 지방의 정계 · 관계 · 재계 · 언론계를 두루 장악하고 있다 보니, "정권은 바뀌어도 토호는 영원"[19]하다는 말이 나온다. 이들은 지

19) 김주완, 「토호세력의 뿌리」 2005. 불휘

방의회나 자치단체장과 결탁하여 지역의 개발사업과 인 · 허가 등 각종 이권에 개입하여 막대한 이익을 누린다. 토호가 지방자치를 지배하고 있기 때문에 자치단체와 시민사회의 협력이 제대로 이루어질 수 없다.

토호세력을 중심으로 한 지배연합의 지역지배가 뿌리 깊게 온존되는 데는 관변단체의 역할이 매우 크다. 지역에는 새마을운동, 바르게살기운동, 자유총연맹과 같은 과거 관변단체들이 여전히 힘을 발휘하고 있다. 이들은 압력단체로서 지역 여론을 좌지우지할 뿐 아니라, 직접 지방 의원으로 진출하기도 하고, 지역의 각종 위원회에 참여하여 지역의 정치 · 행정에 실질적인 영향력을 행사한다. 중앙정부도 이들 지역의 관변단체를 정리하기보다는 정치적으로 이용한다.

지방자치가 주민자치가 아니라 지배연합에 의한 지배구조로 왜곡되면서 지방자치가 지역의 발전을 가져오기보다는 오히려 '토건국가'와 '부패국가'의 문제를 심화하였다는 비판도 제기된다. 지역개발이라는 이름으로 자행되고 있는 막개발은 세금 탕진, 자연파괴, 부패 확산을 초래하고 있다. 지방의회와 자치단체, 건설업체가 결탁해서 사업의 필요성을 조작하고 그 과실은 나눈다. 막개발의 결과로 더 많은 지역이 더욱 더 살기 나쁜 곳이 되고 있고, 이는 국가전체로 보면 토건국가화의 문제이다. 막개발은 지방자치를 부패자치로 만드는 핵심 고리이다. 이는 지방행정을 감시할 수 있는 제도적 장치가 미비하여, 지방자치단체장은 소왕국의 제왕으로 군림하는 반면에 지방의회와 자치단체장을 한 정당이 독식싹쓸이함으로써 견제 기능이 전혀 작동하지 않고 있기 때문이다.[20] 이러한 현상은 2010년 6월 지방선거에서는 약간 약화되었

20) 2006년 지방선거 광역의회의 의석분포를 보면, 한나라당은 서울 106석 중 100석, 경기 119석 중 104석, 경북 55석 중 48석, 경남 53석 중 43석, 부산 47석 중 41석, 대구 29석 중 28석, 인천 33석 중 32석, 대전 19석 중 16석, 울산 19석 중 15석, 강원 40석 중 35석, 충북 31석 중 28석을 차지하고 있다. 반면에 민주당은 광주 19석 중 19석, 전북 38석 중 36석, 전남 51석 중 49석을 차지

다. 230개 민선 4기 기초단체장 가운데 비리와 뇌물수수 등의 혐의로 기소된 단체장이 96명으로 전체의 42%에 해당한다. 기초단체장의 절반 가까이가 비리 혐의로 법정에 선 것도 문제이지만, 기소율이 제1기 9.3%, 제2기 24.2%, 제3기 31.5% 등으로 급속히 늘어나고 있는 데 문제의 심각성이 있다. 그런데 이처럼 자치단체장에 의한 막개발이 시행될 수 있는 이유의 하나는 개발주의가 많은 사람들의 생활방식과 사고를 지배하고 있기 때문이다. 다수의 지역 주민들이 개발주의의 포로 상태라고 해도 과언이 아니다.

## 지방자치의 발전방향

### 지방분권의 두 유형

각국의 경제발전 수준이나 민주화 정도에 따라 차이가 있기는 하지만, 지방분권화는 세계적인 추세이고 최근 그것을 추동하고 있는 힘은 크게 글로벌화, 시장화, 그리고 고령화 등 세 가지로 볼 수 있다[21].

첫째, 글로벌화는 국민국가의 기반 및 정책, 그리고 재정에 심대한 영향을 미치고 있다. 우선 글로벌화는 자본유치를 위한 아래로의 경쟁race to the bottom으로 인해 법인소득세나 이자, 배당 등의 자본소득세를 경감하는 '조세경쟁', 자본이동의 자유로 인한 글로벌 기업에 대한 과세의 곤란, 국제신용평가기관 및 국제기관의 재정건전성 압력 등으로 인해 종래의 복지국가형 조세국가의 위기를 초래하고 있다. 반면에, 자본과 달리 노동의 이동은 자유롭지

---

하고 있다. 자치단체장의 경우에도 서울시장과 경기도지사, 충북도지사, 충남도지사, 경북도지사, 경남도지사, 강원도지사, 인천시장, 대전시장, 울산시장 등을 한나라당이 차지하였고, 서울 25개 자치구청장 전부, 경기도 31개 기초단체 가운데 27곳을 한나라당이 독식하였다.

21) 池上岳彦(2004). pp.1~16

못하고, 개개인은 어딘가 지역에 거주하면서 생활하기 때문에 지역에서 생활하면서 인간 형성이나 세대 간 협력의 필요가 과거보다 더 중요시 된다. 따라서 재정적인 소득 · 부의 재분배 가운데, 중앙정부에 의한 공적 부조 · 연금 등의 현금급부에 의한 소득보장으로부터 정책의 중점이 복지 · 의료 서비스 등의 현물급부를 중시하는 방향으로 이동하고 있고, 그에 따라 교육, 보육, 개호, 보건 · 의료, 환경 등 광의의 대인 사회서비스를 담당하는 지방 정부의 역할이 확대되고 있다.

둘째, 시장화의 힘은 경쟁, 민영화, 규제완화 등을 통해 국가의 역할을 축소하고, 국민생활의 보장, 계층 간, 지역 간 격차 시정 및 국토보전 등의 노력을 소홀히 하게 한다. 그에 따라 교육, 의료, 복지, 안전 등 시장원리로는 해결할 수 없는 국민 생존권생활권 보장, 환경보전 등에 대해서 지방정부의 권한을 확대하여 지역 밀착형 대인 서비스를 확충하는 시스템의 구축이 중시된다.

셋째, 고령화는 저출산과 함께 사회보장의 부담은 증가시키는 반면, 사회의 활력은 저하시키는 요인으로 작용하고 있다. 이것은 연금개혁 및 의료보험 개혁 등을 통해 국가의 부담을 낮추려는 압력으로 작용하지만, 동시에 사회보장, 공적 부조나 아동수당 등의 현금 급부를 통한 국민들의 최저 소득보장에 대한 중앙정부의 의무가 강조된다. 다른 한편 고령화와 저출산에 따른 출산, 보육, 교육, 보건, 환경, 고령자 개호 등의 사회서비스에 대한 지방정부의 책임이 강조된다. 즉 대인 사회서비스를 지역의 필요needs에 따라 제공하기 위해서는 사업 및 재정 면에서 분권화를 추진할 필요성이 증대한다.

이처럼 글로벌화, 시장화, 고령화에 따라 전 세계적으로 지방분권이 진행되고 있지만, 그 대응양식에 따라 분권화는 신자유주의적 분권화과 분권적 복지정부의 두 유형으로 나누어 볼 수 있다.[22)]

---

22) 池上岳彦(2004), pp.17-34. 박경(2001)은 일본의 지방분권을 둘러싼 두 개의 논의를 행정개혁

신자유주의적 분권의 대표적인 사례는 미국의 레이건 정부 하에서의 연방재정주의나 영국 대처 정권하의 지방정부 개혁을 들 수 있다. 신자유주의적 분권은 복지국가의 부담을 감당할 수 없게 된 중앙정부가 그 권한과 부담을 지방정부에 이양하고, 자신은 대외정책에 중점을 두는 방식으로 이루어졌다. 이 경우 미국의 연방재정주의에서 보는 바와 같이 권한과 사무는 연방으로부터 주 정부로 대폭 이양되지만, 재원보장조치가 취해지지 않는 경우가 많다. 한편 지방정부는 기업유치나 고소득자의 확보를 노려서 감세, 복지절하, 규제완화라는 경쟁을 전개한다. 이렇게 중앙정부와 지방정부 모두에 효율적인 '작은 정부'가 탄생한다. 신자유주의적 분권화는 결국 공공부문 전체의 축소 즉 사회보장 및 사회서비스의 수준 저하를 초래한다. 이러한 신자유주의적 분권화는 자본소득세나 기업과세의 부담경감을 목적으로 하는 '작은 정부'의 추구를 최우선시하고, 지방분권을 그것에 종속되는 소극적 논의에 지나지 않는다.

분권적 복지정부론은 글로벌화, 시장화, 고령화에 따른 지방정부의 역할 증대에 주목한다. 현금급부에 의한 소득보장은 사회보장기금이나 중앙정부의 역할이라 해도, 교육, 의료, 고령자 개호, 환경보전, 생활기반 정비 등 광의의 사회서비스는 지방정부가 지역의 시점에 기초해서 분권적으로 실시해야 한다. 즉 분권적 복지정부론은 정부의 역할 축소를 의미하는 것이 아니라, 글로벌화, 시장화, 고령화 등에 따른 여건 변화에 맞추어 중앙정부로부터 지방정부로의 권한 이양을 의미한다. 특히 사회정책의 중점이 수요 사이드 즉 소득재분배적인 복지제도로부터 공급 사이드 즉 기술혁신과 국제경쟁의 격화에 따른 노동시장의 유연화와 경쟁력 강화의 필요성에 대응한 교육훈련 서

---

론적 분권과 민주자치적 분권으로 나누어 설명하고 있다. 이케가미에 의하면 행정개혁론적 분권은 신자유주의적 분권에, 민주자치적 분권은 분권적 복지정부에 가깝다고 할 수 있다.

비스로 이행해 가면, 경제사회정책에서의 지방정부의 역할이 급증한다.[23] 따라서 분권적 복지정부론에서는 지방정부의 역할 증대에 따른 재정분권 즉 재정적인 권한과 책임 이양의 중요성을 강조한다.

### 재정분권의 방향—지방재정의 개혁방향

지방분권은 중앙과 지방의 상하 주종관계를 대등한 관계로 바꾸기 위해, 한편에서는 국가와 지자체 사이에 사무를 합리적으로 재배분하고, 다른 한편에서는 그것을 뒷받침할 수 있도록 지방재정제도를 개혁하는 것이다.

현재 우리나라의 지방행정 사무는 크게 자치사무혹은 고유사무, 단체위임사무 및 기관위임사무의 세 가지로 구분된다.[24] 지방자치법은 자치단체의 사무를 포괄적으로 열거하고 광역단체와 기초단체 사이의 사무배분 기준을 설정하고 있다. 그런데 이 기준의 설정 자체가 애매하고, 사실, 국가사무와 위임사무특히 기관위임사무가 개념적으로는 구분되고 있지만 실무상으로는 그의 구분이 용이하지 않으며, 상호 연관되어 있는 경우가 많다. 더욱이 기관위임사무는

23) 분권적 복지정부론은 사회적 투자국가론과 맥을 같이 한다. 사회적 투자국가론은 글로벌화, 지식기반사회, 저출산 고령화로 인한 전통적인 복지국가의 대응능력의 한계를 극복하기 위해 인적 자원 개발이나 일자리를 통한 복지를 강조하여 경제성장과 복지를 조화시키는 사회적 투자에 초점을 맞춘다. 전통적 복지국가론과 달리 사회적 투자국가론은 공급측면에 주목하는데 그 원칙은 크게 세 가지이다. 첫째, 정책의 경제적 차원과 사회적 차원을 상호 유기적으로 통합한다. 둘째, 사회의 잠재적인 인적 자원을 최대한 개발하기 위하여 다양한 교육 및 훈련제도를 확대하고, 그와 관련된 인적자원개발 영역에 양질의 서비스와 함께 공평한 접근기회를 제공한다. 셋째, 다양한 계층의 경제활동 참여를 촉진하여 생산에 기여한다. 정책기획위원회(2006), pp.420-422 참조

24) 지방자치법은 「지방자치단체는 그 관할구역의 자치사무와 법령에 의하여 지방자치단체에 속하는 사무를 처리한다」(제9조 1항)라고 규정하고 있는 바, 위 규정 가운데 「그 관할구역의 자치사무」를 "자치사무" 또는 "고유사무"로 칭하고, 「법령에 의하여 지방자치단체에 속하는 사무」를 "단체위임사무"라고 한다. 즉 현행 지방자치법은 위의 자치사무와 단체위임사무를 "지방자치단체의 사무"로 규정하고 있다. 한편 지방자치법 93조는 "시 · 도와 시 · 군 및 자치구에서 시행하는 국가사무는 법령에 규정이 없는 한, 시 · 도지사와 시장 · 군수 및 자치구의 구청장에게 위임하여 행하고 있다"고 규정하고 있다. 이처럼 법적으로는 지방자치단체의 사무가 아니고 국가사무임에도 실제로 자치체가 일상적으로 처리하고 있는 것이 "기관위임사무"이다.

지자체가 담당하기는 하지만, 어디까지나 국가를 위해 대행하는 것이기 때문에 지방의회의 통제를 전혀 받지 않는다. 따라서 지방분권을 위해서는 중앙집권적 시스템의 상징적 존재라고 할 수 있는 기관위임사무는 폐지하고, 지방자치단체의 사무는 보완성subsidiarity의 원리에 기초하여 합리적으로 재배분되어야 한다. 즉 기본적인 공공사무는 주민에게 가장 가까운 기초자치단체가 우선적으로 수행하고, 기초단체가 수행할 수 없는 사무를 광역단체가 담당하고, 자치체가 수행할 수 없는 것은 중앙정부국가가 보완적으로 담당하여야 한다.[25)]

국가와 지자체, 광역단체와 기초단체 사이의 역할분담이 합리적으로 이루어지기 위해서는 재정분권이 이루어져야 한다. 재정분권은 "상위정부로부터 낮은 단계의 정부에게 조세 및 지출 등 재정적인 권한과 책임을 이양하는 것"을 의미하는데, 지역별로 서로 다른 주민들의 선호와 환경을 반영하여 차별화된 공공서비스를 제공한다면 모든 지역에 대해 일률적으로 공공서비스를 제공하는 경우에 비해 사회적 후생수준을 높일 수 있다는 분권화정리decentralization theorem에 기초하고 있다.[26)]재정분권은 지방의 재정운용의 자율성 제고, 지방의 재정지출권한, 지방재정의 책임성 강화를 통해 재정재원배분의 효율성 증진에 기여할 것으로 기대된다.

Oates1993는 성공적인 재정분권을 위한 필수적인 조건으로서 '지방세 중심의 지방재정구조'와 '지방세의 가격기능'을 강조하고 있다. 그 이유는 주민들이 외부재원에 의존하여 추가적인 부담을 지지 않더라도 공공서비스가 추

---

25) 보완성원리를 최초로 규정한 것은 1985년 유럽평의회가 제정한 유럽지방자치헌장(European Charter of Local Self-Government)이다. 2004년에 제정된 우리나라의 지방분권특별법 제6조는 이러한 보완성원리에 기초한 사무배분의 원칙을 명시하고 있다. 그러나 기관위임사무는 폐지하지 않았다. 우리나라의 현행 사무체계의 원조라고 할 수 있는 일본은 2000년 지방분권일괄법의 시행에 의해 기관위임사무를 폐지하였다.

26) Oates(1972). 최병호(2006)에서 재인용.

가적으로 공급되고 그 혜택을 누릴 수 있다면 공공서비스에 대한 비용의식이 희박해지고, 또한 지방정부의 입장에서는 비용을 부담하지 않는 주민들에 대해 책임을 질 필요가 없기 때문에 재정적 책임성도 희박해져 그 결과 배분상의 효율성을 확보하기 어렵기 때문이다.

따라서 재정분권을 위해서는 세원이양배분과 과세자주권 확보를 통해 지방세를 확충하는 것이 무엇보다도 중요하다. 지방세 확충을 위해서는 국세의 지방세 이양과 새로운 세원의 발굴이 필요하다. 일반적으로 부동산에 대한 과세가 지방세에 가장 적합하다고 하고 우리나라도 그 비중이 꽤 높다. 그렇지만, 부동산세 가운데 보유세의 비중은 매우 낮고 취득세와 등록세의 비중이 높은 왜곡된 구조를 지니고 있다. 부동산과세를 부동산 보유세 중심으로 개편하고 강화할 필요가 있다. 그렇지만 부동산 중심의 세제만으로는 자치단체의 재원을 충당할 수 없다. 국세와 지방세의 세목교환과 기간 세목의 세원공유에 의한 세원 이양 방안이 강구되지 않으면 안 된다. 여기서 논의의 핵심은 지방소득세와 지방소비세의 도입 여부다.[27] 그리고 세원배분에서 반드시 고려해야 할 사항은 자치단체 특히 기초자치단체간 세수 불균형이 심각하기 때문에 자치 단체 간 세수 불균형의 완화가 동시에 추구되어야 한다는 것이다.

그렇지만 지방정부의 재정이 전적으로 지방세만에 의존할 수는 없다. 국가는 국민이 어디에 살던 최소한 누려야 할 기초적 공공서비스national minimum의 보장, 특정목적을 위한 사무 혹은 사업의 지방위임위탁 등의 형태로 지방행정에 개입을 하고 있고, 그러한 비용은 국가가 부담하지 않으면 안 된다. 그것은 세계 모든 나라에 공통적이다. 그렇지만 우리나라의 경우 국가로부터의 의존재원국고보조금과 지방교부세의 비율이 높을 뿐 아니라, 국고보조금과 지방교부

27) 지방세제의 개혁과 관련해서는 이재은(2002), 최병호(2006), 이영희외(2006) 참조. 지방소득세에 관해서는 이재은(2006), 지방소비세에 관해서는 김대영(2004) 참조.

세가 지방분권의 정신에 맞도록 사용되고 있지 않다는 것이 문제이다.

지방이 처리하는 사무사업은 원칙적으로 지방이 전액부담하고 국가가 경비를 부담하는 것은 어디까지나 예외로 해야 하지만, 국가에 의한 의무 부여나 관여가 매우 많기 때문에 지방재정에서 국고보조금의 비중이 높다. 그런데 국고보조금은 일반적으로 특정용도에 사용하도록 정해져 있기 때문에 지방의 자율성이 거의 없을 뿐 아니라, 다음과 같은 문제점을 지니고 있다. 첫째, 사업이 전국적으로 획일화하기 쉽다. 둘째, 특정 보조금을 수반하는 사업이 우선시 되어 지역주민의 필요와 관계없이 지방정부의 예산 편성이 왜곡될 가능성이 높다.[28] 동시에 국고보조금 사업은 지방 부담금을 요구하기 때문에 지자체의 자체재원의 사용도 왜곡하게 된다. 셋째, 국고보조금의 교부에 의해서 중앙정부의 종적 분단 행정이 그대로 지방에 관철됨으로써 지방이 종합적인 지역발전계획을 수립하는 것을 방해한다. 넷째, 우리나라의 경우 국고보조금이 건설토목사업 등 공공사업에 많이 사용되고 있고 중복 과잉 투자로 인한 비난의 대상이 되고 있다.

한편 재정조정제도로서의 지방교부세의 역할이 매우 중요하다. 지방교부세는 크게 재원보장과 재정조정의 두 가지 기능을 갖고 있다. 국민의 기본적 인권이 생존권에서 생활권건강하고 문화적인 최저한도의 생활을 영위할 권리으로 이행하고 있는 오늘날, 국가는 모든 국민에게 국민 최저한의 공공서비스National Minimum를 제공해야 할 의무가 있다. 국고보조금은 개별 공공 서비스에 대해 최저한minimum을 확보하는 수단이라면, 지방교부세는 지방행정 전반에 대하여 전국적으로 획일적인혹은 동등한 최저한을 제공하기 위한 재원을 보장하는 것이

28) 예를 들어 지자체가 1억 원의 자체재원이 있을 때, 보조금이 없는 단독사업에서는 1억 원의 사업 밖에는 할 수 없지만, 50% 보조율이 있는 사업이라면 2억 원의 사업을 할 수 있기 때문에 지자체는 보조금 사업을 선호하게 된다.

다.[29] 한편, 지자체 사이에는 재정력 격차 즉 주민 소득격차에 따른 1인당 지방세 수입의 차이와 지리적 조건과 경제적 조건 등의 차이에 따른 공공서비스의 수요의 차이 등이 존재한다. 따라서 이러한 재정력 격차를 시정하지 않으면 같은 지방세제라도 공급할 수 있는 공공 서비스의 수준이 자치단체별로 달라진다. 지방교부세는 이러한 재정력 격차를 조정하는 재정조정의 기능이 있다. 지방교부세는 지방세 개혁세원이양 및 과세자주권의 확충이 이루어지는 경우 그 중요성이 더욱 커진다. 즉 세원이양이 이루어지는 경우 세원이 부족한 지자체와 풍부한 지자체 사이의 재정력 격차가 더 확대되기 때문에 재정조정제도의 역할이 증대한다. 재정조정을 위한 재원이전의 주체라는 관점에서 보면 재정조정제도는 중앙정부의 세수의 일부를 약체인 지방정부에 교부하는 수직적 재정조정제도와 풍부한 지방정부의 세수의 일부를 약체 지방정부에 이전하는 수평적 재정조정제도, 그리고 수평 · 수직의 혼합제도가 있다.[30]

### 재정분권과 농촌 기초 자치단체

지방재정개혁의 방향은 지방세 확충, 국고보조금의 폐지 · 감축, 지방교부세의 인상 및 조정으로 정리할 수 있다. 그렇지만 지자체별로 세입구조와 세출구조가 크게 다르기 때문에 개혁의 구체적 내용에 있어서는 지자체별로 입장에 차이를 보인다. 예를 들면, 자치단체장에 대한 조사에 따르면, 자치단체의 재정독립과 분권을 위해 가장 필요한 사항으로 지역의 경제사정이 상대적으로 좋은 대도시 지역 단체장들은 '국세 일부 지방소비세로 전환'을 선호

29) 지방교부세는 평등의 관점도 중시하지만 시장의 효율성 관점도 중시한다. 예를 들어 전국적으로 일정 수준의 지방정부 서비스를 행할 필요가 있다면 빈곤 지역에서는 세율을 높게 설정하지 않을 수 없는데, 이것은 지역의 과소문제를 심화시킬 것이다. 이 경우 세원이 적은 지역에 고세율을 부가하기 보다는 세원이 많은 지역에서 징수한 세금을 재정조정제도에 의해 재배분하는 편이 시장경제의 효율성을 가져온다. 池上岳彦(2004), pp.114-146 참조.

30) 持田信樹編 (2006) 참조.

한 반면, 지방세의 증가 요인이 별로 없는 농어촌지역의 단체장들은 '지방교부세 법정교부율 상향조정'을 주로 선호하였다.

따라서 지방재정의 개혁을 일반론적으로 논의하는 것에는 한계가 있고, 자치단체 레벨별로 각자의 입장에서 개혁방안을 논의하고, 그것을 토대로 해서 이해관계의 충돌을 최소화하면서 전체적으로 지방재정의 자율성과 책임성을 높일 수 있는 방안을 모색하는 것이 필요하다.

많은 재정학자들은 지방재정개혁을 위한 가장 핵심적인 사안으로 자주재원주의에 기초한 지방세 중심의 세입체계 구축을 주장한다. 그리고 지방세의 확충을 위해 세원의 지방이양과 국세와 지방세의 세원공유 등을 주장한다. 지방세 중심의 세입체계가 지방자치단체의 재정 자율성과 책임성 강화에 기여할 것은 분명하지만, 과연 지방세의 비중을 어느 정도로 할 것이며, 지방세의 세원으로 어떤 세목이 적당한 것인지에 대해서는 좀 더 논의가 필요하다.[31] 우선 우리나라 지방정부의 세입 가운데 전체 지방세의 비중은 주요 선진국과 비교할 때 연방제가 아닌 단일제 국가 가운데서 결코 낮은 편은 아니지만, 자치단체별 격차가 매우 심하다. 더욱이 광역단체 내부를 보더라도 서울시 72.1%와 경기도 63.1%가 높은 편이지만, 반면에 전라북도와 전라남도는 각각 18.6%, 12.2%로 매우 낮다2004년 결산기준. 그리고 도와 시·군 사이의 격차도 크다. 특히 군 레벨의 기초자치단체의 경우 지방세 수입의 비중은 평균 6.1%에 지나지 않는다. 이러한 현실을 고려할 때 국세의 지방세 이전은 지방 세수 불균형을 심화시키는 반면, 군 레벨의 기초자치단체의 입장에서 보면 지방세 확충을 통한 자주재원의 확대는 매우 제한되어 있다.[32] 그렇다

31) 많은 재정학자들은 국세인 소득세와 소비세의 공유를 통한 지방세원의 확충을 주장한다. 이것이 지방세원의 확충에 기여할 것은 분명하지만, 앞에서 본 바와 같이, 단일제 국가에서는 일본을 제외하면 국세와 지방세 사이에 세원의 공유가 일반적이지 않다는 사실을 유의할 필요가 있다.

32) 지방의 세수 불균형을 심화시키지 않으면서 시·군 기초자치단체의 지방세 수입 비중을 높이는

고 해서 이러한 사실을 이유로 지방세 수입 확충을 통한 지방의 자주재원 확대에 반대하는 것은 타당하지 않다. 국세와 자치단체광역 및 기초 사이의 세원 재배분 및 세원이양을 통해 지방의 자주재원을 확대하되, 지역 간 불균형을 완화하는 방안이 동시에 강구되지 않으면 안 된다. 이 경우 일반적으로 군 레벨의 기초자치단체의 입장에서 지방교부세율의 인상수직적 재정조정의 강화을 요구하는데, 여기에는 문제가 있다. 국세의 지방세 이양이 이루어지면 지방교부세로 사용할 국가 재원이 줄어들어 지방교부세율을 높이기 어려울 뿐 아니라, 현재도 군 재정의 지방교부세에 대한 의존도가 매우 높기 때문에 국가에 대한 의존도를 더 높이는 것은 문제가 있다. 따라서 지방세 확충에 따른 지역간 불균형 심화의 문제를 완화하기 위해서는 수직적 재정조정보다는 수평적 재정조정제도의 도입을 검토할 필요가 있다.

수평적 재정조정제도는 연대 모델이라고도 하는데, 지역 간 재정 격차를 중앙정부의 일반보조금 예 지방교부세 이 아니라 부유한 자치체로부터 거출하여 가난한 지자체에게 일반 보조금을 교부하는 것이다. 여기에는 ① 중앙정부가 부유한 지방정부로부터 지방세의 일부를 징수해서 가난한 지방정부에 교부하는 방식, ② 부유한 지방정부의 지방세의 일부가 가난한 지방정부에 직접 이전되지만, 이전의 루트는 중앙정부가 결정하는 방식, ③ 부유한 지방정부의 지방세의 일부가 가난한 지방정부에 직접 이전되고, 이전 루트도 지방정부간 협정으로 결정하는 제도가 있을 수 있다. 수평적 혹은 연대 재정조정제도는 북 유럽국가들스웨덴, 노르웨이, 덴마크, 핀란드과 독일, 오스트레일리아 등에서

방안으로 광역단체 도와 시 · 군 사이의 세원 재배분을 고려할 수 있는데, 일정한 효과가 없는 것은 아니지만 크지는 않은 것으로 분석되었다. 예를 들면, 이영희 · 김대영(2006)은 도와 시 · 군 사이의 세원의 재배분을 통한 시군의 재정력 강화와 세수불균형 완화를 시도해 보았지만, 그 효과가 매우 적음을 보여주고 있다. 에를 들면, 군의 경우, 도세 가운데 세수 불균형이 적은 취득세와 면허세를 군으로 이전하는 경우 군의 재정력 평균지수는 0.164에서 0.204로 상승하는 반면에 세수 불균형 계수(가중변이계수)는 0.600에서 0.598로 약간 낮아지는 것으로 나타났다.

실시되고 있다. 대표적인 국가인 스웨덴의 경우, 1986년 단일제 국가로서는 세계 최초로 기초자치단체를 포함한 수평적 재정조정제도를 도입하여 1993년 폐지, 1996년 부활, 2005년 개정을 통해 현재에 이르고 있다. 현재의 제도는 1996년 제도에 비하면 수평적 조정 기능이 약화되었다. 현행 제도는 중앙정부가 개입하여 주민 일인당 세수가 전국평균의 115구제도는 100 이상인 코뮌으로부터 초과분 세수의 85%구제도는 95%를 거출하여, 115구제도는 110 이하인 단체에 그것을 하회하는 세수의 95%구제도와 동일를 교부하는 시스템이다. 한편 연방국가인 오스트레일리아는 연방이 징수하는 부가가치형 일반소비세GST, Goods and Service Tax의 전액이 주간州間재정조정을 목적으로 'GST 교부금'으로 배분된다. 이 경우 GST는 연방정부에 의해서 징수되지만 그것은 주州의 재원이라는 생각에서 연방정부의 예산 · 결산에 포함되지 않기 때문에, 그것이 부유한 주州로부터 재정력이 약한 주州로의 지방간 재분배인 수평적 재정조정으로서의 성격이 분명해진다.[33)]

농촌지역 기초자치단체의 입장에서 재정개혁의 핵심은 지방세 확충보다는 특정보조금인 국가보조금 제도의 개혁이며, 그 기본 방향은 앞에서 지적하였듯이 국가보조금을 폐지 · 감축하여 일반재원일반보조금화하고 존속하는 국가보조금은 포괄보조금화하는 것이다. 국고보조금 개혁의 필요성은 광역과 기초단체 모두에 필요하지만 기초단체가 더욱 절실하다. 광역단체인 도道의 경우, 국가보조금이 세입에서 차지하는 비중이 아주 높지만, 실제로 직접 시행하는 사업은 별로 없고, 기초자치단체에 보조금을 이전하여 기초단체가 사업을 시행하도록 한다. 전북 진안군의 2007년 일반회계 세출예산을 보면 교육 · 문화 · 의료 · 보건 · 복지 등 주민들에 대한 대인對人 서비스의 비중은 10%에 지나지 않고, 세출의 대부분이 도로 등 공공 투자에 사용되고 있다.

33) 林宜嗣(2006). pp.113-115

이는 진안군 사업의 거의 대부분이 국가보조금에 의존하고 있고, 많지 않은 일반재원도 주민숙원사업이란 명목으로 도로 확포장과 공공시설의 건축 등에 대부분 사용되고 있다.

국가보조금이 사회간접자본SOC의 확충 등 공공투자에 주로 사용되는 이유는 그것이 지역경제발전과 지역경제활성화에 기여한다는 관행적인 생각 때문이다. 그러나 이러한 관행적 사고를 전환하지 않으면 안 된다. 예를 들면, 공공 투자의 상당부분을 차지하는 것이 도로 등 토목공사인데, 그 동안 이 부분에 대한 집중적인 투자로 인해 지금은 과잉 · 중복 투자의 비판 여론이 높다. 더욱이 도로 건설이 과연 농촌 지역활성화에 기여하는가 아니면 농촌지역 공동화를 가속화시키는가 하는 근본적인 의문조차 제기되고 있다. 도로 등 공공투자가 한시적으로 지역의 고용기회 창출에 기여하는 것은 사실이지만 그 효과는 단기에 그치고, 도로특히 고속도로 혹은 4차선 국도 등가 개설된 이후에는 농촌지역의 소도읍은 과거의 경유지에서 이제는 단순히 옆으로 스쳐지나가는 곳으로 전락하고 오히려 좋아진 도로를 통해 지역의 자본과 사람이 유출 속도가 빨라지는 지역이 적지 않다.

오늘 우리나라 농촌지역은 소득 뿐 아니라 삶의 질이 도시지역에 비해 현저히 낮은 것이 문제다. 농림부의 도시와 농촌간의 정주여건 만족도 조사에 따르면 농어촌 주민은 문화 · 여가시설, 교육, 복지, 보건의료 서비스 등에서 도시주민에 비해 전체적으로 불만족을 표시하였다. 이러한 문제를 해결하기 위해서는 농촌주민의 복지 증진 및 삶의 질 향상을 위한 사회서비스를 대폭 확장하여야 하고, 지역주민의 요구(needs)를 가장 잘 아는 지방정부가 그러한 서비스를 제공하도록 하여야 한다. 사회서비스에는 노인수발, 보육 등 복지 분야, 교육, 보건, 문화, 환경 위생 등 지방정부가 제공하는 공공 서비스 이외에 사회적 기업[34]에 의한 취약계층 및 지역사회를 위한 다양한 형태가 포함된다. 사회서비스의 확충은 농촌주민의 삶의 질 향상 뿐 아니라 새로운 고용기회의 창출을 통해 지역경제의 활성화에도 기여할 것이다. 그러나 공공부문에 의해 모든 사회 서비스를 제공하는 것에는 한계가 있기 때문에 지방정부는 '농촌형 사회적 기업'의 육성을 위해서도 노력해야 한다. 농촌형 사회적 기업은 ① 농촌생활여건 개선을 위한 지역 서비스(보건, 복지, 교육, 문화, 교통 등)를 사회적 일자리의 형태로 제공하는 것(복지형 사회적 일자리)과 ② 지역자원의 순환적 활용 등을 통한 지역의 고용 및 소득 창출(혁신형 사회적 일자리)을 추구한다[35]. 이러한 사회적 일자리의 창출을 위해서는 지역의 기획 및 경영 역량이 강화되어야 하고, 이를 위해서는 지역의 인재 육성 및 재훈련 프로그램과 평생학습체제의 구축이 필요하다. 즉 공공서비스 및 인프라의 부족으로 인한 농촌공동화의 악순환을 공공 서비스 제공, 지역활성화, 인재 육성 등의 사회적 일자리의 창출을 통해 극복할 수 있다. 이를 위해서는 지금 공공사업을 중심으로 한 국가보조금특정보조금을 획기적으로 폐지·감축하여 그것을 일반 재원화하여 사회 서비스 및 사회적 일자리와 사회적 기업에 관한 정책 프로그램을 지역단위에서 총체적으로 기획하고 시행할 수 있는 권한과 재정을 지방정부에 이양하여야 한다.

따라서 보조금 대상 사무·사업의 책임 소재를 국가와 지방 사이에 명확히 배분하고, 경상보조금과 공공사업보조금을 폐지·감축하여 일반재원화지방세 및 지방교부세의 확충하여 지방의 재정자율권을 높여 주어야 한다. 국고보조금을 폐지·감축하고 일반재원화 하는 경우에 지자체에 따라 지방세 확충이냐 지방교부세 확대냐 하는 충돌이 있을 수 있으나 이것은 앞에서 지적한 바와

---

34) OECD(1999)는 사회적 기업이란 사회적·경제적 가치를 동시에 창출하는 기업 형태로서, 기업의 이윤은 특정한 경제·사회적 목적과 재화·용역의 생산, 사회적 배제, 실업문제에 해결책을 제시하는데 사용되어야 한다고 함. 농촌형 사회적 기업에 관해서는 박진도·유정규 외(2009) 참조.

35) 한국농촌경제연구원(2006) 참조

같이 수평적 재정조정제도를 도입한다면 해결할 수 있을 것이다. 그런데 국고보조금을 감축한다 하더라도 일시에 전부 없애거나 대폭 삭감하는 것은 현실적으로 어렵기 때문에 국고보조금의 교부 방식을 전환할 필요가 있다. 우선 지금과 같이 국고보조금을 사업별로 신청하고 교부하는 방식을 바꾸어 의료, 복지, 교육 등 일정한 블록block을 정해서 실질상 사용용도의 제한이 없는 포괄보조금화하여 지방정부가 정해진 블록 내에서는 자유롭게 사용할 수 있도록 하는 것이 바람직하다[36]. 그리고 포괄보조금화하는 경우에도 지역의 재정력 격차를 고려하여 보조율을 차등하여 적용할 필요가 있다. 현행 「보조금의 관리 및 예산에 관한 법률」 제10조에 따르면 중앙정부는 지자체의 재정사정을 감안하여 기준보조율에 일정률을 차감하여 차등보조율을 적용할 수 있도록 되어 있지만 국고부담을 줄이기 위해 부유한 자치단체에 대해 인하보조율을 적용하는 반면에 가난한 지자체에 대하여 인상보조율을 적용하고 있지 않다. 그 결과 국고보조금에 따른 지자체의 자부담이 과도하여 지방재정을 압박하고 심지어 가난한 농촌 지자체의 경우 자부담 능력이 없어 국고보조금 사업을 포기하는 사례도 속출한다.

### 주민자치의 방향—내발적 발전과 주민 참여

지역의 내발적 발전을 위해서 가장 중요한 것은 지역주민의 참여이다. 참여는 내발적 지역발전의 수단이자 동시에 목적이다. 참여는 농촌발전 프로그램의 효과와 효율성을 향상시키고, 내발적 발전에 필요한 지역주민의 자원과 지원을 지역발전의 투입재input로서 활용할 수 있다는 점에서 지역발전의 수단으로서 의의를 갖는다. 또한 내발적 지역발전의 궁극적 목적은 경제적 혹

36) 박진도 · 박경 외(2009) 참조.

은 정치적 영역에서 지역주민들이 참여할 수 있는 역량을 강화하는 것이고, 그것은 농촌지역의 주변성 혹은 의존성을 극복할 수 있는 유일한 길로 간주된다.

주민 참여를 위해서는 두 가지 요소가 반드시 고려되어야 한다. 하나는 지역주민이 지역발전에 기여할 수 있는 역량과 기술을 어느 정도 갖고 있는가 하는 것이고, 다른 하나는 그들이 발전 과정에 의미 있게 참여하여 자신들의 역량을 발휘할 수 있는 기회를 갖는 것이다. 이를 위해서는 지역주민들이 그들 지역의 발전을 성취하고 지속할 수 있도록 지식, 기술 그리고 태도를 강화하는 것, 즉 지역주민의 역량강화capacity-building가 필요하다.

주민의 참여방식은 매우 다원적이다. 우선 주민은 선거를 통해 직접 정치에 참가할 수 있고, 또한 계획에의 참가plan, 결정에의 참가decide, 집행·실시에의 참가implement, 평가에의 참가evaluate 등 계획부터 집행, 평가에 이르기까지 지역의 내발적 발전의 전 과정에 참여할 수 있다. 동시에 다양한 형태로 공공 서비스의 공급생산, 재공, 감시에 참여할 수 있다. 인가법인사회복지법인, 학교법인 등 관계단체, NPO, 시민 자원봉사자, 민간기업 등이 모두 공공 서비스의 공급에 참여한다.

지역 주민이 지방자치에 참여하는 방안은 크게 방어적 참여수단과 적극적 참여수단으로 나누어 볼 수 있다. 먼저 지자체의 부당한 결정이나 위법행위 등에 대한 방어적 참여 수단을 보면, 주민감사청구제2000년도 도입, 주민투표법2004년 7월 시행, 주민소송제2006년 도입, 주민소환제도2007년 5월 실시 등을 들 수 있다. 주민감사청구제도는 조례 제·개·폐 청구권과 함께 2000년도부터 지방자치법에 도입되었다. 법에 의하면 주민감사청구제도는 지방자치단체장이 법령에 위반하거나 공익에 현저하게 반하는 행위를 한 경우에 주민이 그에 대해 감사청구를 할 수 있도록 한 제도이다. 주민감사청구를 하려면 20세 이상 주민 중 일정 숫자 이상의 주민(구체적인 숫자는 각 지방자치단체의 조례로 정하게 되어 있다)의 서명을 받아야 한다. 주민들이 서명을 받아 감사청구를 하면 기초지방자치단체장의 행위에 대해서는 광역지방자치단체가, 광역지방자치단체의 행위에 대해서는 중앙부처가 감사를 하게 된다. 그러나 이 주민감사청구제도는 실효성이 거의 없다. 그 이유는 ① 각 지방자치단체가 조례에서 정하고 있는 서명인 숫자가 너무 높게 되어 있어 실제로 서명을 받기가 곤란하고, ② 감사청구대상에서 제외되는 범위가 지나치게 넓으며(수사 또는 재판에 관여하게 되는 사항, 개인의 사생활을 침해할 우려가 있는 사항, 다른 기관에서 감사하였거나 감사중인 사항은 제외), ③ 감사를 실시하는 기관이 결국 상급 행정관청이기 때문에 감사의 독립성에도 한계가 있기 때문이다. 일본의 경우 우리나라와 달리 주민 1인이라도 주민감사청구를 할 수 있다

주민투표법2004년 7월부터 시행은 주민에게 과도한 부담을 주거나 중대한 영향을 미치는 지방자치단체의 주요결정사항으로서 그 지방자치단체의 조례로 정하는 사항은 주민투표에 부칠 수 있다. 그러나 주민이 주민투표를 청구하려면 실제로는 불가능한 양의 서명을 받아야전체 유권자의 1/5 – 1/20한다. 국가정책에 대한 주민투표 요구권은 중앙행정기관만이 가지고 있고, 지방자치단체장이나 지방의회, 지역주민에게는 없다는 점에서 위헌의 소지가 있다. 주민소송제도2006년 도입는 주민이 자신과 직접 이해관계가 있는 지방사치단체의 위법한 예산 집행에 소송을 제기할 수 있는 제도로서 지방자치단체의 위법한 재무회계 행위를 직접 견제할 수 있는 제도이다. 주민소송의 남용이 우려된다는 이유로 요건과 절차가 까다롭게 도입되어 실효성이 낮다.

주민소환제도2007년 5월 실시는 주민들이 지방자치체제의 행정처분이나 결정에 심각한 문제점이 있다고 판단할 경우, 단체장을 통제할 수 있는 제도이

다. 일정한 절차를 거쳐 해당 지역의 단체장을 불러 문제 사안에 대한 설명을 들은 뒤 투표를 통해 단체장을 제재할 수 있다. 정치인에 대한 가장 확실하고 직접적인 통제수단으로 지방자치단체장들의 독단적인 행정운영과 비리 등 지방자치제도의 폐단을 막기 위한 것이 목적이다. 일정 수 또는 일정 비율의 선거인이 청원하면 선출직 공직자에 대해 임기 전에 선거를 다시 실시하고, 선거에 지면 공직을 떠나게 할 수 있는 제도이다. 미국에서는 지방의원 · 교육위원 · 단체장 등 지방공직자에게 광범위하게 적용된다. 주민소환제는 지역단체장시장, 군수, 구청장 등들이 업무 수행을 잘 하지 못하거나 부당한 일을 하는 경우 등등 지역단체장이나 지역의원으로 적합하지 못하다고 판단될 경우, 해당 지역 주민들의 투표 등의 절차를 거쳐 해당 단체장이나 지역의원에게 어떤 제재를 가하거나 그 직무를 하지 못하도록 하는 제도이다. 주민소환제는 형사 처분에 따른 당선 무효형을 받지 않은 단체장이나 지방의원도 주민의 직접투표로 해임하는 제도로 광역단체장은 주민투표권자의 10%, 기초단체장은 15%, 지방의원은 20% 이상의 서명을 받아 주민투표를 청구할 수 있고 유권자 3분의 1이상 투표율과 유효투표 과반수 찬성으로 해임이 결정된다. 임기 개시일로 1년이 넘는 7월 1일부터 주민소환 청구가 가능하다. 해임되면 그 즉시 물러나며 이후 지역 주민들은 매년 4월과 10월에 치러지는 재보궐 선거에서 후임자를 뽑게 된다.

한편 주민이 지방자치에 적극적으로 참여하는 수단으로서는 주민참여예산제도, 주민참여기본조례제정 등을 들 수 있다. 주민참여 예산제도는 브라질 · 포르투 · 알레그레시에서 시작된 것으로 주민참여 예산제도의 핵심은 예산 편성 과정에 주민이 직접 참여하여, 우선순위 결정 등에 의견을 제시하여 반영하는 것이다. 이는 예산낭비를 막고 주민을 위해 예산을 사용하도록 하기 위한 것이다. 2003년 광주시 북구가 주민참여예산제도를 도입하고,

2004년 근거 조례를 제정하였다. 그 후 울산시 동구, 대전시 대덕구, 경기도 안산시, 전남 순천시, 충북 청주시, 울산시 북구 등으로 확산되었다. 2006년 8월 행자부가 주민참여예산제와 관련한 표준 조례안을 제시하면서 조례재정이 크게 확산되어 40여 곳의 지자체가 조례를 제정하였다.

주민참여기본조례는 일본의 오사카 부의 미노시 등에서 시작되었다. 우리나라에서는 2002년 지방선거 이후 충북 청주에서 시민참여기본조례 제정이 추진되었고, 2004년 9월에 조례가 청주시 의회를 통과하였다. 2005년 1월 5일 안산시의 주민참여기본조례 제정, 2006년 11월10일 대전광역시 주민참여기본조례 제정, 2006년 11월 29일 제주특별자치도 주민참여 기본조례 제정 등으로 발전하고 있다. 주민참여기본조례의 내용은 ① 주민참여의 기본이념 규정: 의사형성단계부터 집행단계까지 주민의사를 반영하고 지자체와 주민이 협동, ② 위원회에 시민참여: 각종 위원회의 위원을 공개모집이나 추천제로 위촉하고, 여성, 장애인 등 사회적 약자의 참여를 보장, ③ 회의 공개원칙, ④ 예산 편성과정에 주민 참여보장: 주민참여예산제도, ⑤ 정책토론(설명) 청구제도, ⑥ 주민의견조사제도 등이 포함된다.

## 지역의 내발적 발전과 주체

### **지역의 내발적 발전**(지역 만들기)**과 각 주체의 역할**

#### ① 주민

지역의 내발적 발전지역 만들기은 주민들의 삶의 문제와 직결되어 있기 때문에 지역 만들기의 가장 중요한 주체는 주민이다. 지역 만들기는 성과도 중요하지만, 더욱 중요한 것은 그 과정에서 주민들이 얼마나 주체적으로 참여했는가, 그 과정을 통해 주민들의 주체 역량이 얼마나 배양되었는가 하는 점이다. 이러한 관점에서 지역 만들기의 주체가 따로 존재하는 하는 것이 아니라 생성해가는 것이며, 지역 만들기는 곧 지역의 사람주체 만들기 과정이다.

주민 특히 농촌지역 주민의 경우 다음과 같은 역할이 강조될 필요가 있다. 첫째, 환경변화에 대한 적응이다. 여기에는 수신과 발신이 중요하다. 수신이란 국민소비자이 농업과 농촌우리 지역의 농업과 농촌, 좁게는 나에게에 대해 무엇을 원하는가를 정확하게 파악해야 한다. 발신이란 동시에 우리 지역혹은 내가이 무엇을 줄 수 있는가를 적극적으로 창출하여야 한다. 지역의 경쟁력을 발견하고 개발하고, 여기에는 역발상이 필요하다. 둘째, 농업과 농촌의 다원적 기능가치의 극대화를 위해 노력해야 한다. 소비자납세자 입장에서 볼 때, 농업이 보호할 가치가 있는가, 국내농산물이 품질 면에서 안전하고, 입맛에 맞는가, 농촌에 휴가를 가면 아름다운 경관과 잘 보전된 생태환경, 따스한 인정, 전통문화를 느낄 수 있는가 등이 중요하다. 얼굴 있는 안심 · 안전한 농산물의 공급, 환경농업과 그린투어리즘의 결합, 도시의 대기업과는 차별성 있는 농산물가공1.5차 산업과 유통을 추구하여야 한다. 셋째, 지역내외 자원을 최대한 활용하여야 한다. 지역 내 자원의 총체적 활용노력과 더불어 지역 내 결여자원인적 물적 자원을 적극적 유치 · 활용할 필요가 있다. 특히 U턴 혹은 귀농자의 역할을 적극적으로 평가하여야 한다. 농업생산-가공-유통을 통합한 수직계열화에서 도시의 가공 및 유통 자본이 중요한 역할을 할 수 있지만, 단, 주도권핵심 역량은 지역의 경영체가 지니지 않으면 안 된다.

### ② NGO, 지역 만들기 네트워크

주민이 지역 만들기의 주체라 해도 이들이 개별적으로 활동할 수는 없고, 일정한 조직을 형성해야 한다. 따라서 다양한 목적과 다양한 형태의 시민사회단체NGO들이 존재한다. NGO에는 특정 분야예 복지, 아동, 여성, 인권, 교육, 문화, 환경 등의 문제를 해결하기 위해 노력하는 조직도 있지만, 지역의 문제를 종합적으로 다루는 조직도 존재한다. 우리나라는 다른 나라와 비교할 때 전국적 시민사회단체의 활동은 활발한 반면에 지역의 시민사회단체의 활동은 저조한 편이다. 특히 시군 등 중소도시와 농촌지역의 시민사회단체의 활동이 매우 저조하다.

시민사회단체에서 상근자나 전문가의 역할은 매우 중요하다. 상근자나 전문가는 지역 만들기의 기획자일 뿐 아니라, 지역문제의 대변자 혹은 해결사 역할을 할 수 있고, 더욱 중요한 것은 주민의 주체역량 강화를 돕는 것이다. 지역 만들기의 리더십은 지역주민 자체에서 나와야 하고, 상근자 혹은 전문가 집단은 그러한 지역리더들이 활동할 수 있도록 촉진하는 역할을 담당해야 한다.

따라서 지역 만들기 조직 간의 네트워크, 소통과 연대가 중요하다. 각 지역에서 다양하게 실천되고 모색되고 있는 노력에 관한 상호교류, 상호지원을 위한 네트워크 형성이 필요하다. 지역 만들기의 비전에 대한 최소한의 공감대 형성도 필요하다. 같은 지역 내에서도 상이한 분야에서 활동하는 주민조직들 간에도 순환과 공생의 지역 만들기라는 공통의 목표를 달성하기 위한 연대 활동이 필요하다. 예를 들어, 신개발주의에 맞선 생태적 가치의 실현 투쟁, 먹을거리 생협, 의료생협, 공동육아 등 비자본주의적 생활양식 구축과 지역공동체 실현을 위한 다양한 연대 활동이 있다. 구체적으로는 지역먹을거리 시스템 확립을 위한 생산자 단체와 소비자 단체, 교육단체, 시민단체의 연대 활동 등이 이에 포함된다.

### ③ 사회적 기업/협동조합

이윤을 목적으로 하지 않는 자율적인 경제활동이 이루어지는 범주를 제3섹터 또는 사회적 경제라고 한다. 즉 국가의 공적 섹터제1섹터, 시장의 영리 섹터제2섹터에 속하지 않는 자율적이고 비영리적인 시민사회 부문을 의미한다. 이 제3섹터를 담당하는 것이 사회적 기업이다. 사회적 기업은 협동조합, 공제조합, 워커즈 컬렉티브, NPO 법인 등 다양한 형태를 포함한다.

사회적 경제의 형성원리는 첫째, 구성원들 혹은 지역공동체에게 도움이 되는 재화 · 서비스를 생산하여 제공하고공익성, 둘째, 공공 프로그램과는 다른 자율적인 운영을 하며자발성과 자율성, 셋째, 다중의 이해관계자들이 참여하는 민주적인 의사결정을 하고민주성, 넷째, 사업의 계속을 위해 효율성을 추구하지만지속성, 다섯째, 거기에서 나오는 경제적 이익 즉 잉여금의 배분을 주된 목적으로 하지 않는다비영리성. 사회적 경제조직으로서의 사회적 기업은 "지역사회 내 다양한 이해관계의 참여와 합의를 전제로 하여 민주적 운영구조를 갖추고, 지역사회의 욕구에 기반을 둔 재화 및 서비스를 생산하는 조직으로 수익의 사회 환원 등 높은 수준의 사회적 책임을 수행하는 시민사회의 자율적 조직"이다. 사회적 기업은 이윤이 아니라 사회적 가치를 추구하는 기업, 시민사회가 주체가 되어 공익적인 활동을 하는 공공적 성격의 기업이다.

세계적으로 가장 대표적인 사회적 기업인 그라민 뱅크의 무하마드 유누스Muhammad Yunus 총재는 '사회적 기업은 기업의 조직구조는 기존의 이윤 극대화 기업과 같지만 그 목표는 완전히 다른 즉 사회적 목표가치를 추구하는 새로운 기업'이라고 정의한다. 사회적 기업은 사회적 목표를 달성하는 동시에 그들이 생산하는 상품과 서비스에 대한 가격 내지 요금을 받아서 비용을 회수한다는 점에서 기부나 후원금 혹은 정부 지원금에 의해 운영되는 비영리단체나 비정부기구와는 다르다.

우리나라에서는 사회적 기업을 육성하기 위해 2007년 사회적 기업육성법을 제정하였는데, 그에 따르면 사회적 기업은 "취약계층에게 사회서비스 또는 일자리를 제공하여 지역주민의 삶의 질을 높이는 등의 사회적 목적을 추구하면서 재화 및 서비스의 생산 · 판매 등 영업활동을 수행하는 기업으로서 인증 받은 자"사회적 기업육성법 제2조로 정의하고, 사회적 기업 인증을 받으면 정부로부터 사회적 기업의 인건비 · 운영경비 · 자문비용 등을 지원받을 수 있도록 하고 있다. 그러나 우리나라의 사회적 기업육성법은 시민사회 영역인 사회적 기업을 정부가 법으로 인증한다는 모순을 안고 있다. 즉 실제로 사회적 기업으로 활동하고 있다고 하더라도 정부로부터 인증을 받지 않으면 사회적 기업이란 용어를 사용할 수 없게 함으로써 민간의 자유롭고 다양한 활동을 제약하고 있다. 또한 우리나라의 사회적 기업은 일자리 창출 사업으로 인식되어 사회적 기업에 대한 지원이 인건비 지원 중심으로 이루어지고 있는데, 이는 사회적 기업의 지속가능한 경영을 방해하며, 사회적 기업의 자율적인 성장을 저해할 가능성이 높다.

농어촌지역은 특히 사회적 기업이 필요하고 그 활동영역도 매우 넓다고 할 수 있다. 그 이유는 첫째, 농어촌경제 지역경제의 활성화를 위한 일자리 및 소득창출 기회가 필요하며, 둘째, 농어촌주민의 삶의 질 향상 욕구 증대와 인구 노령화 등으로 사회서비스의 필요성은 증대하고 있지만, 농어촌지역의 수요부족으로 시장공급은 어렵고, 정부부문에 의한 공급은 효율성이 낮은 고비용구조이고, 셋째, 농어촌사회의 공간적 특성낮은 인구밀도와 분산거주으로 인한 서비스 공급체제의 특수성이 존재하고, 넷째, 국민들이 요구하는 농어업농어촌의 다면적 기능가치이 증대하고 있으나, 그 기초가 되는 지역자원농업 및 환경, 역사 문화 자원 등은 파괴되고 있어 이러한 지역자원의 보전을 위한 지속적 활동을 할 주체가 요구되고 있다.[37]

사회적 기업으로 발전할 수 있는 대표적인 형태의 하나는 농업협동조합이다. 불행히도 우리나라 농업협동조합은 협동조합으로서의 정체성을 상실하고 신용사업돈 놀이에 치중하고 있으나, 하루 빨리 농협을 개혁해야 한다. 농협은 농민 조합원들의 농업생산 및 농산물 판매, 농자재의 구매를 돕기 위한 협동조직으로, 지역경제의 기간산업인 지역농업의 진흥에 중심적 역할을 수행하여야 한다. 또한 농협은 농민조합원 뿐 아니라 비농민을 위한 금융기관으로서 중요한 역할을 담당하고 있을 뿐만 아니라, 생활복지, 생필품 판매, 문화, 의료 등에도 관여하고 있어 지역협동조합적 성격을 갖는다. 따라서 농협을 개혁하여 지역농업의 조직화생산-유통-가공-소비의 총체적 조직화의 중심적 역할을 수행하도록 하는 한편, 지역사회의 생활협동센터지역협동조합의 기능을 수행하도록 하는 것은 지역 만들기의 핵심과제라 할 수 있다.

사회적 기업의 또 다른 형태는 생활협동조합이다. 생협은 생활물자의 구매를 통한 조합원의 생활수준의 향상을 목적으로 한 소비자 조직이지만, 오늘날 우리나라의 생협은 단순한 생활물자 구매활동만 하는 것은 아니다. 안전한 먹을거리 생산을 위해 국내의 친환경농업 살리기에 중심적 역할을 하고 있고, 학교급식개선을 위한 학교급식조례제정운동, 공동육아, 학교 교육, 환경보전 등 지역공동체 만들기를 위한 다양한 실천을 하고 있다. 궁극적으로 생협은 자본운동에 저항하고 인간답게 살기 위해 정치 · 경제 · 사회적 약자들이 힘을 모아 새로운 삶의 공동체를 만드는 운동의 구심체 역할도 수행할 수 있다. 그러나 아직 우리나라에서 생협의 역할은 미약한 상태로, 향후 중소도시에서 생협운동이 활발하게 진행될 필요가 있을 것이다.

또한 사회적 기업으로서 워커즈 컬렉티브worker's collective의 가능성에 대해서도 주목할 필요가 있다. 워커즈 컬렉티브는 노동, 자본의 소유와 경영이 하

37) 박진도 · 유정규 외(2009) 참조

나가 된 기업체로서 노동자가 기업의 소유자로 경영에 참가하는 사업체를 말한다. 특히 주부들이 중심이 되어 지역사회의 노동 및 생산 활동을 스스로 조직화한 도시락의 주문배달, 제과점, 레스토랑, 생협의 물품처리 업무, 리사이클링, 가사일 돕기 등이 이에 포함된다. 또한 유아육아 및 고령자 돌보기 등 복지문제를 지자체로부터 위탁받아 운영하는 사례도 있다.

#### ④ 지방자치단체

지자체는 지역의 종합적 발전 계획을 수립하고 집행하는 중요한 기능을 수행하며, 지역발전의 비전을 제시하여 주민의 자각과 주체적 노력을 선도할 뿐 아니라, 주민의 창의성과 에너지를 충분히 발휘할 수 있도록 결집하는 역할도 수행한다. 지자체는 일자리 창출, 돈과 재화 및 서비스의 지역 내 순환을 증대시키고, 지역주민의 복지와 삶의 질 향상에 노력하고, 지역의 자연 및 경관, 역사 문화자원 등을 보전하여, 순환과 공생의 지역 만들기의 중심적 역할을 수행할 수 있다.

지자체가 이러한 제 역할을 다하기 위해서는 지방분권에 의한 권한 이양, 지방재정개혁을 통한 지자체의 재정 자율성과 책임성 강화가 필요하다. 동시에 지자체의 재정지출 구조도 국가보조금에 의한 공공사업을 지양하고, 사회적 일자리의 창출, 주민의 삶과 밀접한 사회서비스복지, 교육, 문화, 환경, 위생, 여가, 보육 등 확대를 통해 지역을 생활 공동체로 만들기 위한 노력이 필요하다. 이러한 것들이 가능하기 위해서는 지역 주민의 참여와 자치, 즉 주민이 계획단계부터 참여하고 집행을 감시하는 체제가 마련되어야 한다. 이를 위해서는 지역주민의 자질이 향상되어야 하고, 지자체는 주민의 사회교육을 위해 노력할 뿐 아니라, 강연회나 강습회, 주민의 일상적 학습 모임을 조직화할 필요가 있다. 아울러 지방정부의 사업계획 및 집행능력의 제고가 반드시 필요하다. 이를 위해서는 지방공무원의 자질 향상을 위한 교육의 확대와 자체적인 학습모임의 조직화가 필요하고, 지역 내의 다양한 전문가들의 자문을 일상화하고, 지역의 인재육성 및 재훈련 프로그램과 평생학습체제도 구축되어야 한다.

⑤ 기타

영농조합법인 등 농업인조직, 주민자치센터, 자활센터, 여성농업인센터, 작은 도서관, 복지센터 등 지자체와 민간이 상호 협력하여 운영하는 조직들도 중요하다.

**지역협치체제**(local governance)

통치방식이 중앙집권에서 지방분권으로 변화하고, 지방자치가 진전됨에 따라 중앙정부의 역할이 축소되고 있다. 또한, 지방정부 역시 지방자치의 내용이 '중앙정부의 권한을 지방으로 이양하는 것관관분권'이라는 단순한 의미를 넘어 '지역 내에서 민 · 관 간의 권력배분'이라는 차원으로 발전해 감에 따라 전통적인 행정의 권한이 축소되고 있다. 지방자치에서 주민자치 · 생활자치가 강조됨에 따라 행정의 내용도 주민의 요구와 이해를 더욱 중시하지 않을 수 없게 되었으며, 나아가 주민을 행정의 일부에 참여시키는 방향으로 나아가고 있다. 이에 따라 민 · 관 간의 파트너십 형성의 필요성이 증대되었다. 민 · 관 파트너십의 내용과 형식은 각 지역의 구체적인 실정에 따라 또는 파트너십을 맺게 되는 목적에 따라 매우 다양할 수 있다. 각종 위원회 형식의 단순참여일 수도 있지만, 구체적 사업을 수행하기 위해 민과 관이 독자적인 출자와 지분을 갖는 이른바 제3섹터 방식일수도 있으며, 행정업무예 쓰레기수거 및 처리의 일정부분을 민관에 위탁하는 행정대행 형식이 될 수도 있다.

거버넌스란 다양한 이해집단이 공동으로 참여하여 자율적으로 의사를 결정하고 이를 협력적으로 추진하는 메커니즘을 말한다. 따라서 거버넌스에는 공공 의사결정과 집행이 이루어지는 다양한 형태 즉 정책네트워크, 공공관리, 경제부문간 조정, 민관民官 파트너십 등이 여기에 속한다. 따라서 지역 거버넌스란 지역의 사회경제적 목적 달성을 위한 다양한 이해 집단 간 교류, 협의, 합의 등 교호작용을 촉진하는 추진체계를 말한다. 지역발전 촉진수단으로서 거버넌스는 지역발전에 대한 사회적 참여와 합의를 중시하며, 지역발전의 자원을 보유한 이해집단의 참여를 강조한다. 지역정책에 영향을 주는 다양한 중앙정부기관, 인접 지방정부, 지역사회내 대학, 기업, 시민단체 및 공공 기관 등 이해관계 집단의 참여와 합의가 전제되어야 한다.

로컬 거버넌스는 20세기 중엽 이후 강조된 단순한 시민참가라는 개념보다는 급진적이고 적극적인 개념으로서 권력을 주요 수단으로 하는 정부, 이윤추구를 주요 목적으로 하는 기업, 그리고 사명을 중심축으로 하는 NGO간의 '관계성'에 중점을 두는 사회 주요 팩터간의 협력과 참여라는 동반자관계를 통하여 지역사회의 공공문제를 해결해나가는 방식을 말한다.[38] 따라서 로컬 거버넌스의 특징은 지방정부를 중심으로 한 제도적이고 공식적인 관계보다는 공공기관, 기업, 시민집단 간에 있어 각자의 전략적 목표와 이해관계를 비공식적인 네트워킹을 통하여 반영, 조정, 통합해 나가는데 있으며 따라서 지방정치나 행정을 지방정부 주도로 일방적으로 운영해나가는 방식과는 상당한 차별성이 있다.

이러한 지역 거버넌스를 구축하기 위해서는 세 가지 수준의 전략이 필요하다.[39] 첫째, 지역사회 내 민관협력 및 제휴체제를 구축해야 한다. 지자체뿐 아니라 지역금융기관, 상공회의소, 대학, 민간기업, 공공기관, 시민사회단

38) 로컬 거버넌스에 관해서는 Moseley(2003), 최영출(2004), 김세훈(2007) 등 참조
39) 박진도(2005). p.341

체 등 관련 집단의 참여와 협력이 불가피하다. 둘째, 다른 도시 및 지역과의 다양한 협력과 제휴관계를 확대한다. 그동안 인접 지역은 경쟁대상으로만 인식되어 왔다. 그러나 지역 간 광역시설의 공동이용, 환경과 자원의 공동관리, 지역발전을 위한 공동 연계사업의 추진을 촉진하기 위해 협력계획제도 및 자율적 광역행정체제의 도입이 필요하다. 셋째, 상위계층의 정부, 특히 중앙정부와의 협력 제휴체제 구축이 필요하다. 참여와 지역 거버넌스의 확립을 위해서는 민주적 정치구조로의 근본적 전환이 필요하다. 즉 의사결정이 가능한 한 낮은 수준에서 이루어지는 보완성의 원칙subsidiarity의 확립이 중요하다.

## 지역리더의 유형과 역할

### 지역리더의 유형

지역혁신과 지역리더는 불가분의 관계에 있다. 지역사회혁신이 효율적으로 진행되기 위해서는 해당 지역주민들을 조직적이고 신뢰성 있게 동원할 수 있는 지역리더가 필요하기 때문이다. 지역사회의 뿌리 깊은 문제를 해결하기 위해서는 특히 지역사회지도자와 주민의 참여가 필수적이며, 지역사회 조직을 이끌어 나가기 위한 뛰어나고도 종합적인 지도력이 필요하다. 지역사회 조직에 있어서 지도자의 역할 및 기능은 각 지역사회의 발전정도, 국가의 민주화 정도, 지역사회 주민들의 교육수준, 직업구조, 의식구조, 성비性比 등 그 지역사회의 특성에 따라 다를 수 있으나, 지역주민들을 지역사회의 각종 개발 사업에 유도하고 동기화시키며, 사업의 성공을 이끌어 내는데 지역리더의 역할이 중요하다. 특히, 농산물시장개방에 따른 농업전망의 불투명과 고령화와 과소화로 인한 의욕상실, 과도한 부채압박 등으로 인해 의욕과 활기를 잃은 농촌지역의 발전을 위해서는 지역리더의 역할이 더욱 중요하다.

지역리더의 유형과 역할은 리더십 철학이나 시대의 변화, 지역리더가 활동하는 공간범위 지역리더의 객관적 위치지위 등에 따라 다양하게 나타난다. 첫째, 리더십철학을 기준으로 한다면 전통적 리더십에 기초한 전통적 리더와 새로운 리더십 철학에 기초한 '섬기는 리더'servant leader로 구분할 수 있고, 둘째, 시대적 흐름을 기준으로 한다면 '구형리더'와 '신형리더'로 구분할 수 있으며, 셋째, 활동의 공간적 범위를 기준으로 한다면 주로 마을단위를 활동무대로 하는 '마을리더' 그리고 마을을 벗어나 읍 · 면 혹은 시 · 군 단위를 활동무대로 하는 '권역리더'로 구분할 수 있고, 넷째, 객관적 지위를 기준으로 한다면 지역 혹은 조직의 핵심적 역할을 담당하는 '핵심리더'와 핵심리더를 보완하고 지원하는 '주변리더'로 구분할 수 있다. 이외에도 리더가 담당하는 역할을 기준으로 본다면, 대외적으로 조직을 대표하는 명예를 갖는 사람, 조직에 적합하고 조직이 필요로 하는 전문적 지식을 갖고 있는 사람, 그 사람에게 공감하고 교육적인 효과를 얻을 수 있는 사람 등으로도 구분할 수 있다.

### ① 지배하는 리더와 섬기는 리더(servant leader)

리더십에 관한 종래의 이론 및 철학에서는 '리더십'이 문제를 해결하고 목표를 달성하기 위해 다른 사람들을 고무하고 영향을 줄 수 있는 특정 개인에 의존한다고 가정하였으며, 따라서 위대한 지도자는 타고나는 것이며 유전적으로 우수한 계층에서만 나온다고 하는 이른바 '영웅이론'에 기초하고 있었다. 그러나 과거의 영웅적 리더십에 기초한 철학은 오늘날의 지역사회 및 조직에 내재한 복잡한 문제를 다루는데 더 이상 적절하지 못하기 때문에 공동체형성 및 공유되는 리더십shared leadership에 기초한 새로운 리더십 철학으로의 전환이 필요한데, 이러한 측면에서 오늘날 가장 널리 주목받고 있는 리더십은 이른바 '섬기는 리더십servant leader'로 리더는 공공 선common good을 위해 일하며 다른 사람들이 지역사회를 강화하고 전환하는 과정에서 함께 일하도록 권한을 위임하고empower 용기를 북돋우기encourage 위해 노력하는 지도자이다.

② 구형 리더와 신형 리더

'구형리더'는 일반적으로 관에 의해 선출되며, 따라서 수동적이고 하향적 · 권위적이며 현실상황에 순응적이고 중앙정책의 지시 · 전달자로 기능하는 리더로서 주로 마을의 어른이라는 성격을 가지며 그 활동영역도 좁은 지역 즉 마을단위에 한정된다는 측면이 강하다. 반면에, 이른바 '신형리더'는 주민의 지지로 선출되며, 따라서 자발적이고 상향적 · 민주적이며 동기부여 및 현실을 변화시키는 촉매자로서 전문성과 교섭력을 갖춘 조직 · 실천자적인 기능을 담당하며 단순히 중앙으로부터 하달된 계획을 실천한다는 측면보다는 지역의 자발적인 발전을 도모하며, 활동영역도 마을단위보다는 지역단위 혹은 특정작목을 중심으로 하는 경우가 일반적이다.

③ 마을리더와 권역리더

'마을리더'는 그 활동영역이 마을단위이기 때문에 주민들과의 친밀도와 공감이 중요하며, 마을주민들이 직접적으로 체감할 수 있는 구체적이고 단기적인 성과달성에 치중하는 측면이 강하고 정책적인 관심도 중앙정부의 정책보다는 주민생활과 직접적인 관련을 갖게 되는 지방정부의 정책에 집중될 수밖에 없는 특성을 가진다. 반면에 '권역리더'는 활동영역이 마을의 범위를 넘어 읍 · 면 혹은 시 · 군단위로서 마을주민들과의 친밀도도 중요하지만 권역 전체 주민의 요구를 파악하고 이를 조직화하는 것이 더욱 중요하며, 단기적인 목표달성보다는 중장기적인 지역발전을 도모하는 측면이 강하고 정책적인 관심대상도 중앙정부의 정책방향이나 그 실현과정이 지역에 미치는 영향 등에 더 큰 비중을 두게 된다.

④ 핵심리더와 주변리더

'핵심리더'와 '주변리더'의 구분은 리더가 담당하는 역할이나 성격과 밀접한 관련을 갖는데, 핵심리더는 조직이나 구성원들의 의견을 취합하여 행동목표와 방향을 설정하며 총체적인 활동계획을 기획하고 연출하는 리더를 말하며, 주변리더는 핵심리더의 이러한 활동을 보완하고 지원하는 역할을 담당하는 자로서 조직구성원들의 고충이나 의견을 직접적으로 청취하여 핵심리더에게 전달하고 상호의견을 교환하고 이 과정에서 결정된 사항을 조직구성원들에게 전파하고 실천하는 역할을 담당한다.

따라서 핵심리더와 주변리더는 마을단위 혹은 권역단위마다 존재할 수 있으며, 마을단위의 핵심리더가 권역단위의 주변리더가 될 수 있는 것처럼 그 역할이나 책임이 고정적이지 않고 유동적 · 중층적이라는 특징이 있다.

### 지역리더의 역할

'지역리더'를 '지역의 문제를 스스로 고민하고 해결하기 위해 노력하는 개인 혹은 집단'이라고 한다면, 지역리더의 구체적인 모습과 역할은 지역발전의 목표 혹은 지역발전을 위한 사업의 내용에 따라 달라질 수 있다. 그러므로 '지역발전과 혁신'의 구체적인 방향과 목표를 설정하는 것이 지역리더의 역할설정에 앞서 정의되어야 할 것이다. 지역단위마을단위, 면단위, 군단위 등마다 리더像이 달라지는 것은 지역단위의 사업내용이 달라지기 때문에 마을단위에서는 훌륭한 리더라고 하더라도 군단위의 리더로서는 적절하지 못한 경우도 있을 수 있으며, 마찬가지로 특정사업가령 농촌관광사업에는 훌륭한 리더라고 할지라도 다른 사업에서가령 소도읍육성사업는 리더로서 적절하지 않을 수 있다. 그러므로 지역리더의 개념 그 자체는 추상적으로 정의할 수밖에 없다고 하더라도 현실 속에서는 이러한 추상적 접근보다는 수행해야 할 사업 혹은 공간단위에서 리더가 해야 할 구체적인 역할을 설정하고, 그 역할에 맞는 리더 상을 구체적으로 규정해나갈 필요가 있다.

동일한 제도와 행정의 틀 속에 있으면서도 지역에 따라 지역발전정도가 상당한 다른 경우가 있는데, 이것으로 어디로부터 기인하는가. 즉, 동일한 제도와 자금 내에서 집행되는 농업구조개선사업 등 국가농정 중에서 성공사례지역과 그렇지 못한 사례지역이 나오는 까닭은 무엇일까. 일반적으로, 지역발전이 성공적으로 이루어지고 있는 지역에서의 공통적인 특징을 검토해 보고 이를 토대로 지역리더의 역할을 모색해보기로 한다.

첫째, 지역의 비전제시자로서의 역할이다.

지역리더는 지역의 미래를 전망하고 미래상vision을 제시할 수 있어야 한다. 이러한 미래상은 지역의 에너지를 하나로 묶고 구성원들을 조직화할 수 있는 토대가 되며, 지역의 힘을 한 방향으로 유도해갈 수 있는 방향키와 같은 것이다. 지역 내에는, 다양한 구성원의 이해대립이 엄존하고 있으며, 구성원간의 공존의식도 낮은 것이 사실이고 관계기관 사이에서도 협력도 부족한 상황이기 때문에 구성원들의 이해관계를 자주적으로 조정하고 공통의 합의를 도출하기 위해서는 합리적인 관리기법과 헌신적인 신념과 미래에 대한 전망을 소유한 지역리더의 존재가 무엇보다도 중요하다.

둘째, 지역계획자planner로서의 기능이다.

독자적이고 실천적인 지역발전계획은 지역발전 · 혁신의 성공지역에 나타나는 공통적인 특징이다. 특정한 정책 사업이 도입되기에 앞서 지역특성에 기초한 독자적인 지역개발계획을 갖고 있다면 다양한 정책 사업들이 이 독자계획과 연계해서 추진될 수 있다. 뿐만 아니라, 이러한 지역에서는 중앙정부 사업과 그 독자계획과의 격차를 해소시키기 위한 다양한 노력을 기울이고 있는 것으로 나타났다.

셋째, 지역내외부의 네트워커net-worker로서의 역할이다.

지역 내의 유관기관 · 기구들 간의 실질적이고 긴밀한 협력은 지역발전을 위한 기초이다. 그 지역의 발전계획을 수립하는데 있어서는 물론이고 그 사업의 추진과정에 있어서도 지자체, 농협 등 지역 내 관련기관들과 횡적인 협조와 공동의 노력이 강하며, 각각의 고유한 기능이 전체로서 종합될 수 있도록 상시적인 협조체계가 원활히 작동한다. 따라서 지역리더는 이러한 지역 내 각 주체들을 하나로 묶을 수 있는 '연결자'로서의 역할이 요구된다.

넷째, 조직 관리자로서의 역할이다.

현대는 카리스마형의 리더십이 아니라 시스템에 입각한 리더십, 지역 내 각 주체의 역량이 최대로 발휘될 수 있도록 관리할 수 있는 관리적 리더십이 요구된다. 그러므로 지역리더는 각종 사업의 추진과정에서 지역구성원이 주체적으로 참여하고, 자신의 의욕을 발휘할 수 있도록 하는 다양한 동기유발 체제를 갖고 있으며, 이를 통해 지역 컨센서스를 도출해 냄으로써 지역발전을 위해 개별 주체들의 조직화하는 역할이 필요하다.

다섯째, 각 주체간의 의사소통자communicator로서의 역할이다.

지역발전의 성공적인 지역에서는 지역발전계획이 단순히 계획만으로 끝나는 것이 아니고, 그것에 기초한 사업실시와 그를 위한 조직화, 동기부여, 나아가 그것을 수정할 수 있는 일련의 'plan-do-see', 'learning by doing' 기능이 원활히 발휘되고 있다는 것이 특징적이다. 즉, plan-do-see, learning by doing 시스템이 존재하고 있다는 것이다. 그러므로 지역리더는 결과를 평가하고 그것을 참여 구성원들에게 효과적으로 전달함으로써 구성원상호

간의 갈등을 치유할 뿐만 아니라 원인과 결과가 효과적으로 연계feeds-back될 수 있도록 해야 한다.

여섯째, 지역자원 발굴자로서의 역할이다.

내생적인 지역발전을 지역자원의 종합적인 활용에 의해 좌우된다. 지역 내에 존재하는 인적 · 물적 자원, 사회문화역사 자원, 자연환경을 발굴하고 이를 효과적으로 활용함으로써 지역발전을 앞당길 수 있는 것이다. 그러한 의미에서 지역자원의 발굴은 곧 지역의 발전 잠재력을 높여나가는 것이라 할 수 있다.

### 지역발전의 역량 강화 방안

지역발전의 역량을 구성하는 핵심적 요소는 구성원의 기술과 지식수준, 가치관이나 인식, 그리고 개인과 개인, 조직과 조직 사이의 협력과 지원, 상호작용, 신뢰 등으로 형성되는 사회적 네트워크의 총체라고 할 수 있다. 그런데, 과거에는 물리적, 금전적, 자연적 자본이나 행정역량 등이 지역사회의 발전을 위한 핵심요소로 주장되었지만, 오늘날에는 교육과 학습, 인적 자본과 사회적 자본이 지역발전의 일차적 요소로 강조된다. 즉, 지역의 지속적 발전과 혁신을 위해서는 지역의 총체적 역량증대를 위한 학습이 중요하며, 지역 내 혹은 지역 간의 모든 학습과정은 사회적자본과 함께 지역발전을 결정하는 핵심변수라는 것이다.

지역리더는 이러한 지역혁신과 상호학습을 추진하기 위한 선도자로서 역할을 한다. 그리고 오늘날은 급격한 사회변화와 지역문제의 복잡성으로 인하여 문제해결을 위한 총체적 접근이 불가피한데, 이는 현재의 농촌지역문제가 카리스마적 개인 리더십에 의해서 해결될 수 있는 부분이 아니라는 사실을 의미한다. 주민 전체의 참여와 함께 실천하면서 학습하는 집단적 리더십 즉 커뮤니티 리더십이 요청된다는 것이다.

선진국에서는 1980년대 후반부터 지역역량 강화를 위해 다양한 프로그램을 도입해왔는데, 크게 두 가지 형태로 나눌 수 있다[40]. 하나는 교육 · 훈련에 초점을 두는 프로그램으로, 미국, 호주의 지역사회 리더십 개발 프로그램, 일본의 지역리더양성학당 등이 대표적이다. 다른 하나는 EU의 LEADER 프로그램, 미국 켄터키 주의 공동체 기반계획community-based planning, 캐나다의 Canadian Rural Partnership 등과 같이 소규모 파일럿pilot 사업을 통해 주민의 사업계획 역량이나 문제해결 능력을 배양하는 프로그램이다. 즉, 단순한 교육 · 훈련이 아니라 사업을 실행해봄으로써 배워 가는 실천학습learning by doing 프로그램이다.

전자와 같은 리더십 교육 프로그램이 많은 나라에서 이루어지고 있는 역량강화프로그램의 대부분을 차지하고 있지만, 이러한 교육프로그램만으로는 역량강화에 한계가 있다. 교육프로그램이 역량강화에 필요한 지식의 습득과 배양에 도움을 주는 것은 사실이지만, 역량강화란 근본적으로 대상지역 주체들의 공동실천을 통해 배양되는 것이므로 현장에서 당사자들이 집합적으로 학습효과leaning by doing를 통해 능력을 배양하는 것이 중요하다는 주장이다. 지역사회 개발 프로그램이나 파트너십 형성 계획이 역량강화 프로그램의 핵심 내용이 되어야 하며, 리더십 개발이나 교육프로그램은 이 프로그램을 지원하기 위한 프로그램으로 구상되어야 한다. EU에서 실천을 통한 역량강화 프로그램을 실시하는 이유도 역량강화가 집단적, 실천적이며 공동학습과정을 통해 형성되기 때문이다.

우리나라에서도 최근 중앙정부와 지자체 그리고 민간에서 이러한 교육훈

---

40) 유정규(2009)는 농촌지역의 내발적 발전을 위한 지역역량강화 방안을 다양한 각도에서 검토하고 있다.

련 프로그램이 많이 실시되고 있다. 그런데 현재 정부지자체나 민간 차원의 리더 양성 관련 교육프로그램은 지역사회 전체가 아닌 특정 산업(농업)이나 부문별 전문교육을 지향하고 있다. 현재 이루어지고 있는 교육 대부분이 지역리더 육성의 중요성을 강조하고 있지만, 사실상 개인의 전문기술 습득에 초점이 있으며, 리더십의 발휘를 통한 지역사회 형성community building, 참여 및 파트너십을 바탕으로 한 공동 활동co-work이라는 관점은 매우 부족하다. 그러한 의미에서 지역혁신과 발전의 주도자로서 지역리더 육성을 위한 새로운 노력이 요구되는 것이다. 또한 실천학습을 통한 역량강화 프로그램이 도입될 필요가 있다.[41]

41) 정부의 많은 농촌정책 가운데 그런대로 긍정적 평가를 받는 것이 신활력사업이다. 그 이유는 신활력사업이 정부가 예산을 주되 그것을 어떻게 사용할지는 시군의 자율에 맡겼기 때문이다. 그리고 전라북도 진안군에서 실시하고 있는 으뜸 마을가꾸기 사업은 주민들의 자율적 실천에 의한 역량강화 사업으로 주목받고 있다. 진안군 마을 만들기 전국대회 자료집 참조.

# 참 고 문 헌

권영근 역(2002), 『순환의 경제학』. 삼신각

김병률 외(2008), 「애그플레이션 동향 및 전망과 대응방안」, 한국농촌경제연구원 『애그플레이션의 농식품 부문 영향과 대응방향』. 2008.3

김정섭(2002), 「농촌개발과 어메니티: 국제적 논의동향과 함의」, Agroinfo Issue No.6. 지역아카데미.

김세훈(2007), 「로컬거버넌스의 이론과 실제: 지역문제해결을 위한 과제」, 『한국지방자치연구』 제9권 제2호

김정호 외(2007), 『농업부문 비전 2030 중장기 지표 개발』. 한국농촌경제연구원

김종덕 외 역(2006), 『로컬 푸드: 먹거리-농업-환경 공존의 미학』. 도서출판 시울

김화년(2008), 「애그플레이션 시대의 식량안보」, SERI 경제포커스 제180호. 삼성경제연구소.

농정연구센터(2004), 『농촌지역리더 교육프로그램 개발에 관한 연구』.

무하마드 유누스. 2008. 『가난 없는 세상을 위하여- 사회적 기업과 자본주의의 미래』 (김태훈 역). 물푸레

미야모토 겐이치(2009), 「지속가능한 사회와 내발적 발전」. 지역재단창립5주년 기념 심포지엄 발표원고.

박 경(1999), 「地域開發 戰略으로서 內發的 發展論: 日本의 硏究 動向과 課題」, 『공간과 사회』, 통권 제 11호.

박병상(2006), 『녹색의 상상력』. 달팽이

박시현 외(2006), 『농촌의 미래모습, "농촌공간 2020"』. 한국농촌경제연구원,

박진도(2005), 『WTO 체제와 농정개혁』. 한울아카데미

박진도 역음(2005), 『농촌개발정책의 재구성』. 한울아카데미

박진도(2007), 「지방분권과 지방재정개혁」, 『사회경제평론』 제28호. 한국사회경제학회

박진도 외(2004), 『농촌개발의 종합적 전략에 관한 연구』. 농정연구센터

박진도 · 박경(2000), 「일본의 내발적 지역개발전략에 관한 연구」, 『사회경제평론』 제14호. 한국사회경제학회

박진도 · 허헌중(2009), 「위기의 한국농촌, 순환과 공생의 지역 만들기」. 지역재단 제5차전국지역리더대회 자료집.

박진도 · 유정규 외(2009). 『농어촌형 사회적 기업 육성방안 연구』. 농림수산식품부.

박진도 · 김태연 · 안기돈 · 서정민(2009). 『부처별지역산업지원정책현황및 발전방향 연구』. 지역발전위원회

박진도 · 박 경 · 김태연(2009) 『기초생활권단위(시군) 사업의 추진실태조사 및 개선 방안연구』. 지역발전위원회

박진도 · 유정규(2005), 「지역혁신과 리더의 역할」. 『지역혁신과 지역리더』. 지역재단 2005년 전국지역리더대회 자료집

로우(Lowe) 외(2004), 「유럽농촌발전정책의 개념과 방법」. 박진도 외(2004)에 수록.

사토 유시요키(2004), 『NPO와 시민사회』(송석원 역). 아르케

송미령 · 김정섭(2008), 「농촌정주수요 변화와 전망」, 『농업전망 2008』, 한국농촌경제연구원.

송미령 · 박시현 외(2009). 『지역발전정책변화에 대응한 농어촌정책방향 설정 및 농어촌서비스기준 도입방안연구』, 한국농촌경제연구원

엄형식(2008). 『한국의 사회적 경제와 사회적 기업: 유럽 경험과의 비교와 시사점』. 정책연구원 총서 02. 실업극복국민재단.

오현석(2002). 「유럽의 농촌개발: 농업의 다원적 기능 촉진을 위한 정책 틀로의 발전」, Agroinfo Issue No.3.

유정규(2009). 「새로운 지역발전시대의 지역역량 강화 어떻게 할 것인가」. 지역재단 제2차 지역정책토론회 발표 자료.

이상영(2003). 「농업 · 농촌 다원적 기능의 경제평가에 관한 고찰」, 『농촌생활과학』 제24권제2호. 농촌진흥청 농촌생활연구소.

이재옥(1999), 「농업의 다원적 기능: WTO 차기 농산물협상과 관련한 국제 논의동향」, 『농촌경제』 제22권 제2호. 1999년 여름호.

이정환(1997), 『농업의 구조전환 그 시작과 끝 - 농정개혁을 위한 메시지』. 한국농촌경제연구원

전혜경(2007), 『식생활의 변화와 전망-소비트렌드를 중심으로』, 농정연구센터 『농정연구』 23권, 2007년 가을호.

정 원각(2006), 『소비자와 생산자가 상생하는 사회를 꿈꾸며』, 『도농상생: 비전과 전략』. 지역재단, 창립2주년 기념 심포지엄 자료집. 2006. 5.

최영출(2004), 로컬 거버넌스의 성공적 구현을 위한 정책과제, 「지방행정연구」, 18(1).

하승수(2007), 『지역, 지방자치, 그리고 민주주의』, 후마니타스. 2007

한국농촌경제연구원(2007), 『세계농정의 동향과 전망』. 2007년 7월

한국농촌경제연구원(2009), 『2020 농어업·농어촌 비전과 전략』

한국생협연구소(2006), 『지속가능한 푸드 시스템 형성을 위한 생협의 과제』. 한국생협연구소 제1회 포럼 자료집. 2006. 8.

한국지방행정연구원(2008), 『기초생활권 형성 및 발전 촉진 연구』

허남혁(2006), 『제고장 먹거리(local food) 담론-쟁점과 가능성』, 한국농촌사회학회 2006년 정기학술대회 발표논문.

高崎經濟大學附屬産業研究所編 『循環共生社會と地域づくり』. 日本經濟評論社. 2005년

紙谷 貢(2000). 「農業の多元的機能,その論点」, 『農業構造問題研究』 No.206, 季刊 農業構造問題研究會報 2000年 No.4.

鶴見和子外. 1989 『內發的發展論』, 東京大學出版會

生源寺眞一. 2006., 『現代日本の農政改革』,東京大學出版會.

岡田知弘 外著(1997), 『國際化時代の地域經濟學』, 有斐閣アルマ.

經濟地理學會西南支部編(1995), 『西南日本の經濟地域』, ミネルウア書房.

國土廳(1997),『過疎對策の現況(1996年版)』.」

宮崎暢俊(1994), 『とっぱすの豊』. 七賢出版.

宮本憲一編著(1977), 『大都市とコンビナト·大阪』, 講座 地域開發と自治體 第1券. 筑摩書房.

宮本憲一(1980), 『都市經濟學』. 筑摩書房.

宮本憲一(1989), 『環境經濟學』. 岩波書店. ; 同韓譯(1994), 『환경경제학』, 주민자치사.

宮本憲一. 横田茂. 中村剛治郎 編(1990), 『地域經濟學』, 有斐閣.

宮本憲一, 遠藤廣一編著(1998), 『地域經營と 內發的發展』, 農文協.

農林水産省(,1999.6.15),「中山間地域 等 直接支拂制度 導入 檢討會 中間報告書」.
大分縣(1996),『The 21(大分から21世紀が見える)』, 3月號.
大分縣大山町(1996),『大山町綜合計劃』.
大分縣湯布院町(1996),『湯布院町綜合計劃』.
東京大學教養學部相關社會科學研究室(1996.3),『熊本縣小國町のまちづくりに關する學術調査最終報告書』.
保母武彦(1996),『內發的 發展論と日本の農産村』, 岩波書店.
森 嚴夫 外(1996),『地域づくり讀本』, ぎょうせい.
石打丸山觀光協會(1982)『雪に活きる- 石打丸山觀光協會の三十年のあゆみ』.
石打丸山觀光協會(1992)『雪に活きる- 石打丸山觀光協會の四十年の軌跡』.
石打丸山觀光協會(1994),『事業報告書』.
矢幡治美(1988), 『農協は地域でなにができるか』.家の光協會.
矢田俊文(1982),『産業配置と地域構造』. 大明堂.
矢田俊文 編(1990),『地域構造の理論』. ミネルウア書房.
新潟縣安塚町(1987),『ゆきすぎてすみません』.
新潟縣安塚町(1996),『安塚町綜合計劃』.
新潟縣塩澤町(1996),『新潟縣塩澤町綜合計劃』.
玉野井芳郎·淸成忠男共編. 1978. 『地域主義』. 學陽書房.
熊本縣小國町(1996),『小國町綜合計劃』.
日本 經濟地理學會編(1992).『地域經濟學の成果と課題』 第IV集. 大明堂.
重森曉(1993), 『柔らやかい分業と地方財政』,自治體研究社 series 3, 自治體研究社.
中村剛治郎(1987),「轉換期の日本經濟と地域經濟」.『地方財務』. 第 398号.
中村剛治郎(1991),「地域政策論 序說」.『財政學 研究』. 財政學研究會. 第 16号.
淸成忠男(1986),『地域産業政策』. 東京大學出版部；同韓譯. 1994. 『지역산업정책』. 부산발전연구원.
總合研究開發機構(1990),『NIRA研究叢書- 內發的産業形成に關する調査研究 - 地域産業おこしの理念とプロセス』.
通商産業省(1999),『産業構造報告會地域經濟部會報告書(案)』.
平松守彦(1990), 『地方からの發想』. 岩波書店

鶴見和子··川田侃 編(1989),『內發的發展論』. 東京大學出版會.
鶴見和子··宇野重昭(1994),『內發的發展と外向的發展』. 東京大學出版會.
鶴見和子(1996),『內發的發展論の展開』. 東京大學出版會.

Amin, A. and Thrift, N. (1992), “Neo-Marshallian Nodes in Global Networks”, *International Journal or Urban and Regional Studies* 16(4). pp.571-587.
Asheim, B. T. (1992), “Flexible Specialisation, Industrial Districts and Small Firm: A Critical Appraisal”, in Ernste, H. and Meier, V.(eds). pp. 278-95.
Baldock D, Dwyer J, Lowe P, Peterson J and Ward N. 2001. The Nature of Rural Development Ⅰ: Towards A Sustainable Integrated Rural Policy in Europe. IEEP: London
Camagni, R.(ed), (1991), Innovation Networks : Spatial presperctives, Belhaven Press, London.
Cavers, R. and J. Campos. 2007, “The Social Economy in the European Union”, http://www.eesc.europa.eu/groups/3/index_en.asp?id=1405GR03EN
CEC(1994), The Regional Technology Plan Guidebook. CEC, Brussels.
Commission Of The European Communities(CEC) (1988) Science and Technology for Regional Innovation and Development in Europe. CEC, Brussels.
Downs, A. 1957, An Economic Theory of Democracy, Harper & Row. (古田精司監譯, 1980,『民主主義の經濟理論』,成文堂)
European Commission(1995), Green Paper on Innovation, Brussels: Commission of European Communities.
European Commission. 1988. The Future of Rural Society, COM(88) 501 final of 28.07. Brussels
European Commission.2006. Fact Sheet: The EU Rural Development Policy 2007-2013.
FAO. 2002. World agriculture towards 2015/2030: Summary report.

Giacchino Garofoli ed.,(1992), Endogenous Development and Southen Europe, Ashgate Publishing Limited, Hants(England)

Morgan, K(1997), "The Learning Region: Institution, Innovation and Regional Renewal", *Regional Studies*, 31(5),pp. 491-503.

Moseley, M. J.(ed.). 2003. Local Partnerships for Rural Development – the European Experience, CABI Publishing, Wallingford, UK and Cambridge, USA.

Nelson, A. C.(1993), 'Theories of Regional Development", in "Theories of Local Economic Development", R.D.Bingham & R. Mier(eds), SAGE Publications.

Oates, W.E., 1972, Fiscal Federalism, Harcourt Brace Javanovich, New York.

OECD (1992), Businesses and Job in the Rural World.

OECD (1993), Co-operative Action Programme on Local Initiatives for Employment Creation, OECD, Paris.

OECD (1995a), Local Economics and Globalization, LEED(Local Economics and Employment Development) Notebooks No.20, OECD, Paris.

OECD (1995b), Niche Markets and Rural Development.

OECD (1996), Networks of Enterprises and Local Development: Competing and Co-operating in Local Productive Systems, OECD, Paris.

OECD. 1993. What Future for Our Countryside: A Rural Development Policy

OECD. 1996. Amenities for Rural Development: Policy Examples. Paris

OECD. 1999.Cultivating rural amenities: an economic development. 오현석 · 김정섭 역 『어메니티와 지역개발』. 새물결. 2002

OECD. 2005a. Regions at a Glance. OECD Publication, Paris.

OECD. 2005b. New Approaches to Rural Policy: Lessons From Around The World, OECD.

OECD. 2006. The New Rural Paradigm: Policies and Governance.

OECD/FAO. 2007. OECD-FAO Agricultural Outlook 2007-2016

Timmer, C.P. 1988. "The Agricultural Transformation", in H.Chenety and T.N. Srivansan, eds, Handbook of Development Economics, vol.1 Amsterdam: Elsevier Science Publishers B.V.

# II

# 순환과 공생의 지역만들기 사례

먹을거리를 중심으로 한 지역경제 만들기

01

# 지역농업조직화로 한우와 지역을 살린다!

## 경북예천군 지보 참우마을

### 기업농은 우리 농업의 미래가 아니다!

2009년 3월 3일 이명박 대통령이 뉴질랜드에 방문하면서, 뉴질랜드를 우리나라 농업개혁의 선진 모델로 제시하였다. 농식품부는 서둘러 농어업선진화위원회를 설립하여 농업개혁에 박차를 가하였다. 그런데 2009년 1월 29일 농식품부가 국가경쟁력강화위원회에서 보고한 '농업의 경쟁력 강화 방안'에서는 네덜란드 농업이 우리나라가 벤치마킹하여야 할 선진 모델이었다. 네덜란드건 뉴질랜드건 우리가 배울 바가 있으면 배우면 된다. 따라서 그걸 가지고 시비 걸 이유는 없다. 한편 MB 정부 농정에서는 각종 아이디어가 넘쳐난다. 이순신 장군의 거북선 전략부터 칭기즈 칸, 강감찬, 연개소문까지 역사적 인물들이 우리 농업의 구세주로 등장한다. 훌륭하신 분들의 정신을 이어받거나 심지어 연개소문 전략처럼 이름만 차용해서라도 우리 농업의 살길이 있으면 그것으로 족하다.

뉴질랜드가 뜨자 농업계가 크게 반발하였다. 뉴질랜드 농업과 농업개혁은 우리의 모델이 될 수 없다는 것이다. 뉴질랜드가 어떤 나라인가. 인구는 400만 명밖에 되지 않은 반면에 국토면적은 우리나라의 2.7배, 농경지면적은 8.2배에 달하는 나라이다. 농가수 6만3천호, 농림업취업자수 8만3천명으로, 우리나라의 123만호와 167만 명과는 비교가 되지 않는다. 농가호당 경지면적은 233ha로 우리나라의 1.5ha의 155배에 달한다. 이러한 차이는 우리나라가 논 논사 중심의 경종농업이 중심이라면 뉴질랜드는 넓은 초지를 이용한 축산업이 중심이기 때문이다. 그리고 뉴질랜드는 농업생산물의 90%를 수출하고 있으며, 농산물 수출액은 전체 수출액의 60% 이상을 차지한다. 반면, 우리나라는 세계에 손꼽히는 농산물 수입국이며, 농산물 수출액은 전체 수출의 0.7%에 지나지 않는다. 이런 몇 가지 사실을 대비해보면 뉴질랜드 농업이 우리 농업의 모델이 될 수 없음은 금방 알 수 있다. 그리고 농업보조금의 폐지를 주된 내용으로 하는 뉴질랜드의 농업개혁이란 것도 그 내실을 들여다보면, 정부가 잘못 개입해서 멀쩡한 뉴질랜드 농업을 망쳤다가 정부가 제 정신을 차려 제자리에 되돌려 놓은 것에 불과하다. 엉터리 의사가 건강한 사람에게 영양을 과잉 공급하여 비만으로 만들어 제대로 걷지도 못하게 고생시키다가 강제로 다이어트를 시켜 정상으로 만든 것과 마찬가지다. 원래 세계적 경쟁력을 갖춘 뉴질랜드 농업이 정부의 잘못으로 잠시 경쟁력을 잃었다가 다시 회복한 것이다. 어떻게 보더라도 뉴질랜드 농업이나 농업개혁이 우리나라의 모델이 될 수 없음은 명백하다.

문제의 본질은 정부가 네덜란드나 뉴질랜드 모델, 이순신이나 칭기즈 칸, 연개소문 전략 등을 통해 우리 농업을 어디로 끌고 가려고 하는가 하는 것이다. MB 정부의 농업비전은 우리나라 농업을 세계와 경쟁하는 강한 농업, 수출농업으로 키우겠다는 것이다. 이를 위해 2012년까지 20만의 기업적 주업농과 1만 개의 법인형 경영체를 육성하려고 한다. 우리 농업의 담당 주체로서 전업농 혹은 주업농을 육성하겠다는 것은 새로운 정책이 아니다. 이미 1967년의 농업기본법의 자립 가족농 육성부터 시작하여 문민정부의 전업농, 참여정부의 정예농업인력 육성 등에 뿌리를 두고 있고, 다만 MB 정부는 '기업적'이라는 당의정을 입혔을 뿐이다. 그러나 차이가 없는 것은 아니다. 엄청난 차이가 있다. 우리 농업의 미래에 대해서 기업농이냐, 가족농이냐 하는 논쟁은 60년대 이래의 해묵은 논생이고 그 동안 역대 정부가 이 양자 사이에서 오락가락했다면, MB 정부는 기업농에 우리 농업의 미래를 걸고 있다. 뉴질랜드, 네덜란드, 이순신, 연개소문 등 수사가 현란하지만 이런 것들은 결국 기업농 육성 정책을 정당화하기 위한 것이다. MB 정부는 농민도 기업농이 되어야 하고, 농민들에게는 미래 첨단산업농업을 맡길 수 없기 때문에 농업분야 진입규제를 완화해서 대기업과 외국자본을 적극 유치하겠다고 한다. 그렇

다. 기업과 자본을 위한 농정, 이 점이야 말로 MB 농정의 백미이다. 한식의 세계화, 농산물 수출 100억 달러 등 모든 것이 기업과 자본을 위한 것이다. 그러나 최근 농정의 기조에는 농민의 얼굴은 잘 보이지 않는다.

과연 기업농 혹은 농기업가, 대기업과 외국자본이 우리 농업의 미래가 될 수 있을까. 소수의 잘나가는 기업농이나 농기업, 더욱이 외국자본으로는 우리 국민의 먹을거리 기본권안전한 농산물을 안정적으로 소비할 권리을 보장할 수 없고, 더욱이 농업농촌의 다원적 기능식량안보, 환경 및 국토자원의 보전 및 관리, 지역사회의 유지, 역사와 전통문화의 계승 발전, 인간 교육의 장 등은 도저히 발휘될 수 없다.

생산, 가공, 유통, 소비의 총체적 체계로서의 지역농업 조직화를 지향하여 나는 오래전부터 '소수 엘리트 농민을 위한 농정'의 문제점을 비판하고, 지역농업의 조직화를 주장해왔다. 지역농업의 조직화란 지역의 농업자원토지, 노동력, 자본을 지역 전체의 관점에서 효율적으로 결합하여 지역 전체의 소득증대와 지역 주민의 삶의 질 향상을 추구한다. 이를 위해서는 농산물의 생산, 가공, 유통, 소비의 총체적 체계로서의 지역농업의 조직화가 필요하다.

예천군 지보면의 참우작목반은 2001년 5농가가 공동 우사대지 2,000평, 건물 800평를 건립하여 한우를 공동 사육하면서 시작되었고, 지금은 작목반원 31명이 협동하여 지보참우마을 정육점 및 식당을 운영하고 있다. 2006년 12월 지보 본점을 개업하여 영업한 지 한 달 만에 예천군에서 판매 1등을 했다. 당시 축협에서는 한우 12두를 잡았는데, 지보한우작목반은 16두를 잡았다. 지보한우작목반은 다음달 24두, 30두, 40두로 증가하여 2009년에는 최고 월 100두를 판매하였다. 단위 매장만으로는 판매량이 전국 1위다. 정부에서 5억 원, 축협에서 5억 원, 총 10억 원을 투자해서 세운 횡성한우플라자가 월 40~45두 정도 밖에 판매하지 못하는 것에 비하면 놀라운 성과다. 더욱이 정부가 100억 원을 투자하여 설립한 경북 한우클러스터의 판매량이 지보참우작목반에 미치지 못한다. 다만, 2010년에는 유사 직영정육식당의 증가로 판매가 월 40~50두로 줄었다.

2010년 현재 정육식당은 지보참우 작목반원 31명이 운영하고 있고, 정육식당에 필요한 한우 공급은 작목반원이 중심이 된 예천생균제영농조합 123명의 조합원이 담당하고 있다. 123농가의 총사육두수는 5000두번식 2500두, 비육 2500두이고, 영농조합원의 호당 평균 사육두수는 40두이고, 100두 이상 전업농은 20%에 지나지 않고, 나머지는 경축 복합영농을 하는 중소 한우농가들이다. 정육식당의 현황을 보면 지보의 본점직영점 1개소 이외에 지보 4개, 전국 12개대구 2, 서울1, 인천/파주 등 총 18개의 분점취급점이 있다.

지보참우작목반의 놀라운 성과는 지역농업의 조직화를 위한 부단한 노력의 산물이다. 이들의 노력을 생산의 조직화, 유통 및 소비의 조직화로 나누어서 살펴보자. 최병용 작목반장의 말을 통해 생산의 조직화 과정을 들어보자.

"소 사료의 90% 이상을 수입 사료로 쓰기 때문에, 소비자들이 수입육과 한우의 차별성을 못 느낀다고 생각하고, 우리 조상들이 5,000년 동안 키운 방법으로 한번 해보자 생각하여 농촌진흥청에 한우 키우는 사업을 공모했었다. 제목이 '버려진 농산물 가공부산물을 이용한 한우 사육'이었는데 당첨이 되었다. 당시 연구비로 7,400만원을 받았는데, 94년 당시 금액으로 서울 아파트 한 채 가격이었다. 대학교수 2명과 함께 붙어 2년 동안 연구를 했는데, 대성공이었다. 쌀 도정에서 나오는 쌀겨와 벼 부산물, 두부비지, 깻묵, 한주농산이라고 주스 공장에서 나오는 당근 찌꺼기 등을 계산해 보니까 예천 소 1만두 사육이 가능하다는 계산이 나왔다. 당시 예천소가 2만두였으니까 절반을 사육할 수 있는 양이었다. 이전에 30두 정도를 이 방식으로 사육하고 있었는데, 부산물을 그대로 주었을 때는 소가 소화시키지 못했었는데 부산물을 발효시켜서 주니까 소화를 잘 했다. 그래서 발효 시켜서 먹이게 됐다. 당시 교수와 학생들이 매일 붙어서 연구하고 지켜보았는데, 이 결과물로 인해 상도 받고 자신감도 얻었다. 다른 사람들에게 교육도 시키고, 1997년 IMF가 터지자 사료 값이 폭등하고 소 값이 폭락했는데, 우리는 사료 값이 들지 않았다. 그때 소를 많이 늘렸다. 우리는 사료를 직접 만드니까 나도 돈을 벌었고, 우리 지역 사람들도 돈을 벌었다. 당시 이러한 사육방식을 가지고 '참우'라는 브랜드를 내가 만들었는데, 현재는 예천군수가 군에서 키운 소를 '예천 참우'로 바꾸어 사용하고 있어 내용이 변질 됐다. 경기가 좋아지고 사료 값이 떨어지자 이러한 방식이 귀찮다고 느낀 농가들이 많이 떨어져 나갔다.

사료 구입을 본사와 공동으로 직거래하고 깻묵, 과일즙 찌꺼기, 볏짚, 미강 등 지역 부산물을 이용한 발효사료나 발효첨가제 개발로 생산비를 줄일 수 있었다. 그런데 사육두수가 늘다보니 발효사료와 발효 첨가제를 자가 제

조하는데 한계에 부딪쳤다. 원료확보와 제조의 어려움을 충분히 예측하지 못했다. 즉 배합사료를 대체하는 사료개념과 원가절감에 집착하다 보니 사육두수가 늘어날 때 발생할 조달능력과 한계지점을 간과했던 것이다.

이 문제를 극복하기 위해 2004년 발효 미생물 제재를 만들어서 '첨가제'를 연간 600만 톤 규모의 생균제 공장을 운영하는 생균제 작목반을 만들었다. 이전에 내가 직접 생균제를 만들어 장사(?)를 했었는데, 예천군 전체에서 한번 해보자 하여 123명이 200만원씩 출자, 2억 4천 6백만 원을 걸어, 땅도 사고, 건물도 짓고, 공장을 설립한 것이다. 2008년까지 작목반장을 하다가 2009년 다른 사람에게 넘겨줬다. 상근인원이 5~6명 정도 되는데, 배달까지 하고 있다. 방식은 전체 폐기물을 사용하지 않고 발효가 잘되는 몇 가지만 사용하고 있다."

초식동물인 한우는 풀을 먹는 가축인데 곡물사료를 많이 먹게 되면 되새김질과 위장 내 발효기능이 약화되어 위가 일찍 퇴화된다. 그만큼 병약하여 항생제사료, 동물약품을 더 쓸 수밖에 없다. 위장질환을 앓으며 자라나니 육질과 등급이 떨어지는 것은 두말할 필요가 없다. 결정적인 것은 증체율 저하 문제다. 작목반이 공급하는 생균첨가제는 사료업체 공급가격의 10% 수준이다. 배합사료를 줄이는 대신 첨가제를 그만큼 더 먹이니 비용이 절감되고 증체율이 높아지며 건강하고 안전한 고급육을 생산하게 된 것이다. 지보참우작목반은 품질을 유지하기 위해 700kg 거세우만 도축한다. 거세우는 육질이 연하고 고급육에 나타나는 마블링이 발달하기 때문이다. 이를 위해 거세우에 유산균 등이 함유된 미생물제제로서 생균제를 먹인다. 2005년 설립한 연간 600톤 규모의 생균제 공장에서 작목반은 이 생균제를 짚, 옥수수, 콩 등과 섞은 특수사료 생산도 추진 중이며, 최근에는 유휴농지, 하천둔치 등 30ha에 청보리, 호밀 등을 심어 비싼 사료 대신에 풀 사료로 공급하고 있다. 특히 생균제 작목반원들은 비출자 사육농가들에게도 같은 가격에 생균첨가제를 공급하고 있다. 생산협동을 통해 얻는 편익을 조직원들끼리만 누리지 않고 그 이상을 지역사회에 돌려주고 있다. 이러한 협동의 정신과 원칙은 한우정육식당 운영 수익금을 참우작목반원들에게 배당하지 않고 전액 지역사회에 환원하고 있는 데서도 확인할 수 있다.

개별 축산 농가들이 발효사료제조기나 미생물 배양기를 구입하면 몇 천만 원이 들 뿐만 아니라 필요한 농업부산물 조달이나 관리 유지에도 엄청난 비용과 시간이 들어간다. 개별 소농가들이 점증하는 사료값, 인건비, 기계시설비 등 생산비 부담을 혼자 지는 것이 아니라 협동을 통해 규모화 하여 조직적으로 나누고 효율을 높이고 편익을 최대화하는 것, 그것이 지역농업 조직화의 원리이자 협동조합운동의 기본 원리임을 지보참우마을 사례가 실증하고 있다. 더욱이 지역에서 생산되는 벼농사 부산물, 식품가공 부산물 등을 이용한 발효사료나 발효첨가제 사용은 수입 배합사료 대체효과를 톡톡히 발휘하는 한편, 그야말로 경축순환, 유축복합의 지역순환농업 기반의 단초를 마련하는 것이다. 한편으로 생산협동을 통해 '공생'하고, 다른 한편으로 지역 내 농업 자원간 '순환'을 지향하는 셈이다.

### 농민들의 경제적 부담을 줄이는 공동우사와 농기계공동이용

생균제의 공동 공급 이외에 지보한우작목반은 공동 우사를 운영하고 있다. 다시 최병용 반장의 말을 들어보자. "2001년도에 5농가가 모여 설립했다. 시골사람들은 기본적으로 소를 먹이고 싶어 한다. 그러나 우사를 짓고, 시설을 하다 보면 빚을 지게 되기 때문에 잘 안하려고 한다. 2001년도에 공동으로 3억 원을 들여 우사를 지었다. 2000년 초반에 우사 지원금이 있어 지원을 받았다. 3억 원 중 20% 자부담6천만 원, 40% 보조1억2천만 원, 40% 융자1억2천만 원였다. 다른 사람들은 이 자금을 지원받아 대부분 사유화 했는데, 우리는 지역을 위해서 쓰자고 하여 개인 돈을 넣지 않고 농협에서 후취담보로 대출을 받아 1억 8천만 원을 투자하였다. 건물을 지어서 임대용 우사로 이용하고 있다. 부지가 2,000평이고, 건물이 800평인데, 200두를 사육하였다. 우사는 공동으로 지어 놓고, 5명이 임대식으로 소를 키웠는데, 칸별로 임대료를 받아 융자금을 갚아 나가고 일부는 장비 충당금으로 사용하였다. 초기 투자가 들어가지 않으니까 빨리 자리를 잡았다. 이렇게 하다가 개인우사를 지어 독립하여 공간이 남으면 다른 사람들이 들어와 사육을 하였는데, 기술이 없어도 같이 키우니까 기술 등 여러 가지를 공유하는 이점이 있어 성공적이었다. 개인에게 우사를 지원하지 말고 농협이나 축협에 자금을 줘 임대형 우사를 지어 필요한 사람이 사용할 수 있도록 하자고 DJ 정부 때 관련기관에 제안했었는데

안됐다. 일부 사람들 중에는 임대료가 비싸다고 하는데, 그렇지 않다. 지보에서 축산을 하는 사람들은 평균적으로 30두 정도인데, 나는 170두를 사육하고 있다. 사실 30두를 키우나 170두를 키우나 노동력은 거의 비슷하다. 그러나 고정자산에 들어가는 돈이 커서 규모화를 하기가 어렵고, 전망에 대한 불안감 때문에 규모화를 하지 않고 있다. 얼마 전 작목반에서 800평 규모로 공동우사를 하나 더 지어 400두 정도 사육하고 있다."

공동우사 이외에 농기계공동이용조직을 운영하고 있다. 그 동기는 농기계가 농가부채의 주된 원인이라는 인식으로부터 시작되었다. 다시 최병용 반장의 말을 들어보자. "지보농민회 차원에서 농가부채를 조사해보았는데, 트랙터, 이앙기 등 농기계비용으로 7,500만 원이나 됐다. 5년 쓰면 수명이 끝인데, 1년에 1,500만 원 감가상각이 된다. 1마지기당 기계 값으로 30만 원이 들어가는 셈이다. 노인들이 빚이 없는 이유는 기계를 사지 않기 때문이다. 보통 10마지기를 짓는데 9만 원 정도면 임대해서 농사를 지을 수 있다. 젊은 사람들은 기계사서 망하고, 기계 안 사려면 노인들처럼 소규모로 농사지어야 한다. 노무현 정부 때 전업농 육성해서 다 망했다. 이러한 문제를 해소하고자 농민회 차원에서 협업에 대한 논의를 하여 기계공동이용조직을 만들었다. 처음 농민회 회원들끼리 트랙터 있는 사람은 로터리치고, 이앙기 있는 사람은 모내고, 기계가 없는 사람은 모판 나르고. 이렇게 역할 분담을 하니 인력이 남았다. 그래서 우리끼리 하지 말고 남는 잉여 노동력을 가지고 노인네들 기계 일을 해주자 해서 '효도 못자리 사업'을 하게 되었다. 어른들한테 돈 받은 것을 가지고 농민회 경비로 사용했다. 사무실 비용과 제반경비가 1년에 천만 원 정도 소요됐는데, 이것으로 다 해결했다. 협업을 통해 비용을 줄이는 효과를 보았다. 가능성이 있다."

농기계를 공동으로 이용하니 가동률이 높아지고 유지운영비와 감가상각비도 줄어든다. 기계 구입과 보유수가 대폭 줄어들었다. 논갈이, 써레질, 논둑 만들기, 모판 뜨기, 모판 나르기, 모내기, 모판 정리하기 등 복잡한 작업 공정과 노동력 배치를 종합하는 분업과 협업을 발전시킨 것이다. 지보면 농민회 참우작목반의 농기계공동이용조직에서 정하는 벼농사 위탁영농비가 지역 품값의 기준이 되었다. 200평 한 마지기 기준으로 총 16~17만여 원이면 벼농사를 지을 수 있게 되었다.(*조직에서 정한 품값 기준 : 논갈이 1만5천원, 로터리 2만5천원, 논두렁 조성 1만원, 이양작업 2만원, 모판/20판 기준 5만원, 모판 이송/20판 기준 1만원, 콤바인 3만5천원 등 총 16~17만여 원) 벼농사에 드는 기계 시설을 다 갖추어 농사지으면 한 마지기당 기계 값만 약 30만원이 든다유류대, 수리비, 자가노력비 제외. 거의 절반 값에 가능한 농사가 되었다.

지역 내 노령농가의 벼농사 위탁 면적이 2005년 첫해 300마지기, 그 후 400마지기, 600마지기 등으로 계속 증가해 왔다. 이로써 노령농가들의 신뢰가 높아져 경로당에서는 농민회참우작목반에 대한 인기가 높다. '효도못자리 사업'은 한우직영식당 수익금으로 매년 개최하는 경로잔치와 함께 농민회참우작목반가 지역에서 신뢰집단으로 자리 잡는 데 큰 역할을 하고 있다. 더욱이 농기계 공동이용 사업으로 얻는 수입금이 농민회 운영 재원의 튼튼한 기반이 되고 있는데다, 힘든 농사를 절반 값에 지어주는 농민회를 보는 주민들의 신뢰가 자리 잡고 농민회에 대한 주민들의 칭찬이 자자하니, 회원들의 자부심과 긍지 또한 어느 때보다 대단하다.

### 유통단계 축소로 소비자들에게 양질의 한우 제공

지보 참우작목반이 지금까지 살펴 본 생산의 조직화공동사육, 생균제 공동공급, 농기계공동 이용조직 등에 머물지 않고, 유통 및 소비의 조직화정육점 및 식당 운영로 발전한 과정에 대해 작목반장 최병용 씨의 얘기를 들어보자.

"2006년 한미FTA에 대해서 우리는 어떻게 할 것인가를 논의하는 과정에서 시작하게 되었다. 전국한우협회 경북협회 지보면지회 회원 21명이 참여하고 있는데, 당시 수입개방에 대한 불안감이 커지고 있는 가운데, 상경집회도 하고, 데모도 하고, 물리적 투쟁도 했지만 근본적으로 경쟁력을 갖추는 것이 중요하다는 생각을 하게 됐다. 당시 2가지 문제를 해결하고자 노력했는데, 둔갑판매와 유통단계를 축소하여 싸게 공급하자는 것이었다. 시장조사를 해보니 소비자들은 품질이 좋은 것을 선호한다는 것을 알게 됐다. 그래서 우리는 거세고급육만 취급하고 있다. 그리고 한우가 비싼 이유는 유통단계 때문인데, 농가는 한우 한 마리에 600만원에 판매하지만 백화점에서는 1,800만원, 시당에서는 2,200만 원에 판매하고 있었다. 그래서 우리는 유통과정의 거품을 빼고자 시작하게 됐다.

처음에 21명이 소 한 마리 값을 내서 총 5,200만원을 출자하였는데, 땅 150평을 2,500만 원에 구입해서 작업하니 3,000만 원 정도 들어갔고, 건물 뼈대 세우는 데 나머지 돈을 다 사용했다. 담보 대출을 받아 나머지 공사를 마무리 했다. 건물 세우는데 5,000만 원, 인테리어 하는데 4,000만 원해서 총 1억 2천만 원이 투자되었다. 2006년 12월 28일 오픈을 했는데, 회원들 소를 안정적으로 파는 데 목표를 두었다. 그런데 문제가 있었다. 이곳은 외진 곳이라 도시라고 해 봐야 안동, 구미, 대구 등이 있는데, 거리가 멀고, 연결도로도 없다. 그리고 관광지도 없고, 외지인들이 들어올 여지가 없었다. 그래서 '다른 지역과 차별을 시키자, 장사를 하면 안 된다. 원가에 팔자'라는 원칙을 가지고 시작했다.

소 700kg 기준으로 도축, 운임 등 모두 포함해서 대략 630만 원 정도 드는데, 지육으로 계산하면 60%, 420kg이 나온다. 여기에 두당 인건비가 30만원을 포함하면 660만원이 원가가 된다. 그래서 우리는 700만원에 팔자, 총 350근 고기가 나오는데, 근당 1,000원만 부치자, 600만 원짜리 소를 700만원에 팔면 소비자가 충분히 사갈 수 있다는 전략이었다.

여기에 추가로 먹는 비용이 들어가는데, 1근을 먹는 데 4명 기준으로 채소 등 비용이 4,000원, 인건비 2,000원해서 원가가 6,000원 들어가는데, 식당 운영비 2000원을 포함해서 8,000원을 받기로 했다. 가격은 600g 불고기 10,000원, 구이용 16,000원, 등심안심 27,000원, 갈비살 40,000원이다. 시중에서는 등심, 안심이 45,000원에서 50,000원에 판매된다. 일반 식당에서는 150g 1인분에 20,000원인데 4인분이면 80,000원이다. 우리는 40,000원 정도에 판매한다. 즉 시중의 절반 가격에 판매하는 셈이다. 복잡한 유통구조가 소비자들이 한우를 먹지 못하는 가장 큰 이유이다. 이것만 극복하면 한우 소비

가 높아질 수 있다. 국민의 70%가 한우고기를 먹을 수 있도록 유통구조를 개선해야 한다."

지보참우작목반은 정육점 및 식당의 직영을 통해 사육한 한우를 안정적으로 판매하고 있다. 한참 때 작목반에서 도축하는 소가 월 100두 정도였는데, 참우작목반 소가 월 20두, 작목반 외 지보면 소가 월 10두이고 나머지는 예천군 소를 도축하였다. 예천군 전체에서 월 200두 정도의 거세 수소를 도축하니까 작목반이 그 절반을 하는 셈이었다. 2009년에는 지보참우작목반과 유사한 형태로 사업을 하는 소사육 작목반이 예천군에 많이 늘어서 지보참우작목반이 도축하는 소는 70~80두 정도로 줄었고, 2001년에는 월40-50두로 줄었다. 그렇지만 작목반 자체 소는 20두에 지나지 않기 때문에 작목반에는 별다른 영향이 없다.

### 지역과 농업의 위기를 극복할 수 있는 힘, 지역농업 조직화

지보참우작목반의 성과는 작목반 내부에 국한되지 않고 지역사회와 함께 하고 있다. 우선 지역사회의 활성화에 기여하고 있다. 지보면 전체 인구가 3,600명인데 , 손님이 일주일에 3,600명이 온다. 지보면에 직영매장 1개를 포함해 지정매장 4개, 유사 개인매장 4개 등 총 9개의 한우 매장이 생겼다. 직영매장 직원 20명 등 지역의 일자리 창출에 크게 기여하고 있다. 뿐만 아니라 월 4,000만 원 정도의 수익금이 생기는데, 반원들에게 출자금 배당을 하지 않고 수익금 전체를 한우 축제, 장애인 시설 지원, 경로 행사 등 지보면을 위해 사용한다.

지보참우작목반의 성공은 농기업 혹은 기업농이 아니라 가족농의 조직화가 우리 농업의 활로임을 보여주는 좋은 사례이다. 최병용 반장은 참우작목반의 정육점과 식당이 잘 되는 이유에 대해서 "개인 장사가 아니라 농민회 면지회에서 공동으로 운영해서 그런 것 같다"며 "사실 모여 있으면 겁나지 않는다. 조직화로 한미 FTA를 극복할 수 있다. 그러나 아직은 우리나라 한우 농가의 조직화 정도가 미약하기 때문에 한미 FTA에 적극 반대한다"는 최 반장의 말에서 조직화의 중요성과 힘을 확인할 수 있다.

지보참우작목반에서는 휴일 식당 앞에서 2시간씩 기다리는 사람들을 위해 소달구지를 태워주는데 인기가 좋은 점에 착안하여, 앞으로 한우 체험마을을 조성하여 먹을거리, 놀거리, 볼거리를 결합할 예정이다. 지보참우작목반이 앞으로 어떻게 더 발전해갈지는 우리 모두의 흥밋거리이다. 한우 농가 조직화에 머물지 않고 경종을 포함한 지역농업 전체의 조직화(예) **지역순환형 농업**로 발전한다면 참으로 좋은 모델이 될 것이다. 그리고 지보참우작목반이 지금 지역사회를 위해서 하고 있는 각종 봉사를 발전시켜 지보면을 '살기 좋은 지역'으로 만들기 위한 경제적, 사회문화적, 환경적으로 통합적인 발전을 추구한다면 금상첨화일 것이다.

### 지보 참우작목반의 주역들

어느 성공 사례에나 반드시 그 뒤에는 훌륭한 리더가 있다. 지보참우작목반의 최 반장은 고려대학교 농화학과 83학번이다. 90년도에 학교를 졸업하고 고향에 돌아와 축산을 시작하였다. 그는 전공을 살려 가공 부산물을 이용한 한우 사육, 생균제를 만들어 농가에 공급하는 등 주변의 신뢰를 획득하였다. 그는 전국농민회 총연맹 예천군 지보면지회 회장을 맡으면서 동시에 민주노동당 당원으로 활동하고 있다. 최 반장은 2006년 한미 FTA를 전후하여 상경집회 등 물리적 투쟁에 열심히 참가하였지만 한계를 느끼고, 지보면 한우의 경쟁력을 높이기 위해 한우의 공동 사육, 정육점과 매장의 직영 등 지역농업의 조직화에 힘쓰고 있다. 그는 몇 가지 점에서 분명한 철학을 지닌 리더이다. 최 반장은 전체 국민의 70%가 한우를 먹고 사랑해야 한우를 진정으로 한우라고 할 수 있다고 생각한다. 따라서 서민이 한우를 먹을 수 있는 한우 생산 및 공급 시스템을 만드는 것이 그의 꿈이다. 그리고 그가 정육점 및 식당을 운영하는 이유는 정육점과 식당을 통해서 돈을 벌기 위한 것이 아니라 한우의 안정적 사육과 판매를 위한 것이다. 따라서 정육점과 식당의 마진은 가능한 한 최소화하려고 한다. 지보참우작목반을 흉내 내어 시군별로 매장도 짓고, 작목반도 구성하고 식당도 들어섰지만 대부분 실패한 이유는 정육점 및 식당에서 마진을 남기려고 했기 때문이라는 것이 최 반장의 설명이다. '모여 있으면 겁나지 않는다'는 그의 말에서 알 수 있듯이 그는 조직화에 대한 확고한 믿음을 갖고 있다. 최 반장은 조직의 공동 이익과 사적 이해가 일치해야 조직이 지속 가능하다고 믿는다. 그는 "주변사람들은 내가 지역을 위해 봉사한다고 하지만 작목반을 통해 가장 이득을 보고 있는 사람은 바로 본인이다"라고 말한다. 실제로 그는 한우를 170두 사육하고, 논농사 1만평을 짓고 있는데, 이런 농사가 지역농업의 조직화 없이는 불가능하다는 것이 그의 설명이다. 평소에도 공동 사육하고 공동 관리하지만, 자신이 서울 상경 집회 등에 참석하느라 우사를 비우면 동료들이 대신 소를 관리해준다. 그때 동료들의 말이 재미나다. "최 반장이 우리들의 한우를 지키기 위해 서울에 데모를 하러 가니 최 반장 한우는 우리가 지켜야 하는 것 아니냐"고 한다. 최 반장은 시설 투자는 최소화하는 것이 좋고, 따라서 정부의 지원도 최소화하여 안정적 자립적 경영을 하는 것이 좋다고 생각한다. 정부의 지원으로 규모화, 시설화를 지향하는 경쟁력 지상주의와는 사뭇 생각이 다르다.

01

# 지역순환농업에 기초한 복지공동체를 만든다!

## 충남 아산 푸른들영농조합 사람들의 꿈

아산시 친환경 지역농업의 중추적 생산조직인 한살림 아산시 생산자 연합회가 창립된 것은 1996년이다. 2000년 1월 21일 지역농업선포와 함께 생산자연합회의 유통 및 가공조직으로서 푸른들영농조합법인이 설립되었다. 푸른들영농조합법인의 설립과 함께 생산자연합회는 비약적으로 발전하였다. 1999년 회원 수 19명, 10개 품목, 생산면적 18.2ha에 불과하였으나, 2009년 말 현재 회원 수 364명, 55품목, 생산면적 460ha으로 불과 10년 만에 회원 수가 20배, 생산면적은 25배가 증가하였다.

생산자 연합회의 회원 증가와 더불어 푸른들영농조합법인의 유통 및 가공사업의 매출액도 2001년 2억, 2002년 13억, 2003년 55억, 2004년 106억, 2005년 120억, 2006년 145억, 2007년 147억, 2008년 180억, 2009년 189억 원으로 9년 만에 무려 95배라는 놀라운 성장을 보이고 있다.

푸른들영농조합법인의 비약적 발전은 생산, 유통. 가공, 소비의 총체적 체계total system로서의 지역농업 조직화의 전형적 사례를 보여준다. 즉 생산조직으로서의 한살림 아산시 생산자연합회, 유통 및 가공조직으로서의 푸른들영농조합법인, 소비조직으로서의 한살림 천안아산 생활협동조합의 삼위 일체적 유기적 관계 속에서 아산시 친환경 농업이 발전하고 있는 것이다.

우선 한 살림 아산시 생산자 연합회에는 2009년 말 현재 아산시의 9개면에 364명의 회원송악면 104명, 음봉면 95명, 도고면 60명 등 3개면에 71%가 집중이 참여하고 있다. 회원들은 〈그림 4〉와 같이 각 면 지회9개 지회의 반에 속함과 동시에 생산품목에 따라 유기축산5개, 푸른들채소6개, 친환경과수1개의 작목반에 속하여 생산과정에서 협동한다. 각 지회별로 생산계획을 수립하고, 회장을 포함한 총 5명의 실무자과수, 축산, 수도작가 농민에 대한 기술지도나 생산관리, 점검 등은 담

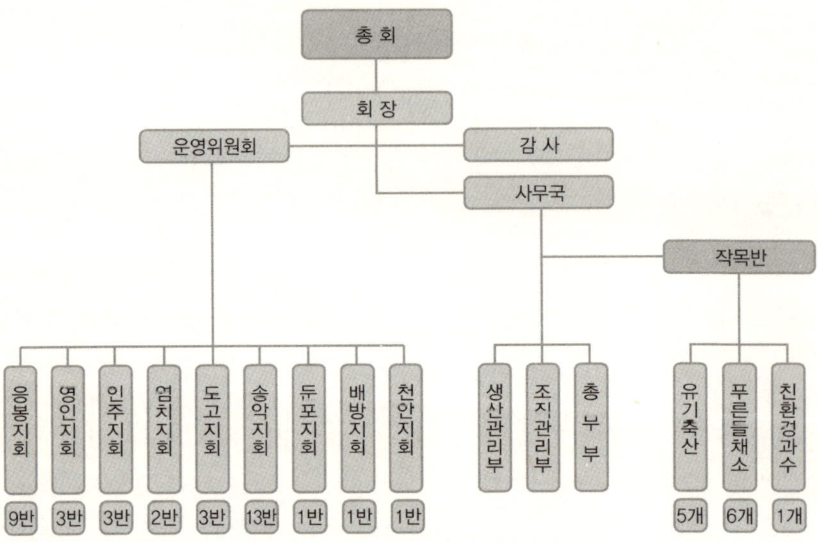


〈그림 4〉 생산자조직화와 지역농업현황

〈표 3〉 푸른들영농조합법인 친환경영농현황

| 구 분 | 인증구분 | 인원 | 면적 | 비고 |
|---|---|---|---|---|
| 수도작 | 유기 | 254명 | 2,527,582 | 중복인원 포함 |
| | 유기전환기 | | 521,892 | |
| | 무농약 | | 222,835 | |
| 채소 | 유기 | 110명 | 648,528 | |
| | 유기전환기 | | 242,806 | |
| | 무농약 | | 83,567 | |
| 영농단 | 조사료 | – | 278,348 | |
| 합계 | | 364 | 4,525,558(460ha) | |

당한다. 〈표 3〉은 생산자연합회의 친환경 영농현황을 보여준다. 가장 많은 면적을 차지하고 있는 것은 유기 및 전환기의 수도작 및 노지 작물이 주류를 이룬다.

유통 및 가공조직으로서의 푸른들 영농조합법인이 아산시 친환경 농업의 핵심조직으로 활동하고 있다. 영농조합법인에는 대표이사를 포함해 50명의 직원이 농작물 수확 이후의 모든 일 즉 농산물의 저장, 출하관리와 각종 시설관리, 식품가공공장 운영 등을 담당하고 있다. 2006년부터는 고령화에 따른 지역농업의 쇠퇴를 막기 위해 영농사업단을 발족하여 고령노민들의 농작업을 대행하고 있다. 〈표 4〉는 영농조합법인의 친환경사업과 매출 현황을 보여준다. 두부. 두유. 콩나물 등 식품가공사업, 우리밀 가공, 쌀, 콩, 우리밀, 감자 등의 수매사업, 채소류 · 곡류 · 가공류의 유통사업, 친환경급식사업, 농산물 건조 및 저장 사업, 유기질 비료 및 사료사업 등을 하고 있다. 그리고 2009년 매출액을 기준으로 보면, 쌀이 전체의 43%, 채소가 30%, 가공품이 23%, 기타가 4%를 차지하고 있다.

〈표 4〉 푸른들영농조합법인 현황 – 사업, 매출

**친환경사업현황**

| 구 분 | 주요품목 |
|---|---|
| 식품가공산업 | 두부, 두유, 콩국물, 콩기름, 콩나물, 양파즙, 배즙 |
| 우리밀 가공 | 흰밀가루, 통밀가루, 통밀쌀, 우리밀국수 |
| 수매사업 | 쌀, 콩, 우리밀, 감자, 양파, 과수 등 |
| 유통사업 | 채소류, 곡류, 가공류 |
| 친환경급식사업 | 채소류, 곡류, 육류, 가공류 |
| 농산물건조사업 | 벼, 밀 건조 |
| 농산물저장사업 | 양파, 감자, 마늘, 과수, 상온품 등 |
| 유기질 비료사업 | 농산물가공품 부산물을 이용한 비료 |
| 사료사업 | TMR, TMF사료 등 |

**매출현황**

| 품 목 | 2008년 현황 | 2009년 현황 | 비 고 |
|---|---|---|---|
| | 매출금액 | 매출금액 | |
| 쌀 | 8,739,144,000 | 8,297,671,000 | |
| 채소 | 6,186,048,000 | 5,350,433,000 | |
| 식품 | 2,836,373,000 | 3,583,494,000 | |
| 기타 | 265,804,000 | 1,755,534,000 | |
| 총계 | 18,027,369,000 | 18,987,132,000 | |

1. 친환경지원센터

2. 저온저장고/가공원료 저장시설

3. 친환경 농산물 물류센터(339평)

4. 유기농 부산물 저장고(98평)

5. 친환경 종합 미곡 처리장(RPC) – 건조시설(118평), 도정시설(137평)

5. 친환경 종합 미곡 처리장(RPC) – 건조시설(118평), 도정시설(137평)

6. 분석실

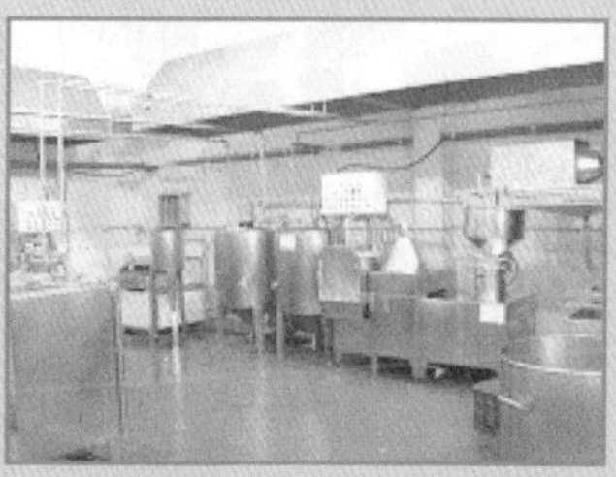

7. 식품가공공장(영임면 창용리)

ISO 9001 인증기업
ISO14001인증기업
HACCP 인증기업

ISO 환경경영체제 구축
ISO 9001 /ISO 14001
HACCP

〈그림 5〉 푸른들영농조합법인 현황 – 시설

영농조합법인은 위와 같은 사업을 하기 위해 다양한 시설을 보유하고 있다. 〈그림 5〉에서 보듯이 2002년에 설립된 식품가공공장을 비롯해, 친환경지원센터2007년, 저온저장고/가공원료저장실, 물류센터, 유기농 부산물 저장고, RPC/건조장, APC, 분석실 등을 갖고 있다. 뿐만 아니라 자회사 형태로 유기사료를 생산하기 위해 (유)푸른들 축산2007년, 학교급식을 담당할 (주)푸른들 SFC2008년, 육가공을 위해 (주)푸른들 식품2008년에 설립하였다. 〈그림 6〉은 푸른들 영농조합법인의 조직체계화 사업모형을 보여 준다

아산시 친환경농업을 뒷받침하는 또 하나의 중요한 조직은 한살림 천안아산 생활협동조합이다. 천안아산생협은 생산자가 주도적하여 만들었다는 점에서 일반적인 생협과는 다르다. 생협조합원은 약 8,000명으로 주로 아산, 천안, 평택 지역에 분포하고 있으며 천안에 회원이 제일 많다. 소비자의 경우

〈그림 6〉 푸른들영농조합법인 현황 – 종합모형

매출액 중 1%를 생산안정기금으로 적립하는데, 이는 산지에서 시작한 천안 아산 한살림만 유일하게 이 제도를 시행하고 있다.

〈그림 6〉은 생산조직, 가공. 유통조직, 소비조직의 삼위일체적 관계를 나타내고 있다.

이상은 아산시 친환경 지역농업의 현황을 생산조직, 가공 및 유통조직, 소비조직의 관점에서 살펴보았다. 모든 성공담에는 눈물 젖은 이면사가 있기 마련이다. 이제부터는 푸른들영농조합법인을 실질적으로 이끌어온 이호열 대표의 육성을 통해 그 동안 어떠한 어려움이 있었고, 앞으로 어떠한 꿈을 꾸고 있는가를 시기별로 나누어서 들어보자.

### 유기농업을 시작해서 한살림을 만날 때까지

이호열 대표는 아산시 음봉면 산정리에서 출생하여 음봉초등학교, 영인중학교, 온양고등학교를 졸업했다. 1974년 온양고등학교를 졸업하고, 1975년부터 유기농업을 시작하였다. 그 계기는 당시 종합농법연구회 정진영 회장현재 한국유기농업협회 회장이 아산에서 유기농업에 대한 교육을 개최하였는데, 약 100여명 참가하였다. 이 대표도 이때 교육을 받고 논과 밭 3,500평에서 유기농업을 시작하였는데, 모두 종중 땅이었다. 아버지가 한량이셔서 물려받은 땅이 없었다. 교육 받은 내용을 토대로 젊은 동료 세 명과 함께 유기농업 연구를 위해 시험포장 운영하였는데, 낮에는 시험포장에서 일하고 밤에는 이를 가지고 연구를 했다. 2-3년 농사짓다가 1976년 7월 군대에 입대하여 3년간 복무했는데, 군 제대후 농사를 지어야 할지, 공부를 더 해야 할지 고민을 많이 했는데, 서울에 있다가 아버지가 내려오라고 해서 귀향하게 됐다. 고향에 내려와 2년간 동생과 함께 농사를 지었는데, 동생은 낮에는 일하고 밤에는 독학으로 공부를 했었다. 1980년부터 본격적으로 농사를 지었는데, 초기에는 아카시아 나무를 이용하여 하우스를 지어 농사를 지었으며, 이후 대나무로 하우스를 지어 농사를 했다. 당시 시설로 참외농사를 해 돈을 많이 벌어, 80년대 초 막내를 서울로 보내고 혼자 농사를 지었다. 처음부터 전체 농지에 유기농업을 한 것은 아니고 일부 유기농, 일부 관행으로 농사를 지었다.

당시 많은 농민들이 장리쌀 등 고리채 문제로 고통을 당하고 있어, 1979년 음봉 교회를 중심으로 YMCA양곡은행을 시작하였으나 부채 문제를 해결할 수 없었다. 그래서 교회를 중심으로 직거래를 시작했다. 교인들에게 쌀을 팔거나, 서울지역에 쌀을 팔았는데, 쌀값을 받지 못해 돈도 많이 떼었다. 당시에는 친환경이라는 말이 없어서 그냥 무공해라고 했다. KBS에서 취재를 해 줘 소비가 많이 늘어났었다. 그러나 생산량이 많이 늘어나면서 판매 사업이 원활하게 진행되지 않아 교회 목사님하고 갈등도 많이 빚었고, 마을에서는 신앙 때문에 이러한 일을 한다고 해서 동네하고도 마찰을 많이 빚었다.

83년에 직거래 사업을 교회단위에서 82년에 조직된 40여명의 산정리 청년조직으로 이관하였는데, 호응도 상당히 좋았으며 주위에서도 많이 도와주었다. 산정리 청년회는 교회에서 했던 유통망을 넘겨받아 사업을 했는데, 주 소비층은 교인들이나 서울 소비자들이었다. 1984년 서울을 여섯 구역으로 나누어 매일 1구역씩 배달을 했는데 서울지리도 잘 모르고 해서 상당히 고생을 많이 했다. 당시로서는 매출이 급신장 하는 등 상당한 효과가 있었으나, 84년 소값 파동이 오면서 내부적으로 분열되어 3~4명만 남고 나머지는 고향을 떠났다. 이 지역은 정부의 권유로 소를 많이 키웠으며, 대대로 마을이 가난해, 자기 땅이 별로 없고 대부분 이순신장군 묘지기 마을이었다. 그래서 한번 소값 파동이 나니까 마을전체가 무너졌다. 1985년 젊은 사람들이 몇 명 남지 않은 상황에서 농사하랴, 서울로 배달가랴 고생을 많이 했다. 그러던 중 공급된 쌀값이 점점 회수가 되지 않으면서 적자누적으로 86년도에 이 사업을 접었다. 1987년 초에 한살림을 만나면서 재기를 했는데 돈을 뜯기지 않아서 좋았고, 비로소 생산 활동에만 전념할 수 있게 되었다. 1987년 한마음 공동체를 결성하여 한살림운동을 본격적으로 시작하여, 이후 1996년 3개면이 함께 모여 한살림 생산자회를 조직하였다.

### 농민운동가로부터 지역농업 조직가로

군 제대 후 광주 민주항쟁의 영향으로 사회문제에 관심을 갖게 되었고, 음봉 교회가 운동권 교회여서 영향을 받았다. 그리고 84년 소값 파동에 이은 오한석씨의 자살 사건이 농민운동을 하게 된 결정적인 계기가 되었다. 당시 가농, 기농, 자주농민회가 있었는데, 이 대표는 기독교 농민회를 하지 않고 자주농민회로 출발 하였다. 왜냐하면 농민운동이 종교의 문제라기보다는 농민의 문제라고 생각했고, 농민 스스로 해야 한다는 생각으로 아산자주농민회로 농민운동을 하게 됐다. 당시 농민운동 내에서 직거래 운동은 부르주아 운동이라고 많은 비판을 받았는데, 국민에게 안전하고 깨끗한 식량을 생산하는 것이 농민의 역할이라는 근본적인 생각으로 버텨냈다. 지역운동단체가 전국농민회총연맹전농으로 통합될 때까지 자주농민회 총무역할을 하였다. 통합 후 UR 타결 전까지는 아스팔트 농사도 많이 했는데 UR이 타결되면서 농민운동에 대한 많은 고민을 하게 됐다. 전농 출범 전 충남농민운동협의회 사무국장을 맡으면서 조직에 대해 회의를 갖게 되면서 현장으로 들어가 운동을 해야 한다는 생각으로 농민회 활동을 중단하게 됐다. 당시 아산시 자주농민회 회원 집에서 모여 토론을 했는데 한쪽은 현장으로 들어가자, 다른 한쪽은 농민운동을 지속하자는 쪽으로 갈라졌는데, 이 대표는 10년 정도 현장에서 활동하고 이후 농민운동 단체와 함께 하고자 했으나 잘 안됐다.

1991년 아산 미생물 연구회를 조직하여 일본의 시마모토 농법을 연구하였는데, 이때 일본 견학을 하면서 토양관리, 퇴비 만들기 등 유기농업 기술을 한 층 발전시켰으며, 기술적으로도 자신감이 생겼다. 93년부터 현재의 농업 형태에서 한 단계 나아가고자 채소단지를 준비했는데, 94년 UR이 타결되면서 농림부가 전국적으로 100여개의 채소단지 조성을 지원하였다. 이 대표도 지원을 받았지만 이대로 하다가는 과잉생산이 되어 문제가 있겠다 싶어 고민을 많이 해 6개월간 사업을 받아 놓고 시행을 하지 못했다. 총 33억 2천 4백만 원을 지원받았는데, 당시 53명이 참가했으며, 600~900평 정도의 철골하우스를 지었다. 아산시의 경우 1995년 시설채소 작목회를 구성하여 4개면으로 나눠 단지를 조성했는데, 이전 농민회 활동을 하던 회원 중 현장에 들어가고자 했던 사람들 중심으로 사업을 진행하였다. 그러나 예상했던 것처럼 전국적으로 시설채소가 과잉되면서 욕도 많이 먹고 가격도 폭락하면서 많은 피해를 봤다. 기름 때어 오이를 재배했는데 가격이 폭락하여 오이 작목회는 한 2년간 유지되다가 무너졌다. 그나마 이 대표는 오이를 친환경으로 재배하여 좀 나았는데, 농가들이 많이 피해를 보고, 부도가 나고 해서 오이작목회 회장을 그만 두었다. 그 후 가격이 회복되어 조금 나아졌는데 대부분이 친환경으로 전환했다. 친환경으로 전환한 사람은 그나마 살아남았는데, 일반농가는 대부분 망했다. 1996년 친환경농가들을 중심으로 아산시 한살림 생산자 연합회를 결성한 후, 이 대표는 음봉농장에 600평, 제2농장인 영인농장 1,200평에 주로 오이와 토마토를 재배했다.

한살림생산자연합회를 토대로 2000년 1월 지역농업 선포와 함께 푸른들영농조합법인을 설립하여 대표를 맡고, 2002년에는 천안아산소비자 생활협동조합을 창립하였다. 생산자 연합회 회원들만 푸른들 영농조합의 회원이 될 수 있는데, 회원 전원이 출자를 하고 있다. 2009년 12월 현재 약 23억 원 출자금이 모아졌다. 초기에는 지분율에 의해 투표권을 주기도 했는데, 1인 1표제를 하면서 초기 출자를 많이 한 사람들한테 욕도 많이 먹고, 논란도 상당히 많았었다. 현재 배당은 10%를 하고 있는데, 잉여금을 처분할 때, 1순위 조합원에게 10%를 배당하고, 2순위 직원상여금을 주고, 3순위 사내유보를 한다. 연간 매출액은 2009년 기준으로 189억 정도 매출을 했는데, 구성 비율로 보면 쌀이 가장 크다. 쌀 농가의 경우 수매를 하면서 3.5%수수료를 내는데, 연합회 운영비 1%, 전국생산자연합회 1%, 안정기금 1.5%로 푸른들영농조합법인이 받아서 배분한다.

## 지역농업클러스터 사업을 시작하다

2000년 1월 20일경 지역농업 선포식을 갖고, 지역을 돌면서 한살림과 지역농업에 대해 설명하였다. 초기에는 친환경농업으로 전환하여 한살림에 판매하자는 정도로 개념이 미흡했었다. 2001년에 2002~2004년까지의 3개년 계획을 구상했는데, 가공공장을 준비하고, 도시화가 진행되는 구역의 회원들을 송악이나 도고 등지로 생산지를 재배치하고, 물류를 현대화 하고, 가공생산지를 선정하는 계획이었다. 2003년에 2차 3개년 계획을 수립하였는데 핵심은 RPC, 물류현대화, 교육관, 저장시설, 생산 단지화라는 꿈같은 계획을 마련하였는데, 2005년에 농림부의 클러스터 사업이 결합되면서 꿈이 현실화되었다. 그러나 철저한 준비 없이 클러스터 사업을 신청하였기 때문에 많은 어려움을 겪었다. 허가문제로 1년을 허비하고 2005년에는 사업비가 미집행되고, 원래 3년 사업이지만 실제로는 1년 반 사업이기 되어 남은 기간에 몰아서 사업을 진행하다 보니 어려움이 많다.

클러스터 사업에 들어간 총 사업금액은 농림부의 클러스터 사업에서 45억 원, 아산시에서 RPC건립으로 12억 원 등 총 57억 원을 지원받았으나, RPC

의 경우 자부담으로 토지를 빼고 15억 원 투입되었는데 앞으로 총 3억 원 정도 더 투입될 것으로 예상된다. 클러스터 사업을 추진하면서 농림부와는 큰 어려움이 없었지만, 사업초기에는 자율부분이 많았는데, 점차 지침이 많아지면서 상당히 복잡해졌다. 그리고 자부담 20%로 운영하기에는 자금이 부족하여 어려움이 많다.

2005년 설립된 사단법인 아산 친환경 지역농업클러스터는 ① 혁신체계 구축 및 네트워킹 지원 사업- 지역농업 생산자 조직 강화, 친환경 농법 교육체계 구축 ② 핵심 생산기반 조성사업－유기 축산시범 사업, 유기농산물 생산기반 조성, 유기농 식품 가공 기반 조성 ③ 산업화 및 마케팅 활성화－경영 및 마케팅 사업 등을 주된 사업으로 하고 있다.

### 힘들지만 꿈은 이루어진다 － 지역순환농업과 아산복지재단

푸른들영농조합법인의 성장에는 지역사회의 많은 도움이 큰 힘이 되었다. 지역농협은 초기 성장과정에서 자금대출, 친환경 농산물 수매, 운송 등에 많은 도움을 주었다. 영농조합법인이 커지면서 사업적 관계는 많이 축소되고 농산물 수매과정만 일부 도와주고 있다. 지금은 오히려  존폐위기에 처한 지역농협의 유통 사업을 도와주기 위해 수확 농산물의 '푸른들 영농조합' 저장고까지의 운송을 맡겨 수수료 지급하고 있다. 아산시와 긴밀한 협력관계, 아산시의 지원도 영농조합법인의 성장 기반이 되었다. 그러나 최근에는 영농조합법인의 역량이 급격히 성장하면서 갈등관계도 나타나기 시작하고 있다. 정책사업의 지침과 현실과의 괴리 때문이다. 지역대학과 사안별로 협의하고 있으며, 특히 지역농업클러스터 사업을 계기로 긴밀한 협의 체계를 형성하였다. 영농조합법인은 아산 연고 대학졸업자를 직원으로 우선 채용하고 있고, 산학협력을 위해 인근 대학에 연간 1천만 원의 장학금을 기부한다. 뿐만 아니라 지역출신 농민 자녀들의 등록금을 지원현재 총 67명에게 대학 등록금 1회 지원하여 장기적으로 지역에 연고가 있는 푸른들영농조합법인의 후계인력을 양성하고 있다.

푸른들영농조합법인이 많은 사업을 하고 정부와 지자체로부터 적지 않은 지원을 받았는데, 지역사회의 전체 합의없이 본 사업이 진행되다 보니, 특혜를 받았다는 등 오해와 곡해가 많아 힘들었다. 사업은 계획대로 진행되고 있으나, 유기축산을 시작하면서 축산농가의 조직화는 이루었으나, 점차 무게감이 느껴지며, 한계를 느끼고 있다. 사료공장이 어려워지면서 이를 인수하기로 했는데, 능력을 벗어나는 일이라고 느껴진다. 생산자 출자금 5억 원과 푸른들 영농조합에서 5억 원 등 총 10억 원을 모았는데, 사료공장은 전문영역이라 경영에 어려움이 있다. 사업규모가 급성장하면서 이를 뒷받침할 실무력의 부재와 경영상의 어려움 등 한계에 봉착한 것 같다. 유기사료를 위해 볏짚 1억 원을 준비했는데, 이게 언제 활용될지도 걱정이다.

그렇지만 지역농업의 자연 순환을 위해서는 유기축산은 반드시 성공해야 한다. 축산 농가는 나름대로 부를 가지고 있으나, 경종농가는 상대적으로 상당히 어렵다. 따라서 경종농업을 지속하기 위해서는 경종농업과 축산의 결합복합영농이 필수불가결하다. 마을단위마다 공동축산을 하여 경종농업과 결합, 수익을 창출하며, 아산시의 유기순환농업의 확대와 이를 구체적으로 현실화하려는 예정에 있다. 유기축산한우의 사육은 2006년부터 준비하여 현재 3군데에서 진행하고 있는데, 마을단위로 5~6명이 하는 곳, 7명이 하는 곳, 인근 마을과 결합한 곳 등 다양하게 추진되고 있다. 클러스터 사업에 포함되어 있는데, 축사건립에 보조 80%가 지원되며, 300평 규모로 평당 42만원이 소요되고 있다.

유기축산이 푸른들 영농조합법인의 동력으로 작용할 것이며, 이를 실현시키고자 노력할 것이다. 유기축산을 위해 8년 전부터 준비하였는데, 2012년이면 구체적으로 가닥을 잡을 것으로 생각되며, 그 이후에는 30년 전부터 꿈꿔왔는데 육가공공장과 식품공장 등의 이익금을 가지고 지역농업을 위해 아산복지재단을 출범시킨 후 농사꾼으로 돌아가고 싶다.

### 푸른들영농조합법인 사례의 의의 : 성공요인과 한계

푸른들에는 지역농업의 조직화를 위한 훌륭한 리더그룹이 존재한다. 이들은 농민운동가 출신으로 소수의 엘리트 농민이 아니라 지역의 모든 농민이 함께 살아갈 지역농업의 조직화에 대한 확고한 신념을 지니고 있다. 그리고 조합원과 실무자 사이의 강한 결속력, 소비자와의 연대도 푸른들의 큰 자산이며, 지자체와 지역농협, 지역대학이 푸른들을 뒷받침하고 있다.

푸른들은 느슨한 형태의 생산조직화에 기초하여 생산-유통 및 가공-소비의 조직화 즉 Total system으로서의 지역농업의 조직화가 추구되고 있다. 생산의 조직화는 친환경 농산물의 생산계획, 교육, 관리 등에 머물고 토지이용의 계획화 및 집단적 관리로는 발전하지 못하고 있다. 경종농업과 축산농업의 결합에 의한 경영안정과 지역순환형 농업을 추구하고 있으나 아직은 초보단계다. 반면에 유통 및 가공단계의 조직화는 매우 높은 수준으로 발전하고 있다.

푸른들 영농조합법인은 지역농업의 활성화와 지역일자리 창출 등 지역사회에 크게 기여하고 있다. 지역농업조직이 순환과 공생의 시역 만들기를 주도하고 있다는 점에서 중요한 사례이다. 소비의 조직화를 위해 지역 생협과 깊은 유대관계를 맺고 있지만, 생산물 판매의 대부분을 한살림에 의존하고 있다는 점에서 地産地消까지로는 발전하지 못하고 있다. 그렇지만 푸른들영농조합법인은 학교급식을 통해 생산물의 지역 내 소비에 노력하고 있다. 2008년에는 (주)푸른들SFC를 설립하여 학교급식의 확대에 노력하고 있다.

또한 소비자와 아산지역 친환경농식품생산자조합원를 연계하여 자원순환형 유기농업의 청정이미지와 공익성, 안전성에 대한 소비자의 관심을 지속적으로 높여 지역농가의 소득증대에 기여하기 위해 도농교류 사업을 열심히 벌이고 있다. 매월 친환경농업소비자 교육과 친환경체험행사를 하고, 9-10월에는 밤줍기 행사, 10월에는 메뚜기잡기 행사, 도시소비자 농촌일손돕기11월, 단오제6월, 대보름행사2월, 여름생명학교7-8월, 소비자 감자 캐기6-7월 등에 연인원 4,000명의 도시 소비자가 참여한다.

그러나 지역농업조직한살림 아산시 생산자연합회와 푸른들영농조합법인의 비약적 발전에 비해 조합원의 삶의 질은 크게 개선되지 않았고, 아산시 농업의 전망은 여전히 불투명하다. 이는 지역농업조직만으로는 해결할 수 없는 보다 근본적인 문제라는 점에서 극복에 한계가 있을 수밖에 없다. 또한 영농조합법인은 사업 규모에 따른 경영상의 어려움, 시장경쟁과 조합원의 요구 사이의 갈등을 해결해야 하는 과제에 봉착하고 있다.

03

# 농촌학교, 친환경농업의 메카와 지역순환사회를 만든다!

## 충남 홍성의 풀무학교와 친환경농업조직

### 오리농법의 도입과 도시 소비자의 지원

충청남도 홍성군은 우리나라 최대의 오리농법에 의한 친환경 쌀 재배단지다. 오리농법을 최초로 도입한 사람은 홍성환경농업마을 영농조합을 이끌고 있는 주형로 회장이다. 주 회장은 풀무농고시절 정농회를 통해 유기농업을 알게 되었고, 고교 은사로부터 오리 농법을 소개받아, 1994년 9천 평의 논을 오리농법으로 재배하기 시작하였다. 1995년도에는 19 농가가 31,900평의 단지에 오리 농법 작목반을 결성하면서 오리농법이 본격적으로 확산되었다. 오늘날 홍성군 전체로는 약 600농가 200만평 정도가 유기농전환기 포함쌀을 재배하고 있는 것으로 추정되고 있다. 홍성군의 유기농 벼 재배가 급속도로 확산된데는 농민들의 노력 뿐 아니라 도시소비자의 지원이 커다란 역할을 하였다. 주 회장은 도시 소비자들이 환경농업의 한 부분을 감당할 수 있도록 1995년부터 '오리 보내주기 운동'을 전개하였다. 소비자들이 자신이 보내준 오리로 농사지은 쌀을 소비함으로써 유기농업과 쌀의 의미를 알게 하고 동시에 논에서 일(?)을 마친 오리를 소비자들이 소비할 수 있도록 하였다. 전국의 도시민들의 참여가 대단하여 250명이 약 2천만 원의 오리 값을 모았다. 환경보호와 건강한 먹을거리에 대한 소비자들의 욕구가 강하다는 것을 확인할 수 있었다. 그 해 6월 6일에 오리 값을 보내준 소비자들을 초청하여 500여명이 모인 가운데 논에 오리를 넣는 행사를 치루고 현재까지 한 번도 거르지 않고 매년 행하고 있다. 가을에는 소비자들을 초청하여 풍성한 농산물로 준비한 나눔의 잔치를 열고 메뚜기 잡기 등 다채로운 행사를 한다. 매년 참가하는 소비자들이 증가하여 지금은 2,000여명이 모이는 지역의 중요한 행사로 자리 잡았다.

생산된 유기농 쌀은 농협과 생협을 통해 안정적인 판로를 확보했기 때문에 생산면적과 생산량이 급속도로 늘어날 수 있었다. 그런데 친환경 쌀이 전국적으로 과잉 생산되면서 홍동면의 유기농 쌀 재배는 커다란 시련에 직면한다. 2004년 생산면적이 최고점에 도달하면서 2005년과 2006년 연속 판매에 어려움을 겪으면서 풀무생협은 약 12억 원, 홍동 농협은 약 5억 원의 적자를 보았다. 농협은 신용사업 수익으로 적자를 보전하고, 풀무생협은 생협연대와 여성 민우회 등 소비자 조직이 무이자로 지원해줌으로써 위기를 넘겼다. 2007년 이후 홍성군에서 유기농 쌀을 재배하는 농가와 면적이 줄기는 하였지만, 한 단계 도약을 위한 새로운 노력들이 시도되고 있다.

### 홍성군의 다양한 친환경 농업조직들. 그 배후(?)에는 풀무학교가 있다

주형로 회장은 오리농법으로 전국적인 유명인사가 되었다. 그런데 홍성군에는 오늘날 주 회장 못지않게 친환경 농업에 대한 열정을 갖고 실천하는 사람들과 조직들이 많다. 이들이 실제로 홍성군의 친환경 농업을 이끌고 있다. 홍성군의 친환경 농업의 중심은 홍동면이다. 우선 홍동면에 있는 친환경 농업조직을 간단히 살펴보자. 대표적인 조직으로 풀무생협/풀무환경농업영농조합, 홍성친환경쌀작목회, 홍성군친환경쌀작목연합회, 영농조합법인 홍성환경농업마을 등이 친환경농산물의 생산 및 유통을 담당하고 있다. 그 외에 홍동 농협, 풀무학교 생협/풀무농업고등기술학교, 풀무신협, (주)풀무사람들이 친환경농산물의 유통 및 가공에 참여하고 있다. 홍성군에는 홍동면 이외의 지역에도 홍성유기농영농조합법인, 대전충남한우조합, 홍성한우협회, 홍성축협 등의 지역농업조직이 직간접으로 친환경 농업에 간여하고 있다.

그럼 어떻게 홍성군 특히 홍동면에는 이렇게 많은 친환경 농업조직들이 존재하는 것일까. 풀무농업고등기술학교가 그 배후이다. 풀무농고는 1958년에 충남 홍성에 있는 헌 방앗간 한 채를 구입해 기독교계 고등공민학교로 개교하였다. 설립자의 한 분인 이찬갑 선생은 씨알 함석헌 선생과 오산학교의 동급생으로 오산학교의 정신을 실천하기 위해 홍동면에 풀무농고를 설립하였다. 풀무농고의 교육 이념은 '위대한 평민'을 기르는 것이다. 학교 교훈은 '더불어 사는 평민'이다. 엘리트 교육, 출세지향 교육이 아니라, 이웃과 더불어, 자연과 더불어 사는 교육, 누구나 타고난 자기의 개성을 살리는 교육을 지향한다. 개교 52주년을 맞이한 풀무농고는 졸업생이 1,200여명에 지나지 않는다. 그 이유는 풀무학교는 '작은 학교'를 지향하기 때문이다. 풀무학교는 한 학년 한 학급 25명을 기본정원으로 하고 있다. 현재 풀무학교에는 13명의 교사와 10명의 강사, 1학년 27명, 2학년 24명, 3학년 27명, 전체 78명남자 45명, 여 33명

이 모두 기숙사 생활을 하고 있다. 풀무학교의 졸업생은 많지 않지만 무려 250여명의 졸업생이 지역에 남아 요소요소에서 지역발전에 기여하고 있다. 이는 설립자인 이찬갑 선생의 교육 이념인 '지역과 함께 가는 학교'를 이어 받아, 풀무학교는 지역을 떠나는 교육이 아닌 지역에 남아 지역과 호흡할 인재를 양성하는 것을 목표로 하기 때문이다. 풀무학교는 입시편중 교육을 배격하고 머리학문, 가슴신앙, 손노작을 고루 발전시켜 인문교육과 직업교육의 극단적 2원성을 극복한다. 전인교육의 차원에서 유기농업, 컴퓨터, 가공, 기계, 목공 등 노작으로 생명을 가꾸고 생태를 생각하게 하면서 강건한 심신을 기르고 직업의 기초를 놓으며 지식의 추상화를 막고 실천력을 키운다.

오늘날 홍성군 특히 홍동면의 친환경농업은 풀무농고를 빼고는 설명할 수 없다. 풀무학교는 1975년 일본 애농회 고다니준이찌 회장 방문으로 유기농업을 시작하였다. 기본과정인 고등부만을 졸업해서는 농촌현장에 적응하기 어렵다고 보고, 2001년에는 2년 과정의 환경농업전공부를 신설하여 환경농업교육을 강화하였다. 전공부는 시장경제와 경쟁에 대체할 세계관인 –다양성, 상호의존, 개체 속 전체, 순환, 조화, 자발적이라는– 생태의 보편법칙 실현에 농업이 가장 핵심 위치에 있다고 생각하고, 또한 소농이 지역의 다양성을 살려 안전한 먹을거리를 생산하고 함께 나누며, 모든 이해 당사자의 참여로 농민의 주체성을 회복하는 것이 평화 사회 실현에 중심축이 된다는 믿음을 갖고 운영되고 있다. 홍성군의 친환경농업을 이끌고 있는 대표적인 인물 가운데 풀무농고 출신이 많다. 앞서 말한 주형로 회장은 14회 졸업생이고, 풀무생협의 박종권 이사장은 17회 졸업생이며, 박종권 이사장의 동기생 네 명이 홍동면에서 농사를 짓고 있다. 홍성군 최대의 친환경농업조직인 풀무생협은 1960년 풀무농고 학생 생협으로 태동하였다. 홍동의 알짜 은행인 풀무신협은 1969년 풀무학원 졸업생 및 교사들에 의해 발족되었고, 전국 최초의 지역신문인 홍동신문지금의 홍성신문도 풀무학교에서 시작되었다.

오늘날 농촌교육의 위기를 외치는 사람들이 많다. 사람들이 농촌을 떠나는 가장 커다란 이유의 하나가 교육문제 때문이라고 한다. 이들이 말하는 농촌교육 문제란 무엇인가. 농촌에서 학교를 나와서는 이른바 SKY서울대, 고대, 연대 대학으로 대표되는 일류학교를 갈 수 없다는 것이다. 그래서 농촌에도 SKY 대학을 갈 수 있는 우수학교를 양성하여야 한다고 한다. 농촌에 우수학교를 양성하여 농촌출신도 일류대학에 갈 수 있게 하는 것은 좋은 일이다. 그런데 잘 생각해보자. 이들이 양성하고자 하는 인재는 어떤 사람들인가. 일류대학을 나와 출세하여 고향을 잊고 도시에서 큰 소리치고 살 사람들이다. 기껏해야 그들 중 어떤 사람은 중년 이후에 또 다른 출세를 위해 도시에서의 경력을 앞세워 고향에 돌아와 고향을 위해 일하겠다고 자치단체장이나 국회의원에 출마할 것이다. 과연 이러한 엘리트 교육으로 우리 농촌 문제를 해결할 수 있을 것인가. 지역사회에 남거나 또는 대학교육을 마친 후 지역사회로 돌아와 지역을 위해 일할 인재를 키우지 않고, 지역을 떠나고 개인의 출세만을 지향하는 인재를 키우는 것이 지역사회의 발전에 어떠한 도움이 될 것인가. 지역을 떠나 교육, 일류대학 지향, 엘리트 교육이 강화된다면 오히려 지역사회의 쇠퇴가 가속화되지는 않을까. 지역과 함께 호흡하는 '더불어 사는 평민'을 기르는 풀무학교의 교육이념을 되새겨 볼 필요가 있다. 풀무학교는 이른바 똥통학교였다. 말하자면 공부 잘하는 아이들은 도회지로 나가고 공부 못하는 아이들이 남는 학교로 치부되었다. 그러나 오늘날 풀무학교의 경쟁률이 무려 10대 1이나 된다. 풀무학교의 교육이념에 동감하는 사람들이 늘고 있기 때문이다. 이러한 풀무학교가 사람들을 홍동면으로 귀농하게 만드는 요인의 하나이다.

주형로 회장을 말을 들어보자. "풀무학교의 경쟁률이 4~5대 1이다. 정부에서는 이를 파악해 본적이 없다. 농업이 어렵다고 농고를 생명과학고로 바꾸는데 풀무학교를 조사해보면 왜 이렇게 경쟁률이 높은지 알 수 있을 것이다. 풀무학교는 자연을 통해 인성을 키우고 대안교육을 통해 아이들이 농업을 알고 자연에 대한 기본적인 이해가 있기 때문에 다른 아이들보다 우수하다."

### 홍동면 친환경 농업의 중심, 풀무생활협동조합

홍성군의 지역농업조직 가운데 규모가 가장 크며 홍성군의 친환경농업을 선도하고 있는 조직이 풀무생협이다. 풀무생협은 1960년 풀무농고 학생 생협으로 태동하여, 1980년에는 풀무소비자협동조합으로 발전하였고, 2000년 풀무소비자생활협동조합으로 재창립하였으며, 2003년에는 산하 풀무환경농업영농조합법인을 설립하였다. 이러한 발전 과정을 반영하여 현재의 풀무생협은 소비자생협의 형식을 띄고 있지만 내용적으로는 소비자협동조합이라기보다는 생산자 협동조합에 가깝다. 이는 풀무생협의 조합원 구성에서도 잘 알 수 있다. 풀무생협의 조합원은 2010년 5월 현재 840명이며 그 가운데 농민조합원이 320명이다.

풀무생협의 생산은 생산위원회쌀, 채소, 축산 산하의 작목반 단위로 이루어진다. 2009년 현재 쌀 생산위원회에는 26개의 수도작 작목반에 약 250명의 농민이, 채소위원회에는 27개의 품목별 작목반에 131명의 농민이, 축산위원회에는 축종별로 한우 66농가, 돼지 6농가, 육계 2농가, 산란계 1농가, 유가공 등 7개의 작목반에 76농가 정도의 농민이 참여하고 있다. 풀무생협은 2009년 현재 논 72만평, 밭 41만평, 총 113만평의 친환경인증면적을 관리하고 있으며, 그 가운데 유기인증면적이 95만평83.8%으로 대부분을 차지하고 있다. 한우는 2009년 611두월51두, 돼지는 303두, 닭 23만수를 판매하였다. 2009년에 생산품목별 매출실적을 보면 주곡 · 잡곡류 48억3천만 원, 채소류25억5천만 원, 축산류 46억5천6백만 원, 가공류 16억3천만 원 등 143억 원으로 매출이익은 약 13억6천만 원 정도다.

풀무생협은 이처럼 쌀, 채소, 축산, 가공 등 다양한 사업을 하고 있는데, 생협의 주된 활동은 관리, 교육, 생산이며, 직거래단체와의 유통, 생산계획, 작부체계수립, 파종, 정식, 생산량 파악, 출하시기, 저장 및 가공을 통한 수급량 조절 등이다. 친환경농축산물 시장이 날로 품질과 가격경쟁이 격화되면서, 풀무생협은 생산위원회의 책임과 권한을 강화하여 향후 생산위원회 단위에서 생산품목, 출하규격, 생산량, 출하시기, 가격결정권을 확립하고 생산자 조합원이 스스로 생산관리를 완결하는 체제로 전환하고자 한다. 생산위원회별로 사업계획과 예산안을 수립하고, 조합 이사회에서 승인을 받아 위임된 권한 내에서 책임있게 사업을 집행하는 것이다.

풀무생협이 친환경농산물을 판매하는 대상을 보면, 소비자생협 119억8천90%, 급식 1억0.01% 일반거래처 11억9.99% 등이다. 직거래는 icoop생협연대, 여성민우회생협과 하고 있으며, 가공업체 판매는 대부분 축산원물 출하 후 완제품을 직거래 단체가 소비하므로 실제로는 직거래에 가깝다. 따라서 풀무생협의 경우 직거래 매출이 93%로 절대적 지위를 차지하고 있다. 그러나 2007년 수도권 지역직거래만으로는 판매에 한계를 느껴, 유통다변화를 위해 전문유통회사인 농업회사법인 홍성풀무(주)를 설립하고 업무 협약을 체결하였다. 농업회사 홍성풀무(주)는 풀무생협의 친환경농산물을 최우선적으로 판매하고, 풀무생협은 일반유통부분 즉 지속적인 관리가 필요한 대형유통업체 및 전문매장, 급식업체, 온라인 판매 등을 농업회사 홍성풀무(주)에 이관하고, 풀무생협은 일정 수수료를 지급한다. 아울러 농업회사 홍성풀무(주) 물류시설을 갖지 않고, 풀무조합의 물류시설과 인력을 이용하고 물류비용을 조합에 지불한다. 최근에는 친환경떡 공장을 설립하여 가공품을 생산 판매하는 일까지 겸하고 있다.

풀무생협의 가공 사업은 높은 매출이익률을 보이고 있지만, 대부분 단순 가공품의 성격을 벗어나지 못하고, 직접 가공생산시설을 갖고 있지 않아 원물을 이용한 OEM 생산에 머물고 있다.

풀무생협은 도시 소비자와의 교류를 위해서도 많은 노력을 하고 있다(표 5).

〈표 5〉 도농교류실적 현황

(단위 : 횟수, 명)

| 구분 | 2007 | 2008 | 2009 | 비고 |
|---|---|---|---|---|
| 봄풍년기원 한마당 | 1,370명 | 460명 | 160명 | 최근 조류독감, 구제역 등으로 행사축소 또는 취소 |
| 가을걷이잔치 | 200명 | 800명 | 40명 | |
| 산지체험 | 1,347명 | 1,870명 | 1,050명 | 논생물조사 등 |
| 소비지강좌 | 32회 | 8회 | 3회 | 산지강좌 포함 |
| 견학, 방문 | 390명 | 270명 | 1,063명 | |
| 총계 | 3,339명 | 3,400명 | 2,313명 | |

그러나 최근 소비자들이 도농교류행사나 프로그램에 식상해 있고 참여열기가 점차 식어가고 있다(최근에는 조류독감, 구제역 등의 문제로 행사가 취소되거나 축소되는 경우가 발생하고 있다). 이러한 문제를 극복하기 위해 풀무생협은 2007년부터 소비자 단체들과 사전에 프로그램에 대한 협의를 하고 있다. 또한 논 생물조사활동을 전개하여, 소비자들로 하여금 유기 재배 논의 생태적 가치와 건강성을 체험하도록 하여 유기농산물의 의무적 소비가 아니라 참여와 각성의 소비를 추구하고 있다.

## 지역순환농업을 향하여

오리농법에 의한 유기농 쌀 재배로 시작된 홍성군의 친환경농업은 지금 지역단위 자원순환형 농업을 향하여 다양한 시도들을 하고 있다. 풀무생협의 정형영 전무조사 당시는 "친환경유기농업을 통해 완결되고 지속적인 영농체제를 구축하기 위해 조합원 수를 1,000명으로 조직화할 생각이다. 순환적 농업생산체계를 구축하기 위해 쌀, 축산, 채소, 가공 산업을 결합하여 농가당 5천만 원 조수익, 3천만 순수익을 목표로 하고 있다. 이 정도 되면 경제적 문제로 지역을 떠나지 않을 것"이라고 한다.

지역순환농업, 자원순환농업, 경종축산 순환농업, 자연순환농업 등 다양한 명칭으로 추진되고 있는 순환농업 체제의 핵심적 내용은 경종과 축산의 순환체계 구축하여 양분의 밸런스를 회복하는 것이다. 홍성군의 자원순환형 농업을 위한 실천은 2002년 장곡면 지역의 7명이 2천만 원씩을 출자하여 풀무생협 내에 유기축산한우작목반을 조직하여 유기축산을 한 것으로부터 시작되었다. 이를 주도한 홍성유기농영농조합의 정상진 대표의 말을 들어보자. "유기농업을 하면서 축분에 대한 문제가 심각하게 대두되면서 안전한 농산물과 유기축산을 통해 부가가치를 높이고자 시작하였다. 축분이 항생제 등

수의약품에 오염되면서 이러한 축분으로는 유기 농산물을 생산할 수 없다는 생각으로 자연순환농업을 시작했다. 처음에는 풀무생협의 한우 작목반에서 2004년 말부터 본격적으로 출하를 시작하여 여성민우회생협과 생협연대 등에 납품하였는데, 이후 풀무생협 내에 장곡을 포함하여 5개의 유기축산 작목반이 생겼다."

2008년부터 시작된 홍성한우클러스터 사업2008-2010년에 국비 21억2천5백만 원을 포함하여 총 48억 5천만 원을 투자은 지역순환농업 시스템 구축을 핵심 사업의 하나로 하고 있다. 즉 순환농업 시스템을 도입해 저비용, 고부가가치 생산구조를 확립함으로써 지역 농업소득의 양대 축이라 할 수 있는 '쌀 산업'과 '한우산업'을 동시에 살리자는 것이다. 조사료 생산 · 유통 활성화를 통한 지역 내 사료의 자급, 축분자원화와 순환, 경종부산물의 순환 활성화 사업이 홍성한우클러스터 사업의 제1과제이다. 이를 위해 한우클러스터의 지원을 받아총사업비 6억3천9백만 원 가운데 5억1천1백만 원, 자부담 1억2천8백만 원 2009년부터 순환농업 시범영농단 구축 사업을 실시하고 있다. 시범영농사업단은 자급순환농업 시범영농단지 1개소를 조성하여 경지면적 50ha논 35ha, 밭 15ha에 40-50 농가가 참여하여 한우 650두를 사육하여, 경종 및 축산농가의 자원순환체계 구축으로 논농사 생산비 및 한우 사료비 30% 절감을 목표로 하고 있다.

홍성한우 백년대계 클러스터가 지원하는 순환농업 시범 영농사업단은 유기경종 농업과 유기 축산의 결합을 표방하고 있지는 않지만, 그에 참여하는 조직인 풀무생협, 홍동친환경쌀작목회, 홍성유기농영농조합 등이 유기농업을 실천하는 단체라는 점에서 기본적으로 유기 경종농업과 유기축산의 순환을 지향하고 있다고 할 수 있다. 그렇지만 홍성한우클러스터 전체가 유기농업과 유기축산의 순환을 추진할 것을 기대하기는 어렵다.

그런데 유기경종농업과 유기축산의 순환을 지향하는 경우 두 가지 문제에 부딪친다. 하나는 실제로 유기축산을 실천하기가 매우 어렵다는 점이다. 홍성유기농영농조합의 정상진 대표의 말을 들어보자. "유기축산에서는 유기사료 85% 이상, Non-GMO 사료, 낮은 사육밀도, 6평 정도의 별도 운동장 등이 필요한데, 우리나라 조건으로는 기준을 맞추기가 매우 어렵다. 개인적으로는 상징성도 있고 해서 유기축산을 지속할 생각이지만, 영농조합은 유기축산에서 무항생제 축산으로 전환할 계획이다. 무항생제는 GMO를 허용하고 있으며, 사육밀도에 대한 기준도 유기축산보다 낮다. 지금까지 자체 사육기준으로는 무항생제 인증에는 무리가 없으며, 무항생제 기준에 Non-GMO, 유기사료를 더해 한 단계 업그레이드 시킬 예정이다." 풀무생협의 경우도 초기에는 유기축산을 시도하였으나 사료 문제 등 현실적인 어려움으로 인해 무항생제 축산으로 전환하였다.

다른 하나는 순환농업을 위한 복합영농을 어떻게 가져갈 것인가 하는 문제이다. 풀무생협은 농가단위 복합영농을 기본으로 추진하고, 그렇지 못한 농가는 집단적으로 연계하고자 노력하고 있다. 예를 들어, 축산을 못하는 농가는 볏짚을 축산농가에 공급하여 수익을 창출하고 있다. 다시 정형영 전무의 마을 들어보자. "1농가당 출하 두수를 10두 미만으로 제한하고 있는데, 그렇게 하지 않으면 당초 취지에 맞지 않게 축산만 전업으로 하는 농가가 생기기 때문이다." 그러나 홍성유기농영농조합의 정상진 대표의 생각은 다르다. "개별농가에 의한 유축복합영농은 현실적으로 상당히 어려운 문제이다. 규모화와 전문화가 이루어지지 않으면 시장에서 품질이나 가격 등 효율성에서 문제가 많다. 나는 한우 전업농으로 나갈 생각이다. 축산농가와 경종농가의 결합을 통해 지역농업을 만들어 갈 생각이다. 생산조직을 통해 조직화가 선결되어야 하며, 수익률이 낮은 쌀은 수수료를 낮추고, 축산에서 높은 수수료로 조직을 운영할 생각이다. 전문화와 규모화를 위해서는 각각의 분화가 필요하다."

농가단위의 복합영농인가, 지역단위의 복합영농인가. 농가단위의 복합영농이 좋기는 하지만, 시장 대응을 위한 전문화와 규모화의 필요성도 부정할 수 없다. 그렇지만 축산과 경종 사이에 상당한 수입의 차이가 존재하는 현실에서 전문화를 통해 과연 경종과 축산의 순환 농업이 성립할 수 있을까. 아산 푸른들 영농조합법인의 이호열 대표는 다음과 같은 해법을 제시하였다. "지역농업의 자연 순환을 위해서는 유기축산은 반드시 성공해야 한다. 축산 농가는 나름대로 부를 가지고 있으나, 경종농가는 상대적으로 상당히 어렵다. 따라서 경종농업을 지속하기 위해서는 경종농업과 축산의 결합복합영농이 필수불가결하다. 마을단위마다 공동축산을 하여 경종농업과 결합, 수익을 창출하며, 현재의 농업 형태를 수도작 중심에서 유기축산을 위한 조사료 생산 등으로 변화시킬 예정이다." 이것이 타협책이 될까. 필자는 "기본적으로 농가단위 복합영농으로 가되, 한쪽에서는 지역마을 단위에서 각각의 전업농이 협업하는 방식, 즉 지역복합영농으로 가는 방식"을 제안해보았다. 이에 대해 정형영 전무는 다음과 같이 대답하였다. "가능하다. 전문화로 가는 조합원도 있다. 그러나 생각보다 농가 단위의 규모가 그리 크지 않다. 5,000평 내외의 농지에서 농가소득을 올리기는 어렵다. 따라서 복합영농으로 소득을 높여야 한다. 앞으로 번식우는 공동으로 하고, 사육은 개별로 하는 방안도 가능할 것이다. 그리고 경종농업의 경우도 육묘, 상토, 종자보급 등은 공동으로 하고, 재배는 가족단위에서 하면 훨씬 수월할 것이다. 풀무생협에서는 고령자나 탈농자를 위해 위탁영농회사(단)를 만들어 운영할 예정인데, 조합에서 관리하면 젊은 사람들이 수익을 낼 수 있도록 할 예정이다".

지역순환농업을 위해서는 경종과 축산의 순환 뿐 아니라 지역농산물의 지역 내 소비체계의 구축도 중요하다. 다시 정형영 전무의 말을 들어보자.

"현재 관내 초 · 중 · 고등학교에 학교 급식을 시행하고 있는데, 홍성군에서 지원을 하고 있다. 쌀 이외에 육류가 포함될 수 있도록 노력하고 있다. 그리고 지역 내 매장을 중심으로 한 소비자 조합을 만들고자 노력하고 있는데, 2012년 홍성 · 예산에 충남도청이 들어올 예정인데, 그 이전에 YMCA나 시민사회단체와 연대하여 소비자 생협을 만들 예정이다. 그리고 광역단위 50주 배송 회원체계를 만들 예정인데, 연간 생산되는 품목을 목록화 하여 약 200만원의 연회비를 받아 채소, 쌀, 육류, 과일 등 부식거리를 배송해 주는 체계이다. 생협 조합원 기준으로 월 20만 원 정도 소비하므로 연회비는 적정할 것으로 예상하고 있다. 현재 풀무생협 조합원이 약 800명 정도 되므로 이들 가족들과 연계하여 추진하고자 한다. 이전 홍성관내에서 한바구니 생활공동체를 운영해 본 경험이 있는데 80가구에 1주일에 한번씩 공급하는 형태로 만원어치는 조합에서 임의로 구성하고, 만 원 이상은 선택생활제로 구성하는 방식이었는데, 이를 기초로 위 사업을 추진하고자 한다. 그리고 현재 매장사업을 읍내에서 하고 있는데 이를 중심으로 소비자 생협을 준비하고 있다."

### 여록 : 홍성에 대해 못 다한 말

전국적으로 농촌인구의 감소와 고령화가 급속히 진행되고 있지만, 다른 지역에 비해 홍동면은 상대적으로 형편이 나은 편이다. 그 이유는 귀농자의 정착률이 높고, 풀무학교 등 교육 환경이 좋기 때문이라고 한다. 홍동중학교는 교장 공모제를 통해 교장을 선출하여, 학교운영의 자율권이 많고, 갓골 어린이집, 여성농업인센터, 방과 후 학교 등 교육적 여건이 다른 지역보다 낫다. 그러나 필자는 무엇보다도 중요한 것은 홍성군 사람들이 홍성을 사람들이 '더불어 살만한 공동체'로 만들기 위해 꾸준히 노력하고 있기 때문이라고 생각한다.

풀무학교의 전 교장 홍순명 선생이 제안한 지역화폐운동이 실시되고 있으나 어려움이 많다고 한다. 정형영 전무의 말을 들어보자. "풀무학원이 주체가 되어 '마을또'를 운영하고 있는데, 구체적인 운영방식은 풀무전공부에 사무국을 두고, 1달에 한번 회보를 발행하여 각자가 제공할 수 있는 재화나 서비스를 알리면 원하는 사람이 이용하는 방식으로 운영하고 있다. 조합원, 귀농자, 선생님 등 약 70-80명 정도가 가입하고 있는데, 가격은 본인이 결정하는 방식이다. 본 제도를 조직적으로 하기 위해 풀무생협에서도 생산자의 출하대금 10%, 실무자의 인건비 10%를 마을또로 지급하는 방식도 검토했었는데, 시행하기 이전에 사전교육이 상당히 필요한 것 같다. 그리고 센터 앞마당에 홍보관과 매장을 만들어 조합원들의 물품이용을 활성화 시키고자 하고 있으며, 홍성읍내에 있는 미용실, 병원, 서점 등과 연계하여 지역농산물 소비체계를 구축하고자 하나, 협소하게 진행되고 있다."

홍성군 홍동읍 문당리의 '홍성환경농업마을'은 우리 농촌의 미래가 될까. 문당리는 가구 수 80호, 인구 200명의 제법 큰 농촌마을이다. 요즈음 나가는 사람보다 들어오는 사람들이 더 많다. 왜 그럴까. 마을 지도자 주형로 회장을 중심으로 친환경 농업과 도농교류를 통한 마을 만들기를 일찍부터 시작하였다. 주 회장은 마을의 벼농사를 오리농법에 의한 유기농 쌀 재배로 전환함과 동시에, 지속 가능한 농촌마을을 위해서는 생산자들 뿐 아니라 도시의 소비자 특히 자라나는 아이들을 위한 환경과 바른 먹을거리 교육이 필요하다고 생각하였다. 이를 위해 1997년부터 벼 수매를 할 때 가마당 조금씩 떼어 환경기금을 마련하기 시작하여 3년간 4천5백만 원을 모았다. 마을 기금과 정부 지원을 합쳐 환경농업교육관을 건립하기로 하고, 마을 중심지 3,000평의 땅을 구입하고, 흙벽돌 3만장을 직접 찍어 2000년 6월 착공하여 12월에 준공하였다. 환경농업교육관은 강당, 식당 170평, 숙소 80평, 박물관농촌생활유물관 60평, 유기재배 전문 정미소 100평으로 되어 있다. 환경교육관을 중심으로 농촌체험, 농업기술교육, 환경교육, 마을행사, 도농교류 등이 이루어지고 있다.

환경농업교육관 건립과 동시에 "생각하는 농민, 준비하는 마을"을 표방하며 문당리 100년 계획을 수립하였다. 계획은 녹색연합과 서울대 환경대학원의 도움으로 최소 비용으로 작성되었다. 문당리 백년계획은 (1) 넉넉한 마을 만들기, (2) 오손도손한 마을 만들기, (3) 자연이 건강한 마을 만들기, (4) 자연과 조화되는 마을 만들기를 사업전략으로 하고 있다. 넉넉한 마을 만들기는 경제적 자립을 목표로 하여, 오리농법으로 재배한 쌀을 특화하고 한약원, 한우원, 종합가공공장 등 새로운 소득원을 만들고 환경 농업 교육관을 중심으로 녹색관광프로그램을 마련하는 것이다. 또한 젊은 농민의 귀농을 적극 유치해 10~30대 인구를 늘리는 중장기 계획도 포함되어 있다. 마을 도서관과 농업박물관 등을 만들어 평생 교육 기반을 구축하고 전통문화에 대한 이해의 폭을 높인다는 내용도 있다. 또한 태양열과 풍력, 바이오 가스를 이용한 자연에너지의 효율적 사용과 태양열 주택 개발도 활발히 추진하고 있다. 주형로 회장은 "문당리 백년 계획을 통해 농촌의 환경 개선 및 복원이 농민들의 삶을 개선시키는 것은 물론 도시인들과 자라나는 세대에게 환경과 농업에 대한 올바른 인식을 갖게 하고 고향과 국토에 대한 사랑을 길러 줄 수 있다는 것을 확인시켜 줄 것이다"라고 한다.

내친 김에 주형로 회장의 얘기를 좀 더 들어보자.

▲ 주형로 홍성환경농업마을 대표
http://hopedesign.or.kr

"최근 농림부 지원을 받아 20세대가 모여 사는 전원마을조성사업을 추진하였다. 20세대가 입주하였는데 30대 5가구, 40대 4가구, 50대 4가구, 60대 이상이 7가구로 젊은 세대가 많은 편이다 다양한 연령층에서 보이듯 직업도 여러 가지다. 교사, 공무원, 마을사무장, 농사꾼, 식품회사 대표, 서울에서 은퇴한 분 등으로 다양한 직종에 종사하는 사람이 모였다. 전원마을조성사업은 정부 기반조성 등의 명목으로 10억 원 지원하는데 주로 도로, 상하수도, 전기, 통신 등에 지원하며, 입주자는 기반시설이 완료 후 개인이 주택을 짓는 방식이다. 한울마을의 경우 사업대상면적은 총 2,876평이며 각자 150평의 지분을 가지며공용부지포함 이는 개인별로 분할등기하지 않고 한울마을주민회에서 공동 등기하여 운영 · 관리한다. 개인별로 분양하지 않는 이유는 매매 시 마을조성취지와 맞지 않는 사람에게 임의로 매도하여 발생되는 투기와 갈등을 미연에 방지하기 위함이다. 매매 시에는 매도인은 마을법인에 내놓고 조합에서 재분양 하는 조건을 걸어 집값의 한없는 상승을 방지한다.
입주비용은 땅값 약 3,000만원을 포함하여 20평 기준으로 1억2천만원 정도 소요된다. 마을의 기본적인 운영방향은 이상이 높으면 깨질 확률이 높기 때문에 낮게 하여 식사공동체를 추진하고 있다. 식사는 준비와 정리에 따른 노력이 많이 필요하기 때문에 갑작스런 시작보다는 자연스럽게 유도할 생각이다. 한집이 주도적으로 식사를 준비하고 다른 집이 돕는 방식인데 자연식일 경우 그렇게 준비가 많지 않다."

### 기존 마을과의 관계는?

"동네에 6–7집이 살고 있는데 50대 1명, 60대 1명, 나머지는 7–80대로 대부분 고령자들이라 문제가 없다. 장곡면에 위치하고 있는데, 그냥 있으면 마을이 조만간 깨질 것으로 전망되기 때문에 마을을 조성하는데 별 문제가 없다. 서천의 산너울이나 무주의 경우와는 다르게 우리는 '마을 속에 마을을 만들자'는 방식으로 추진하고 있다. 마을이 생기면 대부분 혐오하는데 전원마을조성사업에 따른 정부지원 10억 원을 기존 마을에도 확대 계획 및 시행하여 기존 사람들도 좋아한다."

### 정부의 지원 방식에 문제는 없는지?

"자율성을 많이 주어야 하는데 그렇지 않다. 20평정도로 작게 만들고 대체에너지를 쓰고 해야 하는데 정부는 30평으로 해서 규모 있게 해야 하는 조건을 두는 등 문제가 많다. 아울러 계획을 세우는 일, 입찰 등에도 자율성을 주어야 한다. 기본계획을 간단히 할 수 있는데도 불구하고 너무 많은 것을 요구해서 비용이 과다하게 들어가고 있다. 입찰을 하여 들어온 컨설팅 업체는 현장의 의견을 제대로 반영하지 못해서 (주)이장과 함께 기본계획을 수립해 컨설팅 업체에게 주다보니 이중의 돈2억 원 정도이 들어간다."

### 마을 활성화에 어느 정도 도움될 거라고 생각하나?

"이 사업이 농촌 활성화에 도움이 될 지 의문이다. 20세대로 하는 것도 문제가 있다. 기존마을 6-7세대 사람들과의 주도권 문제도 그렇고 기존마을을 흡수하게 되면 문제가 많아진다. 10세대 정도로 줄이면 좋겠다."

### 기존 마을과 떨어져서 전원마을을 조성하는 방식은 문제가 있지 않나? 기존 마을은 헌 마을로 남아 있고 새로 조성하는 마을은 현대식으로 한다면 이것을 존재하는 것이 아닌가?

"그것이 문제다. 그렇기 때문에 마을속의 마을을 건설해야 한다. 허병섭 목사님이 귀농자 중심으로 마을을 추진했는데 나는 다르게 추진하고 있다. 20호를 지으면 나머지 집은 귀농자 등으로 채울 예정이다. 20호 주변에 기존 집들이 존재하고, 물을 통해 공동체를 만들 것이다. 식수와 하수도를 공동으로 이용하도록 하겠다."

문당리와 홍동면을 중심으로 한 홍성지역은 여러 면에서 앞서가는 지역이고 배울 바가 참으로 많은 지역이다. 그러나 아쉬움도 많다. 홍동면을 중심으로 다양한 친환경농업조직이 존재하나 이들 간의 연대 및 협력 관계가 미약하고 서로 간에 갈등도 존재한다. 지역순환농업을 모두 의식하고 실천하려고 하나 구체적 상이 분명하지 않고, 인식의 차이가 크다. 최근 시작된 홍성한우클러스터 사업도 그 주체가 불분명하여 전망이 불투명하다. 지역먹을거리체계의 관점에서도 아쉬움이 있다. 학교급식이 이루어지고 있으나 생산량을 소화하기에는 턱없이 부족하고, 직거래의 비중이 높으나, 지역충남, 대전을 포함보다는 수도권에 의존이 높고, 점차 대형유통업체에 대한 의존도가 높아지고 있다. 무엇보다도 아쉬운 것은 홍성지역을 어떻게 만들어갈 것인가에 대한 로컬 거버넌스가 아직 형성되어 있지 않다. 지자체, 협동조합농협, 축협, 신협, 생협 등, 생산자단체, 학교 사이의 협력관계가 약하다. 풀무생협 등 생산자조직이 안고 있는 문제도 간단하지 않다. 홍성의 여러 생산자조직들이 생산도 규모화되고 조직화되어 있기는 하지만, 친환경 농산물의 유통 및 소비에서 도시의 생협조직 의존도가 높고, 생산자조직과 소비자 조직의 대등한 관계에서의 직거래가 아니라 유통조직에 의한 생산조직의 종속화란 말이 거론될 만큼 생산자와 소비자 사이의 관계에 있어서 불균형 문제가 발생하고 있다. 이는 가격과 생산방식에 대한 결정권에서 문제를 발생시킨다. "생산자는 소비자의 생명을, 소비자는 생산자의 생계"를 책임진다는 당초의 생산자-소비자협동이 가졌던 명제가 시간이 흐를수록 엷어지고, 소비자가 원하는 낮은 가격과 높은 품질의 농산물을 제공하기 위해 생산자들이 소농복합영농보다는 소위 경쟁력을 갖춘 전업농화 규모화를 요구받게 된다.

04

# 시장원리를 넘어 순환과 공생의 원리를 실천하는 지역자활

### 전북 남원지역 자활센터와 사회적 기업 새벽 영농조합법인

취업 취약계층에게 일자리를 제공하기 위한 정부의 '자활사업'으로 시작하여 2,100명이 일하는 로컬 푸드 사회적 기업을 꿈꾸는 사람들이 있다. 남원지역자활센터(관장 양기운)와 그 자회사격인 사회적 기업 새벽영농조합법인(대표 장석원)이 그 주인공이다.

**자활을 넘어 공생의 삶**

1997년 외환위기 이후, 정부는 생계비 지원을 위한 한시적 공공근로사업을 벌였다. 이러한 정책의 일환으로 1999년 10월 소득이 최저생계비에 미달하는 가구에 그 부족액을 직접 급여하는 '국민기초생활보장법'을 제정하였고, 준비기간을 거쳐 이듬해 2000년 10월부터 발효되었다. 자활사업은 국민기초생활보장법의 수급자 중 근로능력이 있는 사람조건부 수급자과 차상위계층소득이 최저생계비의 120% 미만인 사람 등을 대상으로 일자리를 제공하고 궁극적으로 자활할 수 있도록 지원하는 제도이다.

▲ 남원지역자활센터 양기운 관장

정부는 본격적인 법 시행에 앞서 2000년 7월 전국에 70개의 자활후견기관을 지정하여 자활사업을 담당하도록 하였는데, 남원자활후견기관지금의 남원지역자활센터도 그 하나다. 자활사업에 참여하는 사람들의 거의 대부분은 시장에서 일자리를 얻기에 부적합한 사람들이다. 근로의욕이 없거나 시장에서 필요로 하는 경험, 기술, 능력 등이 부족한 사람들이다. 우리 사회에서 일자리가 없다는 것은 단순히 소득을 벌지 못한다는 것만을 의미하지 않는다. 사회적, 정신적, 심리적으로 사회로부터 소외되는 사회적 배제를 의미한다. 이러한 취업취약계층을 모아 함께 일하도록 하고, 이들이 궁극적으로 자활자립하도록 한다는 것은 말처럼 쉽지 않다.

그래서 남원지역자활센터의 양기운 관장은 자활사업은 경제 사업이 아니라 사람 사업이라고 설명한다. 즉 사업에 참여하는 사람들이 함께 일하고 일한 성과를 함께 나누는 '동업' 정신이 없다면 이 사업은 성공할 수 없다는 것이다. 동업, 형제지간에도 하지 말라는 옛말이 있듯이 참으로 어려운 일이다. 양관장은 "함께, 더불어"를 말로만 추상적으로 외치는 사람일수록 남과 함께 일을 못하지만, 남원자활의 사람들은 함께 나누는 생활에 점차 익숙해지고 있다고 한다. 가난을 빼놓고 별로 공통점이 없는 사람들이 모여 하루 8시간씩 함께 일하는 것은 쉽지 않은 일이지만, 생면부지의 사람들이 자활사업을 통해 인간적 사회적 관계를 형성하는 과정을 보며 한 사람의 태도가 얼마나 중요한지를 양관장 스스로 배운다고 한다. "당신 때문에 세상이 좋아"라는 따뜻한 말을 하고, 아무도 하기를 원하지 않는 일을 "제가 할게요"라고 하고, 자기의 잘못이 아니지만 이웃을 위해 자기가 둘러쓰기도 하는 사람들이 있고, 그들이 남원자활을 이끌어간다고 한다.

〈표 6〉 남원자활지역센터와 관련 공동체 사업

<table>
<tr><th>공동체명</th><th colspan="2">사업</th><th>참여인원<br>(명)</th><th>사업내용</th></tr>
<tr><td rowspan="10">남원자활<br>지역센터</td><td rowspan="8">자활근로 위탁사업</td><td>로컬 푸드 사업단</td><td>13</td><td>효소 재배, 토종농산물 생산</td></tr>
<tr><td>되살림 사업단</td><td>18</td><td>음식물수거, 퇴비 재활용</td></tr>
<tr><td>C&E 사업단</td><td>10</td><td>학교청소, 이사집 청소 등</td></tr>
<tr><td>황토흙집사업단</td><td>9</td><td>황토벽돌생산, 흙집 짓기</td></tr>
<tr><td>환경정비사업단</td><td>9</td><td>차량정비 등</td></tr>
<tr><td>폐목톱밥사업단</td><td>13</td><td>폐목파쇄(톱밥생산)축산농가 깔집 제공</td></tr>
<tr><td>자활인큐베이터사업단</td><td>17</td><td>자활희망자 훈련</td></tr>
<tr><td>합계</td><td>89(+12명)</td><td></td></tr>
<tr><td rowspan="2">공모사업</td><td>바우처사업</td><td></td><td>중증장애인돌도비바우처사업<br>– 저소득 중증 장애인 가사/간변 서비스 제공과 교육</td></tr>
<tr><td>미래희망돌봄사업</td><td></td><td>저소득층 여성 일자리 창출 및<br>저소득층 아동 복지 서비스제공<br>– 조손 · 한 부모 · 다문화 가정의 초등학생에 대한 케어</td></tr>
<tr><td rowspan="7">자활공동체</td><td colspan="2">초우반돈공동체</td><td>5</td><td>무항생제 축산(돼지, 소), 판매</td></tr>
<tr><td colspan="2">새벽건축공동체</td><td>6</td><td>저소득가구 집수리, 사랑의 집 고쳐주기</td></tr>
<tr><td colspan="2">새벽자원재활용공동체</td><td>2</td><td>잡병, 플라스틱 등 자원재활용</td></tr>
<tr><td colspan="2">유기농이삭공동체</td><td>4</td><td>상추/쌈채 유기농산물 생산, 판매</td></tr>
<tr><td colspan="2">유기농밥상만나공동체</td><td>4</td><td>유기농 식자재 조리, 판매, 식당운영</td></tr>
<tr><td colspan="2">세차삼매공동체</td><td>3</td><td>물 세차, 스팀세차</td></tr>
<tr><td colspan="2">합계</td><td>24</td><td></td></tr>
<tr><td>사회적 기업</td><td colspan="2">새벽영농조합법인</td><td>35명<br>(+10명)</td><td>– 유기순환농업시행, '새벽쌈채' 브랜드화, 유기농밥상만나2호점 운영<br>– 상수/쌈채 등의 엽채, 과수, 축산, 퇴비생산</td></tr>
<tr><td>관련업체</td><td colspan="2">새벽유통</td><td></td><td>– 유기농산물 산지수집<br>– 16개 시군 노인복지관에 식자재 공급<br>– 전북광역로컬푸드 추진</td></tr>
</table>

주 : 남원지역자활센터 12명과 새벽영농조합법인 10명은 상근자임(비정규직 포함)

〈표 6〉은 남원지역자활센터가 하고 있는 일과 관련 공동체의 사업을 정리한 것이다. 남원지역자활센터의 사업은 크게 보면 정부로부터 민간근로위탁을 받아 사업단을 구성하여 일자리를 제공하는 사업단 사업과 각종 공모사업에 응모하여 장애인, 저소득 여성 및 아동들에게 사회 서비스를 제공하는 사업으로 나눌 수 있다. 이 가운데서 중심사업은 자활사업 즉 정부의 민간근로위탁사업인데, 여기에 현재 7개의 사업단에 89명이 다양한 형태의 일자리 사업에 참여하고 있다. 자활사업은 참여자들이 일단 사업단 형태로 일을 시작하여 일정한 정도 자립할 능력을 갖추게 되면, 사업단이 그 동안 사업수익으로 적립한 기금을 자본금으로 해서 자활공동체로 독립하도록 한다. 2002년 '새벽채소공동체'2004년 흙살림새벽공동체로 발전를 시작으로, 2005년 새벽건축, 2006년 새벽자원, 2007년 유기농이삭, 유기농밥상, 그리고 지난해에는 유기축산사업단이 초우반돈공동체로 독립하였다. 그리고 남원자활사업의 결정체로서 2007년에는 사회적 기업 새벽영농조합법인을 발족할 수 있었다. 2009년에는 새벽영농조합법인으로부터 유기농산물 유통을 담당할 새벽유통이 개인사업 형태로 분리되어 함께 일하고 있다.

### 시장원리를 넘어 떼알의 원리

양기운 관장은 남원자활의 사업을 떼알의 원리로 설명한다. 즉 남원자활이 다양한 일을 하고 있지만, 이들은 각각 별개의 사업이 아니라, 떼알의 원리에 의해 통합되어 있다는 것이다. 떼알은 무엇인가. 이것은 모래알에 대비되는 양관장의 조어(?)이다. 흙은 다양한 입자들이 모래알이 아니라 떼로 얽혀서 성립하듯이, 지역 사회도 떼알로 엮여야 건전하게 살아갈 수 있다는 말이다. 남원자활지역센터, 자활공동체, 영농조합법인 등이 떼로 얽혀있기 때문에 이하에서는 특별한 경우가 아니면, 이들은 구분하지 않고 남원자활이란 말로 사용한다.

떼알의 원리의 출발은 지역순환영농이다. 남원자활은 남원시 두 곳의 아파트단지1,100세대와 의료원에서 하루 2톤 정도의 남은 음식물을 수거하여, 이것을 사료로 해서 약 200두의 돼지를 사육하고 있다. 그 다음 가축의 분뇨에 짚과 왕겨 등을 썩어 자연발효시키면 훌륭한 퇴비가 된다. 이 퇴비를 이용하여 유기농 채소를 기른다. 이렇게 기른 돼지와 소, 그리고 채소와 과일 등은 직영 유기농만나밥상식당에서 소비하고, '새벽 유기농 모듬'으로 약 200개 가구에 택배로 배달하고, 전북 도내 16개 시군의 노인복지관에 공급하고, 그리고 일부는 시장 유통을 한다. 남원자활의 지역영농순환의 철학은 자활공동체 '초우반돈'草牛飯豚: 소는 풀로 키우고 돼지는 남은 음식물로 사육의 이름에서 단적으로 알 수 있다.

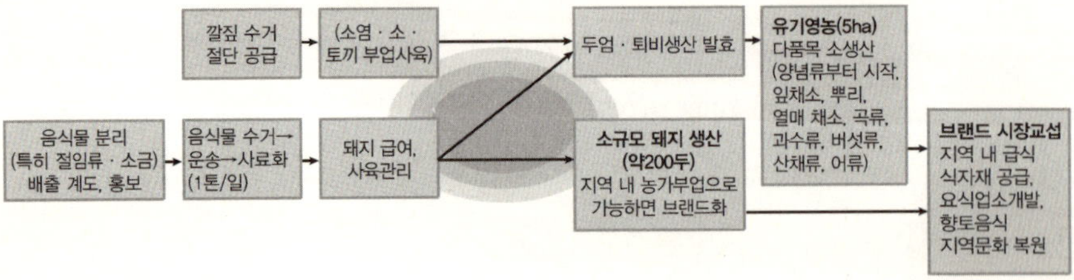


〈그림 7〉 지역순환영농의 흐름도

양관장이 떼알의 논리를 주장하는 이유는 시장원리로는 농업 · 농촌문제를 해결할 수 없다고 믿기 때문이다. 양관장의 말은 "농산물 팔아서 자립 자활하는 것"은 허구라고 한다. "농업생산조직은 원래 공동체 형태를 띤다. 농업만큼은 개별단위로 일하는 것보다 집산화를 이룰 때 더 좋은 결과를 낼 수 있다. 그러나 상업농이 폭발적으로 증가하면서 이러한 공동체는 사라지고 개별경쟁이 치열해졌다. 교통발달과 함께 시장이 빠르게 전국화하고 생산성을 극대화하기 위해 단일 품목을 규모화하면서부터 문제가 발생한다. 단일품목을 전문적으로 생산하면 처음에는 생산비용이 낮아져 좋은 것 같지만 결국에는 시장의 요구에 맞춰가게 된다. 이 과정에서 많은 것이 희생된다. 겨울에도 과일을 생산해야 하는 농가에서는 기름을 때야 한다. 또한 개별경쟁에서 승리하기 위해서 고高투입 농법을 동원하게 된다. 그러나 농산물은 일정 시점에서 수요가 더 이상 늘지 않는다. 공급량이 수요를 초과하는 순간 농산물 가격의 폭락이 시작된다. 농산물은 재고를 쌓아놓을 수가 없기에 다른 생산물보다도 가격 하락폭이 훨씬 크다. 그 손해비용을 감당할 수 없는 농가는 실농하고 농촌을 떠나게 된다. 그래서 우리와 같은 영농조합은 농민의 개인 경쟁적 요소에 한계가 있다는 것을 전제로 한다"경향신문 2009.12.6일자 인터뷰 내용.

### 시장유통이 아닌 사회적 유통

그러면 어떻게 할 것인가. 양관장의 말을 좀 더 들어보자. "이 악순환이 반복되는 것은 농산물을 시장에 파는 구조 때문이다. 우리의 대안은 농산물을 '먹자'는 것이다. '공통 밥상'이라는 아이디어도 여기에서 나왔다. 농산물은 시장적이지 않다. 농산물이 시장적이지 않다는 생각은 매우 중요하다. 이는 시장적이지 않은 부분을 개척해야 한다는 뜻이다. 농업이 무차별적으로 시장화 하는 이 시점에서 '시장적이지 않은 농산물에 비시장적 교환 훈련을 해보자'는 생각을 했고 '사회적 유통'에 대해 준비하게 됐다. 이는 '새벽유통'이 하고자 하는 일이다. 사회적 유통은 '보호된 교환'이다. '짜고 친다'는 말이 맞다. 주문자가 직접 현장을 돌아보고 상황을 이해하면 발주서를 함부로 쓰지 못한다. 주문자와 생산자가 한 식구처럼, '함께 먹는 사이'로 발전해 가는 것이다. 내년부터는 주문자가 한 번에 1년 치 식재료 예산을 입금하면 우리가 그 규모에 맞게 재료의 구색을 맞춰 파종계획을 세워 납품할 계획을 세우고 있다."

사회적 유통도 양 관장이 만들어 낸 조어이다. 사회적 유통을 유기농산물의 예로 설명해보자. 유기농산물은 인기를 끌고 있지만 막상 그것을 먹을 수 있는 사람은 일정 소득 이상의 사람들뿐이다. 서민들은 비싸서 먹을 수 없다. 그러면 유기농산물을 생산하는 농민들은 돈을 버는가. 반드시 그렇지도 않다. 왜냐하면 유기농산물 가운데서도 시장에서 팔리는 것은 최상급뿐이기 때문이다. A급이 아닌 B급 이하의 유기농산물은 판매할 곳이 없다. 그러데 B급 이하의 농산물도 외양에만 약간 하자가 있을 뿐 조리해서 먹는데 아무 문제가 없다. 남원자활의 '새벽유통'은 이러한 B급 이하의 유기농산물을 전라북도 내 16개 시군의 노인복지관에 한 달에 대략 1,500만 원 어치를 납품한다. 남원자활에 참여하는 유기농산물 생산자들도 시장에 휘둘리지 않고 수익을 얻을 수 있고, 저소득층인 노인들도 안전한 유기농산물을 먹을 수 있다. 사회적 유통이란 바로 이처럼 단순한 시장거래가 아닌 호혜적 사회적 관계를 토대로 해서 성립한다.

### 지역의 경제, 문화를 되살리는 지역민속전승사업

2007년 7월 정부는 사회적 기업 육성법을 제정하고 36개의 사회적 기업을 인증하였다. 남원자활의 양기운 관장은 사회적 기업이 무엇인지도 모르는 상태에서 급히 노동부의 모임에 참석하여 4일 만에 사업계획서를 급조하여 사회적 기업 새벽영농조합법인이하 '새벽'의 인증을 받았다. 인증받은 사회적 기업에 노동부는 사회적 일자리에 대해 최저임금의 70%를 지불한다. 사회적 기업은 참여대상에서 자활센터와 커다란 차이를 보인다. 자활센터는 국민기초생활법 상의 조건부 수급자와 차상위계층 등 저소득 취약계층을 대상으로 하는 반면에 사회적 기업은 "취약계층에게 사회서비스 또는 일자리 제공"을 목적으로 하지만, 사회적 일자리의 참여자가 반드시 취약계층일 필요는 없다. 즉 사회적 기업이 자활센터에 비해 상대적으로 일자리 제공에서 유연성을 발휘할 수 있기 때문에 필요하면 높은 임금을 지불하고 좋은 노동력을 고용할 수도 있다.

'새벽'은 급조된 것이기는 하지만 전혀 새로운 것은 아니고 남원자활의 7년간의 자활사업의 순환영농활동을 토대로 해서 설립된 것이다. '새벽'은 '유기순환영농을 통한 지역 민속 전승 사업'을 위해 60명의 사회적 일자리의 인건비를 지원받았다. '지역민속전승사업', 이도 참 어려운 말이지만 양 관장이 만든 말이다. 양 관장은 참으로 아이디어가 무궁무진하고, 말을 능란하게 다룬다. 지역민속전승사업이란 40년 전의 자급자족 영농전통을 지역민속 전승으로 조직하는 것이다. 즉 비시장적 생산을 지역민속이라고 규정하고, 농업생산조직영농조합법인이 유기순환영농食, 재활용衣, 집수리住 : 주거서비스, 농촌주택 재건축 등 등 기존사업을 짜깁기 하고, 영농현장의 생산, 이용, 가공, 소비의 전 과정을 지역 내 자급하는 생활공동체삶 자체를 상품화 해보자는 것이다. 이를 위해 농촌에 남아 있는 노인의 구체적 일상생활에 잠재해 있는 무궁무진한 민속적인 소재, 예를 들면 노동, 전통주거, 토속음식, 생활용품 제조, 소리, 악기, 굿 등을 복원하고 존속시키는 일을 통해 농촌지역에 활력을 불어넣고 진정한 의미의 도농교류 사업을 하자는 것이다.

양 관장은 2008년 6월 '도시와 농어촌간 교류 촉진에 관한 법률'의 시행에 맞추어 도농교류로 새롭게 재정립되어야 한다고 주장한다. 양 관장의 말을 들어보자. "문민정부 이후 정부가 농어촌구조개선 사업으로 많은 돈을 농촌에 투입했지만, 광역 단위 예산 안배, 지역단위 나눠주기 사업풍토로 인해 극소수의 헌신적 지역리더가 등장한 곳에서는 도시민의 시선을 집중했다는 의미에서 성공했다고 치부되고 있으나, 과연 그와 같은 농업농촌 성공모델이 지속가능한지 의문이다. 곧, 시장 중심적 인프라 확충을 통해 '주민소득증대'

를 중심으로 같거나 다른 아이템을 동일한 시장방식으로 경쟁하게 함으로써 지역별 다양성이 소멸되고 보다 큰 자본과의 경쟁에 내몰림으로써 지속가능한 경쟁력을 상실하고 있다고 볼 수 있다. '지역별 다양성 상실'이라는 위기감은 기초 지자체의 흉내 내기 축제, 무분별한 지역상품 브랜드 난립, 시각적 상업주의 도시미관 등을 통해 녹색을 석유로 치장하는데 열중케 한다. '도시와 농어촌간 교류촉진에 관한 법률'은 마을단위 생산 대표조직이 도시와 농어촌간 교류 프로그램 예산을 기획 · 편성해 보는 훈련 기회를 제공함으로써 ① 먹는 것과 사는 것이 한데 엮이는 지역다양성이 연출될 가능성을 가짐과 동시에, ② 교류촉진이 식량주권과 로컬 푸드를 포기하는 것이 아님을 증명하는 기회로 간주한다. 이는 지역 마을이 생산한 것을 마을 지역사람들이 먼저 먹고 즐겁게 사는 것을 연출함으로써 지역의 다양성을 생성하고 이것이 지속가능성을 담보하는 올바른 경쟁력이라는 것을 의미한다."

'새벽'의 지역민속전승사업은 반드시 성공했다고 보기는 어렵다. 남원자활이 기존에 해오던 음식물 재활용과 유기축산, 유기농산물 재배, 사회적 유통 등에서는 일정한 성과를 거두고 있으나, 그것들을 민속으로 전승하는데까지는 나아가지 못하고 있고, 노인들의 일상을 지역민속으로 발전시키고 있지 못하다.

그런데 개념이 애매하기는 하지만 '새벽'의 지역민속전승사업은 지역사회의 재생에 커다란 함의를 갖는다. 지역사회는 원래 의 · 식 · 주 그리고 문화에서 자급자족적이었다. 그러나 시장경제가 발전하고 지역경제가 국민경제 그리고 세계경제에 종속되면서 지역사회의 쇠퇴가 시작되었다. 즉 지역사회가 시장에 편입되면서 지역은 스스로가 공급해오던 재화와 서비스를 지역 밖의 자본에 의존하게 되고, 오로지 농산물을 생산하고 판매해서 필요한 재화와 서비스, 문화를 구매하는 소비자로 전락한 것이다. 전통주택은 아파트로 대체되고, 가양주와 한과, 장류 등 먹을거리도 대자본이 장악하고, 단작화로 인해 농민이 소비하는 농산물조차도 시장에서 구입하는 실정이고, 함께 즐기던 문화와 상부상조의 돌봄 서비스도 사라졌다. 지역민속전승사업이란 붕괴된 지역경제의 순환구조를 재생하여 지역을 자립적 존재로 재생시키기 위한 노력의 표현이 아닐까.

### 남원지역을 넘어 전북지역의 사회적 유통으로

사회적 기업 '새벽'은 2010년에 사회적 일자리를 60개에서 35개로 줄였다. 2011년이면 정부의 인건비 지원이 끝나기 때문에 나름대로 자구책을 강구하지 않으면 안 된다. '새벽'은 자산이 3억5천만 원인데 부채가 2억 원이다. 지난 해 생산매출이 약 3억, 그리고 유통매출액이 20억 원으로 총매출액이 23억 원인데, 당기순이익은 제로다. 정부의 인건비 지원을 고려하면 3-4억 원이 적자인 셈이다. 내년 이후에 과연 '새벽'이 어떻게 생존할 것인가. '새벽'은 기존의 사업 이외에 흙집 신축, 광역친환경물류 등으로 사업영역을 확장하려고 한다. 최근 자활공동체 '초우반돈'의 돼지우리 관리사를 흙집으로 지었는데, 평판이 좋아 3채의 건축 주문이 들어왔다고그것도 건축비의 40%를 선급금으로 내놓으면서 기대에 부풀어 있다.

'새벽'이 역점을 두고 있는 것은 전북광역자활센터와 협력하여 '전북 광역 친환경 농산물 유통'을 추진하는 것이다. 즉 전북에서 생산되는 친환경 농산물 중 기존 시장교섭에서 배제되는 B, C, D 급을 지역자활센터 또는 사회적 기업 기간조직을 활용하여 소비자에게 직거래하거나 친환경 단체 급식 수요를 충족시키는 사업이다. 이를 수행할 유통 전문 인력을 '새벽'에서 발굴, 육성, 조직하고 전북광역자활센터가 지원하는 사업으로서 2009년 2월부터 2012년 1월까지 도 단위 물류기지를 포함하여 30명의 정규직원을 육성, 고용함으로써 광역단위 친환경 농산물 유통전문기업으로 발전하는 새로운 개념의 직거래 사업이다. 이 사업에는 18개의 지역자활센터, 광역자활센터, 사회적 기업, 생협, 친환경 또는 유기영농조합법인 등이 참여한다. 광역친환경물류를 위해 '새벽유통'을 설립하여, 전북 도내 7개 복지관 등 단체 급식소에 식자재를 공급하기 시작하였고, 지역 내 생산물 지역 내 소비를 위해 '제철에 그 곳'이라는 브랜드 만들어 판촉활동을 개시했다. 아울러 사업장 단위 공통 밥상을 조직하기로 하고 지역자활센터 또는 사회적 기업 임직원부터 영농사업 참여자까지 확대하고 있다.

농산물의 사회적 유통을 향한 양관장의 열정은 끝이 없다. 양 관장은 최근 전라북도, 18개 지역자활센터 및 (예비)사회적 기업, SK사회공헌팀, 사회적 기업지원을 위한 전북연구센터와 함께 전라북도에 30명 고용규모의 70개 순환영농-로컬 푸드 사회적 기업을 만들 계획을 세우고 있다. 이는 기본적으로 남원자활남원지역자활센터와 사회적 기업 새벽영농조합법인의 순환영농사업을 모델로 하여, 이것을 14개 기초자치단체에 확대하려는 구상이다. 즉 지금까지 남원 새벽영농의 자료에 의하면 '하루 2톤의 남은 음식물을 수거하여 돼지를 사육하고 퇴비를 생산하여 유기재배를 하고 로컬 푸드식당, 매장, 식자재 납품로 처리'하는데 30명의 일자리가 만들어진다. 14개 기초지자체의 하루 평균 남은 음식물 양을 10톤으로 상정할 경우, 30명/2톤 × 5개소(10톤) × 14 =2,100명. 이는 순환영농 30명 단위 자활 또는 사회적 기입 70개의 설립이 가능하다는 것을 의미한다. 그런데 이 구상이 더욱 의미 있는 것은 농촌에 광범하게 존재하는 농업채무로 인한 신용상실자를 우선 발굴해서 참여시키겠다는 점이다. 농업채무 신용상실자의 대부분은 강한 자활의지와 노동능력을 갖고 있기 때문에 이들은 사업의 성공과 신용회복의 가능성이 보이면 열심히 참여할 것이라는 것이다. 이 구상은 지역 내 유기자원 선순환 경제조직이 '로컬 푸드-재래시장 부흥－지역금융회복' 등으로 전북 도내 실물경제에 긍정적 효과를 미칠 것을 기대한다. 이 구상은 현재로서는 말 그대로 구상 수준이고 어디까지 성공할 수 있을지는 두고 보아야 하겠지만, 의미 있는 시도임에 틀림없다.

### 양기운 관장과 그 사람들

남원자활은 양기운 관장을 빼고는 설명할 수 없다. 양 관장은 2000년 7월 남원자활후견기관의 설립 시부터 지금까지 남원자활을 이끌고 있다. 양 관장은 1955년 남원시 금지면에서 태어나 남원에서 초등학교, 중학교를 졸업하고, 고등학교는 전주에 마친 후, 1974년에 서울대학교 사범대학에 입학하였다. 대학에서 사회문제에 눈을 뜬 그는 1977년 11월 학내시위로 제적 · 구속되어 약 2년간 복역하고 1979년 제헌절 특사 석방되어, 1980년 복학하여 그 해 10월에 졸업하였다. 졸업 후 그는 고향으로 돌아가기로 마음먹고 1981년 3월부터 남원상고 교사로 근무하였다. 원래 농업에 뜻을 두고 있던 양기운은 후배의 권유로 1986년8월부터 전주에서 양액재배 하우스 농사를 시작하였다. 그러나 하우스가 태풍으로 날아가 김제로 하우스를 옮겼으나 이도 실패하였다. 1988년 1월에 남원으로 돌아와 시설채소 농사를 시작하였다. 이때부터 농사 이외에 사회문제에도 참여하기 시작하여 의료보험쟁취국민운동본부 일을 하였고 동시에 남원농민회 조직 사업을 하였다. 1989년 1월 군 농민회 창립되면서 기획실장으로 활동하였다. 1990년 4월 자신이 살고 있던 지역에서 금지면 원예생산자회를 조직하여 딸기와 감자를 생산하였다. 1992년 과채류 유기농 재배를 혼자서 시작하였다. 1994년부터 11 농가를 모아 금원영농조합법인을 조직하여 '새벽딸기'를 판매하였다. '새벽딸기'는 시장에서 큰 호응을 받아 95-96년에 재미를 보았으나, 1997년에 논산의 인삼딸기에 밀려 망했다. 지금은 덕과농민회 3명이 '새벽딸기'의 명맥을 이어가고 있다.

1996년부터 딸기 후작으로 유기인증상추를 재배하여 환화유통에 판매하여 돈을 좀 벌었다. 1997년 수지면으로 옮겨 5농가와 채소작목반을 결성하였는데, 지금 수지면은 대단위 상추단지로 발전하였다. 당시에도 농민들에게 유기농상추를 권고하였지만, 사람들은 양기운을 따라하면 돈 못 번다고 하여 혼자 했다. 그럭저럭 유기농 농사로 돈도 좀 만지고 재미를 볼 무렵 친구인 남원살림교회 담임목사 문홍근이 남원자활후견기관의 일을 맡아달라는 부탁을 받는다. 나는 애초부터 돈하고는 관계가 없는 사람이라고 생각하고, 위(하느님)에서 시키는 대로 자활후견기관 일을 하기로 하였다. 자기가 빌려서 하고 있던 채소 하우스는 자활에 넘겼다.

자활후견기관 일은 보람도 있지만 여간 힘든 일이 아니었다. 참여자들은 자활사업은 단순히 공공근로사업 정도의 복지사업으로 생각했지, 자활사업의 참 뜻을 이해하지 못했다. 독재를 하듯이 사람들에게 자활을 지도하였다. 직원들도 근무조건이 열악하고 업무는 힘들어 이직이 심하였다. 현장 분위기를 장악하는가 했는데, 반란이 일어났다. 업무에 불만을 가지고 있던 직원이 양 관장를 비리혐의로 부패방지위원회에 고발하였다. 전북도경과 검찰에서 조사를 받아 2003년 10월 건축법 위반 등으로 불구속 기소되어 2004년 3월 1심에서 선고유예를 받고, 2004년 6월 검찰의 항소가 기각되어 사건이 종료되었다. 이 사건을 통해 양 관장은 지역사회를 새롭게 인식하게 되었고, 자활사업을 이권사업으로 생각하는 사람들이 있는 것도 알게 되었다. 양 관장은 자활사업을 시작한 2001년부터 이 사건이 마무리된 2004년까지 사람을 이해하는데 보냈다고 한다. 이러한 시련을 양 관장을 내공을 쌓는 계기가 되었다고 한다. 그러나 이 기간에 부인은 심장병을 앓았고, 본인은 지역사회에서 따돌림 당하고, 최근에서 지역사회의 신뢰가 완전히 회복되었다고 하니, 그 아픔이 얼마나 컸을 것인가.

양 관장은 자활사업은 경제 사업이 아니라 사람 사업이라는 신념을 갖고 있다. 그는 자활사업을 통해 참여자들이 새로운 동업세계를 발견하고 관계를 형성하는 것을 보람을 느낀다. 그는 자활사업을 스스로 즐겁게 일하는 자발적 · 낙관적 삶의 확장 메커니즘이 작동할 수 있는 일터로 만들기 위해서 노력한다. 그는 문제가 발생했을 때 사람들이 어떻게 해결하는가를 보면서 사람을 변화시키는 구체적 요인을 확인하고 실천한다. 양 관장은 남원자활의 미래에 대해서 참여자들이 나눔, 희망, 연대를 함께 더불어 실천해가고 있기 때문에 전망이 밝다고 말한다. 양 관장은 혼자 일하지 않는다. 그의 주위에는 적은 보수에도 기꺼이 남을 위해 '초과노동'을 하는 일꾼들이 있다. 남원지역자활센터의 정규직 4명, 비정규직 4명, 자활근로 관리 4명, 그리고 '새벽'의 정규직 10명이 양관장과 함께 일하고 있다. 그러나 무엇보다 그의 든든한 동지는 영농조합법인 '새벽'과 새벽유통의 대표를 맡고 있는 장석원(46세)이다. 장 대표는 서울대학교 농화학과를 졸업하고, 농산물 산지수집 유통 사업을 하고 있었는데, 양 관장과 뜻을 같이 하여 개인 사업을 접고, 남원 자활의 일을 함께 하고 있다. 참으로 고마운 사람이다.

05

# 기업 활동을 통해 지역공동체의 복원을 꿈꾸는 친환경 농산물 가공회사

경북 상주시 토리식품

**토리(土利), 땅을 이롭게 하면 땅이 곧 세상을 이롭게 한다.**

날로 쇠퇴하고 있는 농촌지역을 살리기 위해서는 무엇보다도 지역경제를 활성화해야 한다. 농촌지역경제의 활성화를 위해 전국의 시군 지자체들은 앞을 다투어 대기업유치에 열을 올리고 있다. 그런데 (재)지역재단과 한겨레경제연구소가 조사한 바에 따르면 시군 지역 대기업의 거의 대부분은 고용과 원료조달 그리고 생산물의 판매 측면에서 지역경제에 대한 기여도가 매우 낮았다. 반면에 규모는 작지만 지역에 뿌리를 둔 지역밀착형 기업의 경우에는 직원들의 거의 대부분이 지역 주민이고, 생산에 필요한 원자재도 대부분 지역에서 조달하고, 생산물의 대부분을 지역에서 판매하는 등 지역경제에 대한 기여도가 매우 높았고, 뿐 만 아니라 지역사회의 미래에 대한 관심도 매우 높았다(자세한 것은 한겨레신문 2010년 5-6월 HERI 리포트 참조).

친환경 농산물가공회사인 토리식품은 지역밀착형기업의 대표적인 사례다. 토리식품의 직원은 모두 지역주민이며, 토리식품의 가공원료도 대부분 지역에서 조달한다. 그리고 토리식품은 기업의 이윤 뿐 아니라 지역사회의

지속가능한 발전을 위해 많은 노력을 하고 있다. 토리식품이 입지하고 있는 상주시 공검면 동막리는 면사무소로부터 2km 떨어져 있고, 1, 2리를 합쳐 150가구에 지나지 않는 전형적인 순수 농촌지역이다. 토리식품은 동막리의 폐교를 일부 매입하여 설립하였는데, 정문에는 두 장승이 서 있다. 한쪽에는 '하늘공경', 다른 한쪽에는 '땅사랑'이라고 씌어 있다. 양쪽에 서 있는 두 장승 때문인지 정문에서부터 여느 식품가공 공장과 다른 분위기를 자아낸다. 장승은 안동 하회마을의 인간문화재 김종흥 선생님의 작품이라고 한다. 2008년에는 이곳으로부터 약 2㎞ 가량 떨어진 곳에 초등학교 폐교를 매입하여 우리밀 가공을 위한 전처리시설을 새롭게 증설하고, 노인들이 게이트볼장으로 이용하고 있던 폐교의 일부는 분할해 동네에 기부채납하기도 했다.

토리식품의 토리土利는 '땅이 (세상을) 이롭게 한다'는 의미로서 '(우리가) 땅을 이롭게 하면 땅은 세상을 이롭게 한다'는 이 회사의 설립이념과 운영방침을 함축하고 있다. 그래서 토리식품의 제품 브랜드는 '내가 땅을 이롭게 하면 땅은 세상을 구한다'는 뜻의 '아리我利 토리土利'이다. 불교에서 '나 아我'가 '중생들'을 뜻한다는 의미도 있으니 이 땅의 중생들이 함께 땅을 이롭게 한다는 것으로 해석할 수도 있을 것이다. 그리고 그러한 중생들의 연대는 사회적 공감을 형성하는 것이라 말할 수 있으니, 토리식품은 땅을 살리는 중생들의 연대 또는 땅을 살리는 사회적 공동체를 지향한다고 말할 수 있다.

### 도토리처럼 작고 알찬 나만의 회사로부터 지역밀착형 중소 가공업체로

토리식품을 먼저 시작한 것은 토리식품의 공동대표인 부인 김영선 씨다. 대학 졸업 후 학습지 회사에 잠깐 근무한 적도 있는 김영선 씨는 1995년 지금의 남편 김영태 씨와 결혼을 해서 경기도 일산에 살면서 여성민우회 활동을 통해 친환경농산물에 관심을 갖게 되었다. 2001년 12월 경기도 일산에서 친환경농산물 가공품 유통전문회사로 출발해서 같은 해 토리 케첩을 출시하고 2002년 10월 제조업으로 전환하였다. 김영선 씨는 경북대학교 식품공학과 출신이란 점을 고려하면 전공을 찾아 일을 벌인 셈이다. 당시 토리식품은 고양시 외곽에 60평 공장을 임대하여 직원 1명을 두고 운영하였는데, 김영선 씨는 '도토리처럼 작고 알찬 나만의 회사'를 갖고 싶다는 욕심에 회사 이름을 토리라고 붙였다고 한다. 토리식품은 2003년 8월 토리카레를 출시하였고, 이듬해 2월에는 토리 돈가스소스, 8월에는 단옥수수병조림을 생산하기 시작해서 2005년 2월에는 우리밀로 만든 부침가루와 튀김가루, 핫케이크 가루를 출시하였다. 이처럼 생산품목이 다양화되고 수요량이 늘어나면서 생산시설의 증설이 필요해짐에 따라 새로운 부지를 물색하다가 회사를 경기도 일산에서 경북 상주로 이전하였다.

상주시 공검면 동막리는 토리식품의 공동대표인 남편 김영태 씨의 고향이다. 김영태 씨는 경북대학교 철학과를 1990년에 졸업하고 영남일보 편집부기자로 입사하여, 1996년 3월에는 동아일보 편집부 기자로 자리를 옮겼다.

2004년 12월 동아일보를 퇴사하고 본격적으로 토리식품 경영에 전념하기로 하고, 2005년 8월에 회사도 상주로 이전한 것이다. 고향으로 돌아오면서 회사 이름은 그대로 토리라 하더라도 그 의미는 도토리가 아니라 토리土利 즉 땅이 세상을 이롭게 한다는 뜻으로 바꾸었다. 공장이전 후 '아리랑 토리랑'이라는 새 브랜드를 개발하고, 2006년 3월부터는 지역에서 쉽게 생산되는 호박을 상품화한 아리랑 토리랑 호박죽을 생산하기 시작했으며, 동년 10월에는 ISO9001국제품질인증을 획득하였고, 2007년부터는 생산시설의 안정과 안정적인 소비처의 확보, 지역 내 원자재확보 등을 통해 지역 내 주요 농산물가공회사로 자리잡게 되었다.

### 지역 농민에 기초하여 소비자 조직과 연대한다

토리식품은 2009년 말 기준으로 연간 약 32억 원 정도의 매출을 올렸으며, 2010년에는 대략 40억 원의 매출이 기대된다. 2007년 15억 원이던 매출액이 불과 2년만인 2009년에 31억 원으로 두 배 이상 늘어났으며, 3년만인 2010년에는 40억 원에 이르는 빠른 성장을 거듭하고 있다. 주요 생산품은 케첩, 카레, 돈가스 소스, 부침가루, 튀김가루, 핫케이크 가루, 호박죽, 옥수수 병조림, 토마토식초 등 10여 가지 품목이며, 주로 한국생협연대나 한살림 등 소비자조직에 공급하고 있다.

토리식품의 가공식품은 친환경농산물과 우리밀을 주원료로 만든 제품들이며, 원자재의 대부분은 우선적으로 지역에서 나는 농산물을 이용한다. 호박의 경우 2007년 50톤에서 2009년에는 110톤으로 늘어났으며 올해에도 130톤가량을 지역에서 매입할 예정이고, 토마토는 지역에서의 구입량이 부족하여 인근의 의성과 청원 등지에서도 구입하고 있으며 2007년 50톤에서 올해는 150톤으로 약 3배가량 증가하였다. 옥수수는 30톤에서 100톤으로 3

배 이상 구입량이 늘어날 전망이다.

고용현황을 보면, 상시고용이 2007년 10명에서 올해는 20명으로 늘어났으며 대부분 공검면과 은척면을 비롯한 지역 주민들이다. 다만, 전문직공장장 1명은 인근의 구미시에 거주하고 있다. 정규직은 대부분이 40~50대로서 남자가 5명, 여자가 15명이며, 여름철 가공량이 많을 때는 임시로 20~30명 정도의 추가인력을 고용하기도 하는데, 이 경우는 대부분이 60~70대의 할머니들로 옥수수나 호박의 껍질 까기 작업으로서 젊은이들보다 오히려 작업능력이 높은 편이다. 토리식품의 보수는 인근 제조업체보다 높지는 않으나 잔업을 하지 않기 때문에 취업하고자 하는 사람이 많다. 종업원의 약 절반은 쌀농사를 짓는 겸업농이다. 대규모 제조업체가 거의 없는 농촌지역의 면단위에서 토리식품이 주민들의 일자리 창출에 중요한 역할을 하고 있음을 짐작할 수 있다.

〈표 7〉 최근 3년간 토리식품의 영업현황

| - | | 2007 | 2008 | 2009 | 2010(전망) |
|---|---|---|---|---|---|
| 년매출 (백만 원) | | 1,564 | 2,146 | 3,159 | 4,000 |
| 원자재 구매실적 | 호박(톤)<br>(구입처) | 50<br>(상주) | 80<br>(상주) | 110<br>(상주) | 130 / 팥 3<br>(상주) |
| | 토마토(톤)<br>(구입처) | 50<br>(상주, 영월) | 90<br>(상주, 의성) | 130<br>(상주, 청원) | 150<br>(상주, 청원) |
| | 옥수수(톤)<br>(구입처) | 30<br>(상주, 괴산) | 40<br>(상주, 홍천) | 50<br>(상주, 문경, 홍천) | 100<br>(상주, 문경, 홍천) |
| 고용현황 | 관내(명) | 10 | 12 | 15 | 20 |
| | 관외(명) | 1 | 1 | 1 | 1 |

최근 3년간 주요품목별 매출액 추이를 보면 가장 높은 증가율을 보이고 있는 품목은 옥수수병조림으로 2007년 생산량 6톤에 매출액 3천만 원에 불과하던 것이 2009년에는 80톤 생산에 4억 원 매출로 각각 13배 이상 늘어났

으며, 2010년에는 각각 20배 이상 늘어날 전망이다. 호박죽의 경우, 2006년 첫 개발 이후 소비자의 선호도가 꾸준히 늘어나고 있는 품목인데, 2007년 24톤 생산에 매출액 142백만 원에서 2009년에는 70톤 생산에 매출액 420백만 원으로 각각 2.9배 이상 증가했다. 특히, 이 품목은 그동안 인근 농가에서는 집에서 기르는 소나 돼지, 개 등의 먹이로 사용해 오던 호박을 가공함으로써 주민들에게 새로운 소득원을 제공하는 효과를 가져왔다는 점에서 중요한 의미를 갖는다.

〈표 8〉 최근 3년간 주요품목별 생산량과 판매액

(단위 : 톤, 백만 원)

| | 2007 | | 2008 | | 2009 | | 2010(전망) | |
|---|---|---|---|---|---|---|---|---|
| | 생산량 | 판매액 | 생산량 | 판매액 | 생산량 | 판매액 | 생산량 | 판매액 |
| 호박죽 | 24 | 142 | 48 | 270 | 70 | 420 | 90 | 540 |
| 토마토케첩 | 37 | 370 | 56 | 560 | 60 | 600 | 70 | 700 |
| 옥수수병조림 | 6 | 30 | 53 | 270 | 80 | 400 | 120 | 600 |

토리식품의 주요거래처는 대부분이 도시소비자조직인데, 가장 큰 비중을 점하고 있는 곳이 한국생협연대로서 약간 증가하는 경향이기는 하지만 대략 총매출액의 35~38%선을 유지하고 있으며, 두 번째로 큰 매출처인 한살림사업단은 2008년 29.3%를 피크로 약간 감소하는 경향을 보이고 있는데 올해는 대략 23%정도로 전망된다. 다음으로 두레생협연합회와 우리농의 경우는 큰 변화 없이 각각 8%와 3% 선을 유지하고 있다. 기타로는 한겨레플러스 초록마을, 유기농녹색세상 신시, 무공이네농장, 주식회사 새농 등 유기농 전문매장에 납품하고 있으며, 일부 학교에 급식재료로도 납품하고 있다.

〈표 9〉 주요거래처별 매출실적

(단위 : 천원)

| 업체명 | 2007 | | 2008 | | 2009 | | 2010(전망) | |
|---|---|---|---|---|---|---|---|---|
| 한국생협연대 | 562,179 | 35.9 | 808,140 | 37.7 | 1,100,317 | 34.8 | 1,500,000 | 37.5 |
| 한살림사업단 | 449,625 | 28.7 | 629,109 | 29.3 | 787,393 | 24.9 | 920,000 | 23.0 |
| 두레생협연합회 | 138,351 | 8.8 | 193,385 | 9.0 | 281,129 | 8.9 | 320,000 | 8.0 |
| 우리농 | 36,272 | 2.3 | 83,830 | 3.9 | 79,731 | 2.5 | 120,000 | 3.0 |
| 기타 | 377,590 | 24.1 | 431,953 | 20.1 | 910,813 | 28.8 | 1,140,000 | 28.5 |
| 계 | 1,564,017 | 100 | 2,146,417 | 100 | 3,159,023 | 100 | 4,000,000 | 100 |

### 지역농업의 조직화와 활성화가 중요하다.

토리식품에서 사용하는 원재료의 대부분은 지역의 작목반과 계약재배를 통해 수매하고 있는데, 연간수매량은 단호박 50톤, 맷돌 호박 80톤, 초당옥수수 100톤, 토마토 150톤 정도이다. 토리식품이 계약재배를 시작하면서부터 인근 지역에는 호박작목반17명, 옥수수작목반4개 지역 15명, 토마토작목반3개 지역 20명이 활성화되고 있다. 이처럼 토리식품의 계약재배는 인근 농업인들에게 안정적인 판로를 열어줌으로써 지역농업의 조직화와 안정적 발전에 크게 기여하고 있다. 특히, 호박작목반의 경우는 토리식품에서 호박죽을 개발하여 가공하기 시작한 이후에 새롭게 조직된 생산자조직으로서 지역가공업체가 지역농업을 발전시켜나가고 있는 중요한 사례 중의 하나이다.

뿐만 아니라 2007년까지 지역에서는 전혀 재배되지 않던 우리밀도 최근 크게 늘어나고 있는데, 이 역시도 토리식품의 선도적인 지역농업발전 사례라고 할 수 있다. 2007년 토리식품에서 우리밀 가공시설을 신설하려고 할 당시는 상주시 뿐만 아니라 경북도 전체에서도 우리밀 재배는 거의 전무한 실정이었다. 따라서 당시 행정당국에서는 이를 무모한 시도라고 응대조차 하지 않았다. 하지만, 토리식품의 김영태 사장은 화석연료의 고갈에 대비한 선진국의 바이오에탄올 생산 확대 경향에 주목하고, 국제곡물시장에서 옥수수의 수요량이 늘어나게 되면 밀재배지가 줄어들어 필연적으로 국제 곡물가격이 상승할 것이라는 것을 논리적으로 설득하여 행정의 동의와 지원을 얻어 내게 되었다. 곧이어 국제금융시장의 불안과 환율폭등이 발생하면서 수입곡물의 국내가격이 큰 폭으로 오르게 되자 '한번 속는 셈 치자'고 마지못해 응대하던 행정의 시선도 긍정적으로 바뀌기 시작했고, 이후로는 상호간에 신뢰도 크게 높아졌다. 이렇게 시작된 우리밀 가공 사업은 이후 지역 내에 우리밀 작목반을 조직하고 재배면적도 크게 확대시켜서 2009년에는 우리밀 재배면적이 30ha로 확대되었고, 여기서 생산된 40톤은 전량 토리식품에서 수매하였다. 토리식품의 이러한 활동은 지역농업기반의 유지 · 확대에 큰 기여를 하고 있으며, 우리밀의 생산과 보급 확대를 통한 농가소득원 확보와 우리밀 자급률을 높이는데도 중요한 의미가 있다.

또한, 토리식품은 옥수수, 호박 등의 껍질 까기 작업을 위해 지역의 노인인력55세 이상을 고용함으로써 실버형 일자리를 창출에도 기여하고 있다. 이러한 과정을 통해 토리식품은 단순히 가공식품을 생산하는 식품업체의 기능을 넘어 지역농업과 친환경농업을 유지 · 확산시키는 주체로서의 역할을 담당하고 있는 것이다.

### 토리식품의 지역사회 공헌활동 : 지역의 문화공동체 복원 노력

토리식품을 상주시로 이전해 온 이후 김영태 대표와 부인인 김영선 씨는 처음 2년간 지역사회에 정착하느라 많은 노력을 기울였다. 이곳으로 공장 이전을 결심하고부터 "어떤 식으로든 지역사회에 기여해야겠다"는 신념이 있었기 때문에 주위의 어려움도 많았지만 큰 문제는 없었다. 다행히 토리식품이 있는 상주시 공검면은 김영태 대표의 고향인데다가 2001년부터 토리식품을 경영해 온 김영선 씨가 상주지역의 친환경농업생산자들과 이전부터 네트워크를 갖고 있었다. 그녀는 토리식품을 경영하면서 참교육학부모회 활동을 하는 등 지역시민단체 활동도 함께 했다. 대표적으로 지난해 참교육학부모회 등 시민단체가 주도한 광우병 수입반대 촛불문화제는 13주 연속으로 지속되었고, 최대 400여명이 참가하는 성과를 얻기도 했다고 한다. 김영선 씨의 그런 활동을 옆에서 도우며 김영태 대표는 자연스럽게 지역사회의 시민사회활동에 참가하게 되었다.

김영태 대표는 2007년 말 '공검면 발전협의회장'에 선출되었다. 지역 일에 책임을 맡은 그는 이 시기를 전후해서 다양한 교육프로그램과 각종 모임에 참가하게 된다. (주)이장의 교육프로그램과 (재)지역재단이 주최한 2007년도 '전국지역리더대회'에도 참가했으며, 희망제작소의 제1기 '좋은 시장학교'도 수료했다.

지역공동체 복원을 위한 그의 활동은 대표적인 지역자원인 공갈못에 대한 주민들의 관심을 촉구하는데 집중되었다. 그에 따르면 상주의 공갈못공검지은 제천 의림지, 김제 벽골제와 함께 삼한시대 3대 저수지 중의 하나였는데, 그 중에서도 원형이 가장 많이 남아 있는 곳이다. 또 공갈못은 못을 만들 때 둑이 자꾸 무너져 '공갈이'라는 아이를 묻고 둑을 쌓은 결과 둑이 무너지지 않았다는 전설을 가지고 있으며, 경북지역 대표적 민요인 '공갈못 연밥 따는 노래'의 탄생지이기도 하다. 하지만 안타깝게도 지역사회에서는 이러한 지역자원의 활용에 그동안 너무도 무관심했다. '공갈못 연밥 따는 노래'는 다른 지역의 모심기노래와 결합해서 '상주 모심기노래'로 변질되어 그 유래조차 왜곡되고 있다. 몇 해 전부터 공갈못의 옛 모습을 복원하려는 사업이 진행되고 있기 하지만 외형적인 복원에만 집중할 뿐 그 문화공동체적 의미의 복원은 소홀히 다루어지고 있는 실정이다.

▲ 토리식품의 김영태 · 김영선 부부 (사진출처 : http://cafe.naver.com/hqlove/1213)

토리식품의 김영태 대표는 대표적인 지역자원이 이처럼 취급되고 있는 사실을 안타깝게 생각하고, 이를 활용하여 지역공동체를 복원하는 일에 착수하였다. 그는 예총 사무국장으로 있는 선배의 조언을 받는 한편, 2008년 초 농경문화자원 활용의 선진사례라고 알려진 베트남 수중인형극을 견학하기 위해 행정에 도움을 요청했다. 그렇지만 성과를 얻지 못했다. 그는 포기하지 않았다. 결국 비용의 절반을 토리식품을 비롯한 지역 상공인들이 부담하고, 나머지는 참가자들이 50%를 부담해서 베트남 견학을 다녀왔다. 견학을 다녀온 후 '공검면 발전협의회'가 도시민유치사업의 일환으로 지원받은 800만원의 지역역량강화사업비로 인형극 만들기에 착수했고, 인형극 강사였던 오유미씨를 비롯해 상주지역 아주머니들로 구성된 인형극단 '공갈못'을 조직하였다.

2008년 12월 13일, 공검농협에서 경북 북부의 대표적 민요인 '연밥 따는 노래採蓮謠'를 소재로 공갈못의 창단공연인 창작인형극 '상주함창 공갈못에'가 공연되었다. 이날 또 주부 15명으로 구성된 '공갈못 연밥노래연구회'도 창단 발표회를 했다. '공검 발전협의회'는 공갈못을 매개로 지역주민에 의한 문화공동체 활성화 방안으로서 2008년 8월에는 노래, 재즈댄스, 무용 등이 어우

러진 제1회 공갈못 연꽃문화제를 개최해 지역주민과 상주시민 약 1천 명이 참여하는 성과를 거두기도 했다. 그는 또 최근에 8명으로 구성된 '공갈못문화연구회'를 따로 꾸렸다. 인형극 팀과 문화출판팀으로 구성된 이 단체에서는 공갈못 창작인형극 2탄 '연밥 따는 저 처자야' 제작과 함께 공갈못 주변의 흩어진 이야기들을 모아 '이야기 문화지도'를 편찬하는 프로젝트에 돌입했다.

그는 지역의 문화공동체 복원이라는 쉽지 않은 일을 벌였고, 그 시작은 성공적이었다. 그가 그렇게 성공적인 출발을 할 수 있었던 것은 지역에 흩어져 있는 문화적 자원을 하나로 꿰어낸 결과이다. '구슬이 서말이라도 꿰어야 보배'라는 말처럼 문화적 공동체 복원이야말로 특정한 개인의 카리스마보다는 지역주민의 얘기에 귀 기울이고, 다양한 지역주민들이 함께 하는 '주민참여에 의한 지역활성화'의 출발이라는 것을 확인할 수 있다.

### 역량을 강화하여 주민이 스스로 지역 만들기의 주체가 되자

토리식품은 이제 지역에서는 빼 놓을 수 없는 존재가 되었다. 그의 핵심 관심인 농업 진흥은 물론 장기적인 측면에서 지역역량강화의 중심이 되고 있다. 토리식품의 김영태 대표는 전국의 다양한 교육프로그램이나 행사에 참가한 경험을 바탕으로 상주지역의 진보적 성향을 가진 지역리더들로 구성된 「주제가 있는 상주 만들기 협의회」를 조직했다. 그리고 그 모임이 주체가 되어 지역의 뜻 맞는 사람들을 모으고 지역 일꾼을 길러내자는 취지로 '상주의 마쓰시다 정경숙'을 표방한 「상주 공동체 혁신리더스쿨」을 열었다.

공무원, 시의원, 시민단체 대표 등 40여명이 참가한 제1기 강의가 2009년 2월부터 주1회 매일 2강씩 6주간 열렸는데, 결과는 성공적이었다. 건국대 김재현 교수의 커뮤니티 비즈니스 강의를 필두로 하여 박원순 변호사의 지역경제 곳간을 채우는 일, 최정심 교수의 공공디자인 성공사례, 그리고 김지하 시인의 새로운 생명운동의 길 등 다양한 주제로 채워진 교육프로그램에 대해 참가자들의 만족감과 열의는 높았다. 2009년 5월에는 1기 과정을 같이 마친 동창생들이 자발적으로 모여 충남 홍성의 문당리로 선진지 견학을 다녀오기도 했다.

그리고 2009년 8월 중순부터는 「상주 공동체 혁신리더스쿨」 2기 강의가 진행되었는데, 2기 강의에서는 공동체 만들기의 구체적 대안을 가지고 좀 더 실천적인 방안을 모색하는 과정이었다. 앞으로는 지방자치의 참뜻을 이해하고 주민참여를 촉진하기 위한 「지방자치 스쿨」도 기획, 운영할 예정이다. 이러한 활동은 상주가 보수적 이미지를 벗고 전통적 문화도시, 환경도시로 거듭날 수 있는 토대가 될 것으로 기대된다.

토리식품의 김영태 대표는 작년부터 또 하나의 새로운 직함을 얻었다. 돌아오는 상주 만들기를 위해 귀농 · 귀촌을 희망하는 도시민들에게 조금이나마 유익한 정보를 제공하고자 민-관 협력기구로 「상주 귀농 · 귀촌정보센터」가 설립되었는데, 비상근으로 센터장을 맡게 된 것이다. 이 '센터'는 센터장과 지역별 위원 10명으로 구성된 운영위원, 사무국장, 간사 체제로 운영되는데, 현재 활동여건이 썩 좋지는 않다. 비용조달이 여의치 않기 때문이다. 상근자 인건비는 희망근로프로젝트 사업으로 조달하고 있으나 운영경비는 부족하다. 하지만 다양한 방법을 동원하여 센터의 활성화를 위해 노력하고 있는데, 센터장으로서 그의 가장 큰 목표는 '귀농지원조례 제정안'을 의회에서 통과시키는 것이다. 이 조례를 통해 귀농귀촌지원센터가 법적인 지위를 갖고 안정적으로 활동할 수 있도록 하고, 위원회도 조직할 수 있도록 하기 위해서이다.

그는 앞으로 「상주공동체 포럼」을 만들 예정이다. 그리고 이 '포럼'을 통해 상주지역의 현안에 대해 진지하게 토론하고 그 결과를 행정에 제안하여 지역사회를 바꾸어나 가고자 하는 것이다. 이 포럼은 공공디자인의 관점에서 상주시를 지속가능한 환경도시, 문화도시로 발전시켜 나가기 위한 시민모임이 되기를 희망하고 있다. 가령, 상주가 자전거 도시라고 말하지만, 내용적으로 보면 제대로 추진되는 것이 거의 없다. 그에 의하면, 자전거 도시의 핵심 내용은 생활자전거의 확대 보급을 통해 생활 속에서 자전거타기를 일상화하고, 이를 통해 화석연료의 사용을 줄임으로써 건강한 도시 만들기와 나아가서는 지구환경보전에 기여하는 것이라 할 수 있는데, 지금 행정에서 추진하는 시책을 보면 생활자전거에 대한 배려가 없다는 것이다.

김영태 사장은 「상주공동체 포럼」 등을 통해 지역경제 활성화를 지역 주민들의 역할에 대해서도 논의하고자 한다. 김영태 사장은 다른 지자체와 마찬가지로 상주시에서도 많은 대기업들을 유치하려 애쓰고 있지만 그 기업들이 과연 지역경제에 얼마나 긍정적인 효과를 미칠지에 대해서는 의문을 갖고 있다. 상주시가 '기업하기 좋은 상주'를 표방하고 고속도로 등 입지조건에서 물류기점이 될 수 있다고 선전하고 기업유치에 열을 올리고 있지만 기업유치가 쉽지도 않을 뿐 아니라 지역경제에 대한 기여도 별로 없다고 생각한다. 오히려 전국 5위권 이내의 농산물을 9개 품목이나 갖고 있는 상주 농업의 강점을 살리고 지역의 풍부한 역사, 문화자원과 결합한다면 상주시는 굴뚝산업 없이도 발전할 수 있다는 것이 김영태 사장의 생각이다. 김영태 사장은 기업유치에 들어가는 비용을 절약하여 지역밀착형 중소기업의 육성에 사용하여야 한다고 주장한다. 종업원이 1만 명인 대기업 1개보다 종업원이 1명인 소기업 1만개가 지역사회에 대한 기여도가 높다는 것이 그의 주장이다. 또한 김영태사장은 상주시가 역점을 두고 있는 '억대농업인 5천명 만들기'에 대해서도 비판적이다. 이러한 정책은 자원을 소수의 대농에 집중하여 대다수의 중소농을 소외시키는 정책으로, 이는 지역의 인구증가를 위한 정책 특히 귀농정책과 모순된다는 것이다. 김영태 사장은 커뮤니티 비즈니스에 대해서도 나름대로 독특한 논리를 전개한다. 커뮤니티 비즈니스를 강조하는 사람들이 일반적으로 '커뮤니티' 즉 '지역사회의 과제'에 방점을 두고 있다면, 김영태 사장은 '비즈니스'에 방점을 두고 있다. 즉 '비즈니스를 통해 공동체적 활동을 실현해 간다'는 의미의 '비즈니스 커뮤니티'가 현재 우리의 농촌지역 현실에 더 적합한 개념이라고 강조한다. 그의 이러한 생각은 계속해서 위축되어 가는 농촌지역의 경제적 현실과 고령화 · 공동화로 갈수록 약화되고 있는 지역사회의 현실로부터 얻어진 결론이다. 실제로 판로에 대한 보장이나 지역주체들의 공동체 활동과 실천에 대한 경제적 보상 없이는 아무리 좋은 취지의 사업이라도 지속되기 어려운 우리의 현실을 직시한 것이다. 그런데 김영태 사장의 이러한 생각은 커뮤니티 비즈니스 이론과 모순되는 것은 아니다. 다만, 기존의 커뮤니티 비즈니스가 지역사회의 복지, 교육, 문화, 노인 및 장애인 돌봄 등 지역사회 활성화에 중점이 있었다고 한다면, 김영태 사장은 농산물 가공 및 유통, 지역산업 등 지역경제활성화에 기여하는 지역밀착형 기업의 육성을 강조한 것이라 할 수 있다.

### 토리식품의 당면과제와 전망

토리식품은 기업이다. 따라서 생산품의 안정적인 판로 확보가 우선적인 생존조건이며 이를 위해서는 지속적인 품질향상과 소비자가 요구하는 새로운 상품개발이 필요하다. 지금까지 토리식품은 비교적 안정적인 성장을 해왔고, 이를 바탕으로 지역사회내에서도 다양한 활동을 할 수가 있었다. 이러한 안정적인 성장의 이면에는 회사설립 초기부터 한국생협연합회, 한살림사업연합, 두레생협연합회 등의 소비자조직을 주요 거래처로 하고 있었기 때문이다. 특히, 2000년대 들어 급속하게 성장한 한국생협연대와의 거래는 토리식

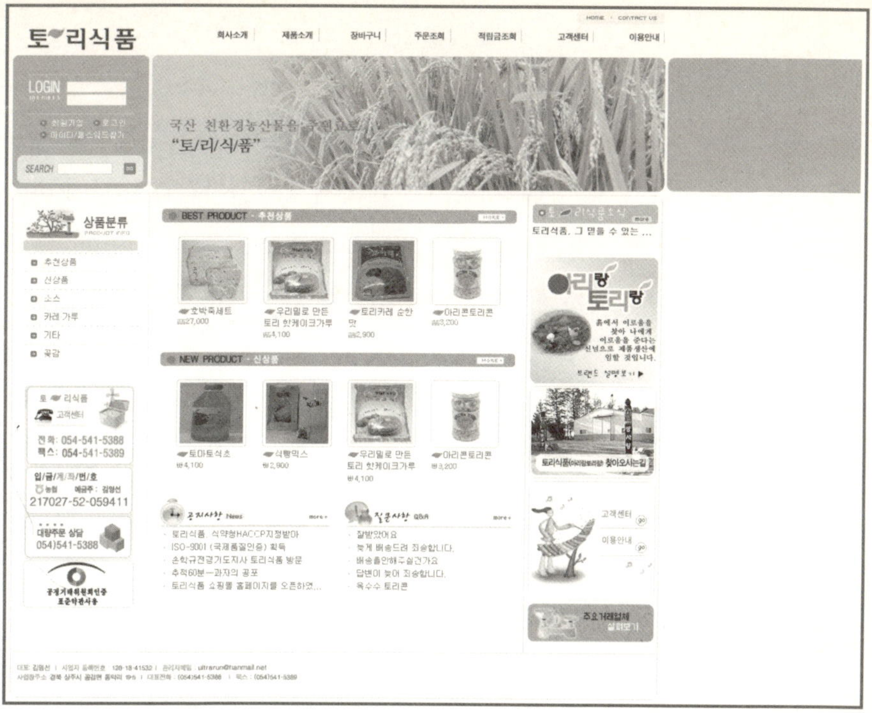


품의 성장에 결정적인 역할을 했다고 볼 수 있다. 〈표 9〉에서 보듯이 한국생협연대는 토리식품 전체 매출액의 1/3이상을 점하고 있다.

그러나 이제 한국생협연대와의 이러한 관계가 향후에는 부담으로 작용할 가능성이 커지고 있다. 한국생협연대의 상품구매방식이 변하고 있기 때문이다. 특히, 가공식품의 구매는 관리가 용이하고 물류비가 절감되는 클러스터 방식으로 바뀌고 있기 때문에 토리식품으로서는 큰 부담이 아닐 수 없다. 즉, 토리식품은 현재 한국생협연대에서 추진하고 있는 식품클러스터에 참여하지 않기로 결정하였기 때문에 만약, 한국생협연대가 가공식품을 식품클러스터 내에 입주한 기업체로부터 구매하는 방향으로 구매시스템을 바꾸게 된다면 큰 위기를 맞게 될 지도 모른다는 것이다. 따라서 토리식품으로서는 이러한 상황변화에 대처하기 위한 포트폴리오전략이 필요한 상황이다.

하지만, 토리식품의 앞날이 어두운 것만은 아니다. 토리식품에서는 이러한 상황에 대처하기 위해 이른바 '살아남는 농업'과의 연계를 강화하는 방향으로 나아갈 예정이다. 토리식품에서는 이미 국제 농산물가격의 변동에 대비하고 가공과정에서 반드시 필요한 설탕가공 특허를 확보해 두고 있다. 경북대와의 산학협력을 통해 국내에서도 재배가 가능한 것으로 알려진 사탕무를 가공하여 설탕으로 정제하는 기술을 개발해 놓았다. 뿐만 아니라, 시장개방의 확대에 따라 더 이상의 가격지지가 불가능한 상황에서 농가소득의 향상을 위해서는 이모작이 불가피하기 때문에 우리밀의 확산이 불가피할 것이라는 측면에서 우리밀 가공분야에도 관심을 좀 더 강화할 필요가 있다. 토리식품에서는 이러한 상황에 대처하기 위해 밀의 품종개량이나 가공기술의 향상을 위해 노력 중이다.

지역사회의 활성화를 주도해 나가고 있은 주체로서 토리식품의 역할도 강화해 나갈 필요가 있다. 현재 친환경농산물 가공업체인 토리식품 대표인 김영태 씨는 상주우리밀영농조합법인의 대표, 상주 귀농 · 정보센터 소장, 공갈못문화연구회 회장 등을 맡아 지역에서 경제활동과 공동체 운동, 지역문화 발굴활동을 왕성하게 하며 지역 만들기에 매진하고 있다. 그리고 「주제가 있는 상주 만들기 협의회」와 「상주 공동체 혁신리더스쿨」을 열고 지역주민을 지역주체로 키워내기 위한 활동을 계속하고 있다. 이러한 활동은 지역에 뿌리를 두고 있는 토리식품이 지속적으로 견지해 나가야 할 사업방향이 되어야 할 것이다.

06

# 생산자와 소비자가 함께 지역 내 물질순환과 도농공생을 실천한다!

원주생활협동조합

## 지역 내 물질순환과 도농공생의 실천

농업 부문에서 자립적 지역경제 체계의 실현을 위한 노력은 생산과 소비 두 측면으로 구성된다고 할 수 있다. 생산측면에서는 농업생산에 필요한 종자, 비료, 농약, 사료 등 원자재를 가능한 한 외부에 의존하지 않고 지역 내부에서 조달하는 지역 내 물질순환체계 즉 지역순환농업체계를 구축하는 것이다. 이를 위해 먼 나라에서 수입하는 석유화학 에너지에 대한 의존을 줄이기 위해 노력한다. 소비 측면에서는 전 세계에서 생산된 정체불명의 농산물이 지역 내 소비자들의 밥상을 위협하는 것을 막고, 안전한 지역먹을거리를 공급하기 위해 노력하는 것이다. 이를 위해 세계식품체계global food system에 대한 의존을 가능한 줄이고, 지역에서 생산된 농산물을 지역 내에서 소비하는 지역먹을거리 체계local food system를 구축하기 위해 노력한다.

지역순환농업체계는 경종농업의 주 · 부산물볏짚, 왕겨, 미강, 옥수숫대, 총체보리, 호밀 등을 축산을 위한 사료로 사용하고 축산 퇴 · 액비를 경종농업의 유기질 비료로 사용하는 경축순환자원화 또는 유축복합화를 말한다. 지역먹을거리 체계는 지역 산 농식품의 지역 내 시장 형성학교·직장 등 단체급식, 농민시장, 지역 농산물 전문식당, 지역 산 원료 농산물 전문가공업체 등과 소비자와 생산자 간 '얼굴 있는 먹을거리'를 나누는 다양한 회원제 도농 직거래 체계CSA, Customers' Supported Agriculture 구축이 그 대표적 방식이다.

이러한 지역순환농업체계지역 내 물질순환체계와 지역먹을거리 체계도농공생체계는 세계화 · 개방화 시대에 한국농업의 주요한 대안이 될 수 있으며, 특히 식품 안전성 확보와 안전한 먹을거리의 안정적 조달, 중소농 농업경영의 안정화 등 도시 소비자와 농촌 생산자 간 공생과 지속가능한 사회 실현을 위한 핵심 수단이 될 수 있다.

지난 1989년 4월에 창립된 지 21년째를 맞는 원주소비자생활협동조합이하 '원주생협'은 도농복합도시인 원주를 거점으로 일찍이 친환경농업을 추진해오면서, 지역 내 회원제 직거래와 수도권 소비자조직과의 직거래를 통해 안전한 먹을거리 생산 및 공급을 안정적으로 구축해 온 대표적 조직이다. 뿐 만 아니라 원주생협은 5, 6년 전부터 친환경 자재를 구입하여 사용하는 친환경농업의 일반 관행에서 벗어나, 지역 내 경종과 축산 간 자원순환에 힘쓰고 있다. 경종농업과 축산업의 복합화는 요즈음 일반화되고 있지만, 원주생협의 경우 경종농가가 사육하는 소의 입식자금을 소비자단채의 조합원들이 지원하고 있다는 점에서 소비자 지원농업CSA, Customers' Supported Agriculture의 전형이라고 할 수 있다.

창립 20주년을 맞이한 원주생협은 2009년 말 현재 전체 조합원은 1,096명생산자조합원 222명, 소비자조합원 874명, 총사업규모 27억2천만 원지역 내 물류를 전담하는 원주생협의 매출 11.3억 원, 수도권 전문물류 자회사로 2004년 설립한 농업회사법인 원주생명농업(유)의 매출 15.9억 원의 건실한 조직으로 성장하였다. 초기 친환경 농산물 소비시장이 채 형성되지 못한 시기에는 수도권 시장 개척에 힘을 쏟았지만, 지금은 지역 내 시장 형성에도 적극 참여하여 현재 원주시 학교급식물류센터 기능을 하고 있으며, 지역 내 소비자 회원제 직거래의 확대에도 성과를 거두고 있다. 특히 원주생협은 소비자들이 조직하는 일반 생협과 달리, 생산자들이 조직하여 소비자들과 함께 운영하는, 생산자 · 소비자 공동참여형 생협으로서 대표적 사례가 되고 있다. 또한 사회적 경제 실현과 협동적 지역사회 만들기를 실천하는 제 부문 시민사회조직들과의 연대운동도 활발히 전개해왔다.

우리가 인구 약 31만 명농가인구 2만1,000명의 도농복합도시에서 활동하고 있는 원주생협에 주목하는 이유는 중소도시의 자립적 지역경제를 만드는 데 있어서 생산자 · 소비자 공동형 협동조합의 새로운 전형을 보여주기 때문이다. 원주생협은 지역 내 중소농들이 주체가 되어 소비자들과 함께 공동 협동조합을 운영하면서 친환경 지역순환농업 체계를 구축하고, 지역먹을거리 체계를 지역사회 내에서는 물론 수도권 소비자조직과의 도농 직거래를 통해 구축해가는, 작지만 내실 있으며 다양한 발전 전망을 보여주는 '작은 거인'과도 같다.

### 지역에서 새로운 희망 만들기에 전념해온 작은 거인의 발자취

#### ① 교회가 주도한 마을구판장 사업과 도농직거래 사업 시작

원주생협의 모태인 '호저소비자생활협동조합'호저소협이 창립된 것은 1989년 4월 3일이다. 창립 당시 호저소협은 소비자협동조합운동의 기본방향으로, 첫째, 생필품 및 농산물의 유통구조 개선, 둘째, 지역주민들의 건전한 소비생활 실천, 셋째, 이웃 간의 협동생활을 제시하였다. 그리고 교육·홍보의 실천, 생활필수품의 공동구입, 조합원 확대 등을 활동의 기본방침으로 정했다. 당시 호저면에는 소협중앙회 강원도 지부의 도움을 받아 매호리와 광격리, 주산리에 세 개의 소협이 설립되었다. 이 가운데 매호리와 광격리는 신협과 소협을 함께 하였지만, 호저교회가 있던 주산리의 호저소협은 신협은 하지 않고, 주민들의 생활에 필요한 공산품을 파는 것이 주된 일로 하면서, 참기름을 짜고, 미용실을 운영하였다.

호저소협의 창립에는 신학대학원을 졸업하고 갓 부임한 호저교회의 한경호 전도사후에 목사가 주된 역할을 하였다. 한 목사는 농촌이 살길이 뭔가, 협동조합이 도움이 되지 않을까 하는 고민 끝에 소협을 창립하기로 한 것이다. 한경호 목사는 기독교 집안 출신으로 장로신학대학원을 졸업하여 목사의 길을 걷고 있지만, 서울농대를 졸업하여 공무원으로 2~3년 근무한 적이 있는 경력이 말해주듯이 일찍부터 농촌문제에 관심과 애정이 남달랐다. 한 목사는 호저교회 집사인 진창용을 초대 이사장으로 세우고, 호저교회 별관에 호저소협 사무실과 구판장, 미용실을 두었다. 한 목사는 교인을 교육시켜 구판장 판매원 일을 보도록 하였고, 미용실 운영을 교인들이 모금을 하고 교인에게 미용사 교육도 시켰다.

호저소협은 조합원들의 생필품 공동구매 사업과 함께 한경호 목사의 개인적인 네트워크를 활용하여 1989년 7월부터 수원 고등교회와 동신아파트, 서울 영락교회와 쌀, 고추, 참깨, 참기름, 마늘, 현미쌀 등 농산물 직거래사업을 시작했으며, 1990년 7월부터는 매월 마지막 주 일요일에 수원 고등교회와 정기적인 농산물 직거래를 시작했다.

### ② 교인 중심의 주산리 소협에서 호저면의 생협으로

호저소협은 1993년 4월 소협중앙회의 정관변경으로 명칭이 '호저생활협동조합'호저생협으로 바뀐다. 그런데 호저소협은 명칭만 바뀐 것이 아니라 이 무렵부터 조합원이 주산리로부터 호저면 일원으로 확대되면서 교인 중심 조직으로부터 지역조직으로 발전하기 시작한다. 1992년 2월 제2대 이사장에 김인환주산리, 부이사장에 박영학무장리의 취임, 1995년 2월 3대 이사장 박영학의 취임은 세 가지 측면에서 큰 변화를 의미한다. 우선, 호저교회가 있는 주산리의 주민이 중심이던 조합원 구성을 호저면 전역으로 확대했으며창립 당시 70명에서 1992년 120명으로 증가, 둘째, 한경호 목사에서 지역 주민으로 리더가 교체됨으로써 진정한 의미에서 주민이 주도하는 리더십을 형성하기 시작했다. 셋째, 안정적인 실무체계를 구축해 유기농업을 확대하고, 교회 중심의 도농직거래 구조를 도시지역 생협 중심의 도농 직거래 구조로 변화하게 된다.

제2대 김인환 이사장, 제3대 박영학 이사장 등 임원진의 실천적 리더십과 노윤배, 송봉규 사업부장 등 실무인력의 확충을 통해 호저생협은 ▲조합원 교육사업의 강화 ▲수도권 신규 직거래 기관의 발굴 ▲도농교류 프로그램의 실행 등을 본격적으로 추진한다. 이 시기는 본격적으로 유기농업 생산의 조직화를 통해 수도권 생협과 직거래사업 추진한 시기이다. 1994년까지 호저생협은 주로 한경호 목사에 의존하여 농산물의 도농직거래 사업을 추진해왔고, 당시의 매출액은 대체로 1-2억 원 수준이었다. 1995년경부터 안양, 시흥, 부천 등 수도권에 생협이 활발하게 생겨나면서 호저생협은 수도권의 세 생협주민생협, 바른 생협, 석왕사 생협과 소협중앙회 등과 직거래를 확대하고 물품도 채소류까지 확대하였다. 그 결과 매출액도 1995년부터 5억 원으로 급신장한 것이다. 1995년 말 기준으로 호저생협의 매출액에서 수도권지역 생협으로의 공급액 비중이 60%를 차지하게 되면서 호저생협의 도농 직거래 사업은 종전의 교회조직에서 생협조직으로 중심이동을 하게 된다.

한편 초기 호저소협의 중심 사업이었던 구판장 사업은 점차 쇠퇴하기 시작하였다. 농협 하나로 마트가 공산품을 저가로 공급하였고, 주민들도 트럭 등 교통수단을 갖게 되면서 지역 밖에서 구매를 늘려갔기 때문이다. 호저소협도 결국 1998년에 구판장 사업을 개인에게 매각하고 접는다.

③ 단위생협과의 직거래에서 생협연합회와의 직거래로

호저생협은 1997년 들어 사업계획의 기본방향으로 ▲경영의 합리화 및 안정화 ▲친환경농업 생산기반의 강화 및 확대 ▲대중적 생명운동의 적극적 조직을 설정한다. 그리고 분야별 세부사업계획으로 ① 경영계획 분야에서 출자금 증대와 목표마진율 설정, 전략상품 개발, ② 소비자사업 분야에서 단오행사 및 하계농촌체험학교 등 도농교류사업 확대, ③ 생산기반확대사업 분야에서 신품종 보급 및 작목반 조직, 영농일지 작성, 약정생산을 추진하기로 한다.

한편 이 시기에 생협운동에도 생협연합회의 결성이라는 중요한 변화가 일어난다. 1997년 생협중앙회가 물류사업가 파산하면서 생협중앙회의 물류사업이 한국생협연대2008년 iCCOP생협연대로 명칭변경, 생협수도권연합회2005년 두레생협연합회로 명칭변경로 분화되고, 이 무렵 민우회생협연합회 등이 설립된다. 생협연합회물류연합가 결성됨에 따라 호저생협도 단위 생협에 대한 개별 공급을 중단하고, 물류연합에만 농산물을 공급하기고 결정한다.

이러한 과정을 거치면서 호저생협은 양적 · 질적으로 확대되게 된다. 우선, 매출액이 10억 원대로 빠르게 증가하였고, 이러한 매출액 증가를 토대로 호저생협은 환경농업 생산관리를 체계화하고 다양한 도농교류사업을 전개하는 등 친환경농업 생산과 소비의 조직화를 동시에 추진하게 된다. 그리고 지역사회의 시민운동에도 참여하기 시작한다.

구체적으로 환경농업 생산관리의 체계화 · 다양화 사업으로 ▲연간 약정생산 체계 도입 ▲환경농업 단지화를 통한 환경농업생산의 집단적 조직화

▲돈분발효액비 시스템 구축을 통한 경종과 축산 순환농업 추진 ▲생산안정기금의 도입 ▲친환경 김치가공사업 시작 ▲자체적인 농약잔류검사 실시▲인력확충 및 인적자원에 대한 투자 등을 추진했다.

여기에서 특히 획기적인 것은 약정생산체계를 도입한 것이다. 호저생협은 생협연합회와 12월 초에 후년도 직거래 물량을 협의하고, 12월 말에 생산농가의 재배량 등을 파악하여 이듬해 1월에 연합회와 약정 물량과 가격을 정하고 2월에 재조정하여 최종 확정한다. 따라서 농가는 약정물량에 대해서는 약정가격으로 농산물을 안정적으로 공급할 수 있게 된다. 이러한 '약정생산체계'는 지난 10년 사이에 양적 · 질적으로 발전했다. 정부로부터 무농약 이상 품질인증을 받는 농산물만을 대상으로 체결되는 약정생산 면적은 2008년 7월 현재 유기 667,505㎡, 무농약 331,535㎡, 저농약 179,654㎡이다. 약정생산 주요 재배품목은 쌀, 찹쌀, 배추 등 김칫거리, 엽채류, 감자 등 근채류, 옥수수 등 과채류, 복숭아, 딸기, 토마토, 메주 등이며, 복숭아, 채소는 약정농가별 출하시기와 그 시기 출하량까지 세부적으로 약정한다.

### ④ 호저면 생협에서 원주시 생협으로 발전

호저생협이 발전하면서 1999년 원조한살림과 호저생협의 통합논의가 진행되었으나 명칭 문제 등으로 결렬되었다. 통합논의 결렬 후 호저생협은 원주시 지역 소비자를 포함한 원주시 지역 생협으로 발전하기 위한 노력을 한다. 당시 원주에는 환경운동연합, 민우회, YMCA 등 전국적 시민사회 조직의 지부가 있었는데, 이들도 모두 생협운동에 관심을 갖고 있었다. 이들과 함께 원주전교조, 소꿉마당어린이 교육단체 등 30여명이 모여 발기인 총회를 하고, 2000년 3월 25일에 조합원 305명으로 창립총회를 개최하였다. 창립당시 호저생협은 생산자 조합으로 150명의 농민 조합원 밖에 없었기 때문에 창립에 필요한 최소 300명을 확보하기 위해 시민사회 단체의 회원들을 생협조합원으로 가입을 유도하여 간신히 최소 법정 조합원수를 맞추었다.

'원주소비자생활협동조합'원주생협 총회에서 호저생협의 3대 이사장을 역임한 박영학 씨를 초대 원주생협 이사장으로 선출하고, 생산자 대표 4인과 소비자 대표 4인으로 이사회를 구성하였다. 소비자 대표 이사에는 민우회, 환경운동현합, 전교조, 소꿉마당에서 각각 이사를 1인씩 선출하고, 감사는 소비자 대표로 YMCA가 1인, 생산자 대표 1인, 회계사 1인을 선출하였다. 창립 당시 농민조합원은 농산물 판매 등 직접적으로 사업의 이익을 보는 점을 고려하여 평균출자액을 20만원으로 한 반면에, 소비자 조합원의 경우에는 참여를 유도하기 위해 출자금을 3만원으로 정하였다.

2002년 박영학 이사장이 연임하면서 제2기 원주생협이 출범하였는데, 이 시기의 중요한 변화가 일어난다. 생산자 그룹에서는 이른바 30대 기수론이 등장하여 젊은 생산자들이 이사로 참여하게 되고, 소비자 그룹에서는 시민단체의 대표가 아니라 소비자 조합원 중에서 활동력 있는 사람들이 이사로 참여하게 된다. 이와 같은 이사진의 개편을 계기로 원주생협은 2002년 생산자회, 2003년에는 소비자위원회를 설립하여, 각각 생산자와 소비자의 이해를 대표하도록 하였다.

### ⑤ 친환경 농산물 유통 전문회사의 설립

원주생협은 2004년에 수도권 물류 사업이 확대됨에 따라 친환경농산물 물류센터를 건립하기로 하였다. 부지 400평의 매입에 필요한 8,000만원은 조합원 땅 한 평 갖기 운동을 통해 자금을 모을 수 있었으나, 건물 신축비용 2억은 정부에 신청한 공동물류사업지원이 반대에 부딪쳤다. 생협은 소비자단체라는 인식이 있어 농림사업을 받을 수 없다거나, 생협은 조합원 이외 거래

▲ 원주생협무실점 개장식 (http://wcoop.ewonju.com)

를 해서는 안 되는데 원주생협이 거래하는 물류연합은 조합원이 아니라는 것 등이 이유였다. 이에 대응하기 위해 원주생협은 농업회사 법인을 자회사로 설립하기로 하고 2004년 3월 26일 '호저생명농업유한회사'그 후 '호저'를 '원주'로 개칭. 이하 '원주생명농업(유)를 설립하였다. 원주생명농업(유)은 원주생협이 73%를 출자하고 나머지는 작목반장들이 출자하여 설립하였으나, 그 후 생산자조합원의 참여도를 높여 2009년 말 현재 원주생협은 자본금 3억 원의 32%를, 나머지는 38명의 생산자조합원들과 (사)두레생산자회수도권의 대표 생협사업연합조직인 두레생협연합에 공급하는 전국 생산자모임가 소유하고 있다.

물류센터가 2004년 12월 준공되어 집하장과 저온저장고, 사무실 등을 갖추게 됨에 따라 날개를 달게 되었다. 이제 원주생협의 생산자 조합원들은 생산물을 전부 원주생명농업(유)에 판매하고, 원주생협은 생산자 조합원으로부터 구매를 하지 않는다.

〈표 10〉에서 보듯이 2009년 말 현재 원주생명농업(유)은 총 15억8천8백만 원의 매출을 올리고 있다. 품목 군별로 보면, 주곡(35%), 과일(25%), 채소(24%), 가공(10%) 등으로 농산물이 거의 대부분으로 축산물은 2%에 지나지

않는다. 그리고 〈표 11〉은 거래처별 매출액을 보여준다. 수도권의 두레생협 연합의 비중이 80%로 압도적으로 높고, 반면에 원주생협을 통한 지역 내 판매비중은 6.8%에 지나지 않는다.

〈표 10〉 품목 군별 매출현황

| 품목 군별 매출액 | 2008년 | | 2009년 | | 전년대비 |
|---|---|---|---|---|---|
| | 금액 | 비율 | 금액 | 비율 | |
| 주 곡 | 686,425 | 46% | 563,801 | 35% | 82% |
| 잡 곡 | 23,390 | 2% | 47,256 | 3% | 202% |
| 채 소 | 339,587 | 23% | 382,209 | 24% | 113% |
| 과 일 | 324,091 | 22% | 392,209 | 25% | 121% |
| 가 공 | 82,951 | 6% | 151,630 | 10% | 164% |
| 축 산 | 29,106 | 2% | 38,693 | 2% | 133% |
| 기 타 | | 0% | 12,460 | 1% | |
| 계 | 1,485,550 | 100% | 1,588,258 | 100% | 107% |

〈표 11〉 주요 거래처별 매출액

| 거래처 | 금액 | 비중(%) |
|---|---|---|
| 원주생협(무점포) | 19,357 | 1.2 |
| 원주생협(단관점) | 75,051 | 4.7 |
| 원주생협(무실점) | 15,111 | 0.9 |
| 두레생협연합 | 1,262,714 | 79.3 |
| 경복초교 | 40,884 | 2.5 |
| 한살림사업연합 | 51,370 | 3.2 |
| 태영식품 | 8,936 | 0.5 |
| 두레생산자회 | 11,275 | 0.7 |
| 계 | 1,48,698 | 93.2 |

원주생명농업(유)은 광격리가 정부로부터 친환경농업지구조성 사업자금 6억 원의 지원을 받아, 집하장, 우사, 분변토장 등을 설립한 것을 계기로, 자체자금을 모금하여 광격리에 친환경벼 도정공장을 설립하기로 하였다. 도정공장은 부지 426평에 도정공장 건물 60평, 하우스 23평, 소형 RPC 구입 등에 4억6천만 원이 소요된다. 자금은 원주생협생산자조합원이 1억 원을 출자하고, 원주생협생산자회 자조금 가운데 5천만 원을 출자금으로 전환하고, (사)두레생산자회가 5천만 원을 계통출자하고, 38이북작목반이 1천만 원을 계통출자, 그리고 1억7천만 원두레생산자회 1억 원, 두레생협연합회 5천만 원, 원혁정 2천만 원을 차입하고, 나머지 8천만 원은 원주생명농업(유)이 부담하기로 하였다. 도정공장은 2009년 10월 30일이 완공되어 11월 9일~21일에 벼 약 500톤을 수매하는 사업을 실시하였다.

### ⑥ 지역 내 친환경 농산물 유통 사업의 강화 그러나 아직은 시작 단계

원주생협은 수도권 의존도를 낮추고 지역 내 먹을거리 체계의 확립을 위한 노력의 일환으로 원주시에 친환경매장을 내기로 하였다, 2005년에 원주시에 사업신청을 하여 2005년 9월에 단관동에 제1매장을 내었다. 건평은 총 38평으로 실제 15평은 매장으로 사용하고, 나머지는 사무실, 주방, 그리고 소비자위원회 사랑방 등으로 사용하고 있다. 매장의 보증금 2,000만원은 원주시가 1천만 원, 원주생협이 1천만 원을 부담하였다. 그리고 2009년 6월에는 무실동에 제2매장을 설립하였는데, 보증금과 집기설치비 등 3천만 원 가운데 2,100만원은 원주시가, 900만원은 생협이 부담하였다.

그러나 표에서 보듯이 원주생협이 소비자 조합원을 상대로 판매하는 농산물 매출액은 원주 생협 생산자조합원으로부터 구매한 농산물의 6.8%에 지나지 않고, 금액도 약 1억 원에 지나지 않는다. 원주생협의 2009년 총 매출액

11억 3천만벼 수매 매출액 10억4천만 원 제외의 거의 대부분10억 원 이상은 소비자 조합원에 대한 공산품 판매이다.

### 왜 원주생협에 주목하는가?

① 지역순환농업체계의 추진

원주생협은 약정생산 체계를 점차 발전시키며 친환경농업 생산의 계획화를 확대 추진하고 있으며, 유박, 천연 자재 등 친환경농자재 작목반별 공동구매, 영농일지 작성 의무화 등 생산관리 능력을 향상시켜왔다.

원주생협은 2007년 마을단위의 유축복합영농구조를 통한 지역순환농업체계 실현을 사업목표로 천명한다<그림 8>의 지역순환농업 모식도 참조. 유기축산 · 한우 작목반 구성, 2008년 농림수산식품부로부터 친환경농업지구 지정이 사업으로 3동의 우사와 지렁이 양식장, 분변토장, 집하장 건립 등, 2007~2008년 2년에 걸쳐 두레생협연합회 조합원들의 송아지 입식기금 모금총 4억330만원과 50여 마리의 송아지 입식, 친환경 벼 전문도정공장 신설, 2009년 지역순환농업 선포식 등의 사업을 통해 마을 순환농업 모델인 '유축복합영농 마을 만들기'의 인프라를 조합원들 간 협동과 생협 전체의 연대활동으로 만들어 가고 있다.

일례로 우분을 활용한 지렁이 분변토와 퇴비, 쌀겨 등을 경종농업에 활용하고 유기농 볏짚과 왕겨 및 미강, 옥수숫대와 호밀 등을 축산에 사용해 지역순환농업을 완성한다는 구상이다. 현재 총 34농가 500두의 한우를 사육하고 있으며, 도정시설, 지렁이 분변토 제조시설 등을 갖추었다.

원주생협은 이러한 지역순환농업의 추진배경에 대해 다음과 같이 설명하고 있다.

첫째, 외부 자원을 활용한 유기농업으로는 안정적인 소득을 보장할 수 없다. 단적으로 유기농업을 실현하는 생산지들이 대부분 유박과 같은 자재를 구입해서 사용하고 있고, 원주생협도 예외가 아니다. 그런데 유박에 대한 지방자치단체의 지속적인 지원 여부가 불투명한 상황이며, 유박은 대부분 수입되어 유통되고 있으므로 유가상승과 환율급등의 영향으로 가격이 올라 생산비가 많이 상승했다.

둘째, 단작 중심의 대량생산에 따른 문제이다. 최근 단작중심의 대량생산을 통한 투기성 농업이 그 모습을 보이고 있는데, 이로 인해 자연재해나 연작피해 등이 발생하면 2~3년 동안 농민들의 가계 운영에 어려움을 가져다 준다. 정상적인 생산이 되었다 하더라도 시중의 홍수 출하 등으로 가격이 폭락하여 생산비조차 보장받지 못하게 된다.

셋째, 자재의 안전성 확보 부족이다. 유박과 같은 자재는 대부분 계골분 등의 축산 부산물로 구성되어 있는데, 이러한 축산 부산물들은 항생제 등으로부터 안전성이 검증되지 못한 자재로써 유기농업의 토양을 오염시킬 우려가 있다.

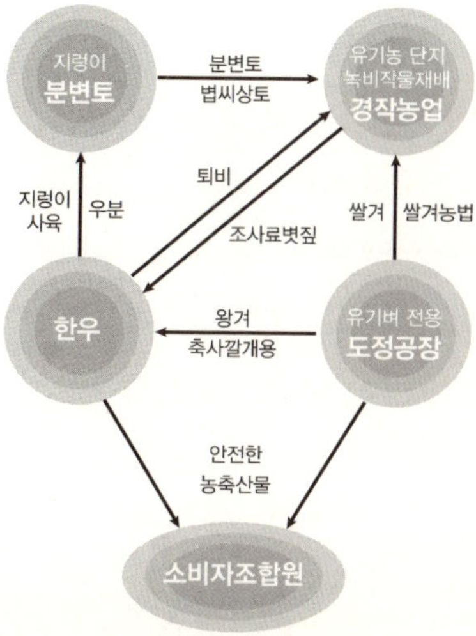


〈그림 8〉 원주 지역순환농업 모식도

다시 말해 이와 같이 외부 의존 형태의 농업은 유기농업의 생산기반을 지키고 강화시켜나가는 데 한계가 있다. 따라서 원주생협은 지속가능한 유기농업의 생산기반을 지키고 강화시켜 나가기 위해 지역순환농업을 실현해 나가고 있다. 또한, 원주생협의 친환경농산물을 지역에서 소비하는 지역자립 기반을 형성하기 위해서도 지역순환농업을 실현해야 한다는 것이다.

원주생협은 이러한 지역순환농업을 실현하기 위한 기본방향으로 세 가지의 공유를 제시한다. 첫째, 자본의 공유이다. 이를 위해 수도권 물류전문사업단인 농업회사법인 원주생명농업(유)의 법인 성격을 주식회사로 변경하고, 생산자 조합원 1인당 100만원씩 전면 출자참여를 추진하고 있다. 둘째, 운동의 공유이다. 이를 위해 생산자 개인의 순환농업에서 연대와 협동을 통한 지역순환농업으로 전환해 나가는 것이다. 그리고 생산자들의 자발적인 참여를 확대해나가는 것이다. 셋째, 사업의 공유이다. 이를 위해 생산자들이 주체로 참여하는 도정공장을 설립한 것이다. 앞에서 보았듯이 도정공장의 건립에 생산자들은 총 자금 4억6천만 원 가운데 1억 원을 출자하고, 생산자 수매자조금 5천만 원을 출자전환하는 등 적극적으로 참여하였다. 부족한 자본금 충당에 소비자 조직이 직간접으로 기여한 것도 중요한 점이다.

### ② 지역 먹을거리 체계의 확대

원주생협은 수도권의 소비자조직두레생협연합회 등과의 직거래 외에도 지역 내 친환경농산물 소비의 조직화를 통해 점차 유통구조를 안정시켜가고 있다. 원주시내 두 곳의 매장사업, 무점포 공급사업, 농민장터사업, 어린이집 급식과 학교급식 공급사업 등을 해왔다.

원주생협은 2006년부터 지역의 관련 단체들과 함께 학교급식조례 제정운동을 전개하고 지역 내 학교급식을 확대하기 위해 노력하고 있다. 원주생협은 2008년 지역사회의 협동조합운동 네트워크조직인 원주협동사회경제네트워크에 참여하고 있는 다른 단체들(원주한살림생협, 원주가농영농조합, 남한강영농조합)과 함께 학교급식 등 공공급식 전문사업단인 원주친환경급식지원센터를 창립하였다. 이 과정에서 원주생협은 급식지원센터의 설립을 주도하였을 뿐 아니라, 원주생명농업의 물류 및 도정 공장 등을 이용하도록 하고, 회계프로그램을 제공하는 등 중심적 역할을 맡고 있다. 다만, 친환경급식센터의 실제 기획 및 운영 총괄업무는 협동사회경제네트워크의 사업단이 하고 있다.

원주시가 2008년부터 학교급식지원용 예산으로 5억1,400만원을 집행하게 됨에 따라 원주생협 물류센터는 원주산 무농약쌀공동 브랜드 '해울미'을 읍면지역 초등학교 22개교에 총 53톤을 공급하였으며, 2009년에는 읍면지역 초중등학교는 물론 농촌지역 어린이집 40여 개소, 상지대 학교식당 등에 해울미 143톤을 공급하였다.

### ③ 생산자와 소비자의 신뢰에 기초한 도농상생과 도농교류사업

원주생협이 생산 및 소비를 조직할 수 있었던 것은 농민 조합원들이 원주생협의 친환경농산물 판로확보 능력을 신뢰했을 뿐 아니라 소비자들도 원주생협의 친환경농산물 생산 및 관리 능력을 인정했기 때문이다. 그리고 도농교류사업을 통해 '얼굴이 보이는 생산과 소비의 관계'를 만들 수 있다는 인식을 생산자와 소비자 모두에게 확인시켜 주었다.

원주생협이 추진해온 도농교류는 일회적인 도농교류 행사나 직거래사업의 단순 보조 활동이 아니라, 도농상생형 도농교류라는 데 특징이 있다. 10여년 전부터 오리 및 우렁이 입식행사, 복숭아꽃 축제, 풍년 기원제, 여름땀방울학교, 가을걷이행사, 겨울산골학교, 대보름맞이 행사, 농사체험 등 조합원이 주최하고 도시소비자 조합원이 참여하는 다양한 도농교류 프로그램을 실시함으로써 수도권 및 원주지역 도시민들과 교류하고 있다.

이러한 도농교류 사업은 현재 많은 생협들이 추구하고 있는 도농교류사업의 모델이 되었다. '얼굴 있는 농산물'의 지속적인 교류에서 시작해 농민들과 도시민들이 함께 나누는 농사와 농촌생활의 경험을 통해, 농민들은 도시민들을 친근한 이웃처럼 대하고 도시민들은 농민과 농업을 더욱 잘 이해하게 되었다. 이는 도농 간 이해와 협력, 도농상생의 사회적 합의를 만들어가는 밑거름이 된다. 그 대표적 사례가 두레생협연합회 회원생협의 조합원들이 2006년 송아지 세 마리를 입식시킨 것을 시작으로, 2007년 1억9,555만원, 2008년도 2억775만원의 한우 입식기금을 모아 원주생협의 한우농가를 지원하였다. 소비자들은 1좌당 5만원씩 지원하였는데, 1좌 5만원을 지원한 소비자에게는 1년 후 도축하여 소비자 가격 6만5,000원어치의 고기로 상환하고, 4좌 20만원씩을 지원한 소비자에게는 5%의 이자를 붙여 원금을 상환하였다. 이 기금을 활용하여 원주생협 21농가에서 소규모로 한우 사육을 하는 등 유축복합 시스템을 만들어가고 있다. 이를 계기로 원주생협은 두레생협연합회와 화천38이북영농조합과 함께 (주)두레축산을 설립하였다. 현재 두레축산에 한우를 공급하는 원주생협 한우작목반원은 2009년 말 현재 34농가로 약 700두를 사육하고 있다.

#### ④ 민주적 사업조직과 실무자들의 헌신성

원주생협은 다음 〈그림 9〉와 같이 대외적으로는 '원주생협'으로 통합 지칭되지만, 운영의 독립성과 유기적 운영구조 등을 고려할 때 크게 원주생협과 원주생명농업(유), 원주생협 생산자회와 소비자위원회 등 네 부문으로 구성된다. 각 주체들의 활동과 지역사회 내 네트워크 등을 살펴보면 다음과 같다.

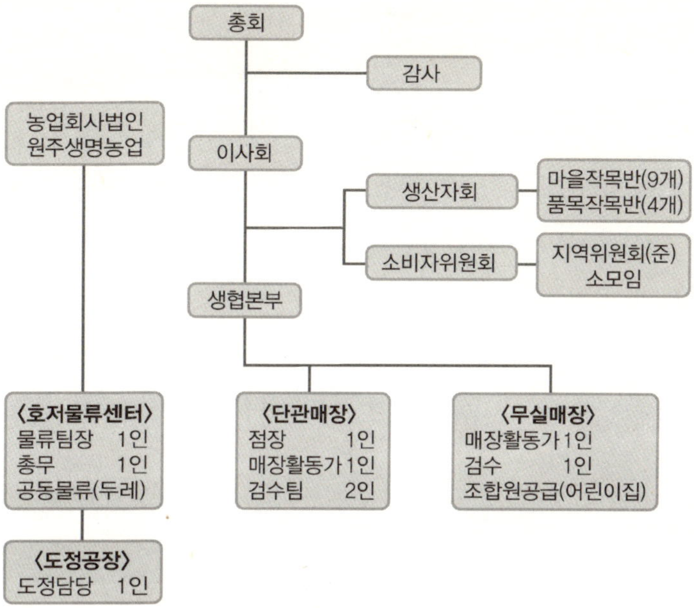


〈그림 9〉 원주생협 관계 조직도

2000년대 초 그동안 원주생협 내에서 친환경농업의 생산·가공·유통이 이루어지던 사업체계를 개혁하기 위해 2002년 7월 '원주생협 생산자회'가 결성된다. 원주생협 생산자회는 지역작목반 9개광격영산, 광격샘골, 광격본동, 대덕노월, 주산리, 호저서부, 흥업면 대안리, 횡성군 청일면, 횡성군 부곡리 품목쌀, 한우, 복숭아, 채소 작목반 4개 등으로 구성된다. 산하에 수매 자조회를 결성, 생산자립기반 조성을 위한 자조활동을 추진하고 있다. 생산자회의 2009년도 주요 활동은, 지속적인 한우 입식에 의한 자가 유기퇴비 확보 노력, 친환경 도정공장 설립 참여로 부산물 활용, 주요 과채류의 홍수출하 해소, 김장생산품 생산 확대로 결품 방지, 흰콩 식재기반 확대논두렁 및 감자밭 후작에 의한 무농약 메주 출하 기반 구축, 지역농민 연대활동 적극 참여원주친환경농업인연합회 면조직 결성, 지역 소비자들과의 교류활동 활성화복숭아꽃축제, 단합대회, 단오제 도농교류사업, 도농 여름땀방울학교, 농촌체험교류행사 등, 채소작목반 및 복숭아작목반의 정비 등을 들 수 있다.

원주생협은 2004년 3월에 수도권 물류 등 친환경농산물 전문유통을 담당하는 자회사 사업단으로서 농업회사법인 '호저생명농업유한회사'그 후 '호저'를 '원주'로 개칭. 이하 '원주생명농업(유)'를 설립한다. 2010년부터는 그동안 원주생협의 자회사적 성격에서 탈피하여 상호 독립적이되 유기적 관계로 재편하였다. 원주생명농업(유) 대표와 원주생협 이사장은 상호 당연직 이사를 맡게 되었고, 양쪽 실무진들의 인사권은 공동으로 설치 운영하는 별도의 인사위원회에서 맡는다. 인사위원회는 양쪽의 각 2인씩 4인과 위원장원주생협 이사장 등 5인으로 구성된다.

이렇게 함으로써 원주생협은 〈그림 9〉에서 보는 바와 같이 원주생협 본부, 생산자회와 소비자위원회, 원주생명농업(유)로 구성된 네 개의 사업 단위를 두게 된다. 원주생협 본부는 원주지역 내 물류사업점포사업, 무점포사업, 지역판촉 등 지역 내 사업, 조합원 조직사업, 연 대사업, 도농교류 등 각종 기획 사업을 담당하며, 원주생명농업(유)은 수도권에 소재한 생협 등과의 농산물직거래사업, 그리고 원주시 학교급식 식재료공급사업을 담당하고 있다.

조직 운영 측면에서 원주생협은 조합원 구성원들의 특성을 고려해 생산자회와 소비자위원회의 독자적인 운영을 최대한 존중하면서도 주요 의사결정은 원주생협 전체단위에서 내리는 분권과 집중의 운영방식을 적절히 잘 활용하고 있다. 연 1회 총회를 개최하며, 주요한 의사결정은 이사회가 담당한다. 이사회는 생산자 조합원인 이사장을 비롯해 생산자 이사 3명, 소비자 이사 2명으로 구성되어 있으며, 생산자회 회장과 소비자위원회 위원장은 당연직 이사로 참여하도록 되어 있다. 생산자회와 소비자위원회는 각각 생산자와 소비자 조합원들이 참여해 상당한 독립성을 갖고 운영되고 있다. 생산자회는 작목반 활동, 약정생산, 생산관리, 자조금 운영 등 원주생협 친환경농업 생산을 총괄적으로 기획 · 추진하며, 소비자위원회는 소비자조합원 소모임 활동 등 원주지역 소비자 조합원 확대사업을 적극적으로 전개하고 있다.

초창기부터 원주생협은 특정한 개인이나 소규모 리더그룹의 리더십에 의해 운영되기 보다는 지역 간, 세대 간 안배에 의해 형성된 임원진들의 집단적 리더십과 조합원들의 참여에 의해 운영되었다. 생산부문을 중심으로 이러한 특징을 좀 더 살펴보면, 우선 이러한 집단적 리더십이 가능했던 것은 주요 농민 조합원들이 지역별로 고르게 분포하고 있었기 때문이다. 논 농업은 물론 과수, 채소, 잡곡 등 다양한 품목을 생산해 직거래하는 사업구조이었기 때문에 집단적 리더십을 형성했다고 할 수 있다. 이러한 리더십은 현재 13개의 지역별, 품목별 작목반장이 운영위원으로 참가하는 생산자회와 원주생명농업(유) 운영에서도 그대로 유지되고 있다.

그리고 지역농업 조직화와 도농 직거래 사업을 함께 운영하는 원주생협과 같은 조직에는 조합원들의 민주적 의사결정을 지원하고 다양하고 방대한 경영활동을 전담할 경영 인력을 필요로 한다. 여기에 호저소협 이후 노윤배 1992-94년, 송봉규 1994-97년, 김용우 1997-2002년, 조세훈 · 노윤배 2002-현재 등 유능한 실무자들이 헌신적으로 사업을 총괄하였다. 이들은 지역대학 송봉규는 상지대학, 나머지는 모두 연세대 원주캠퍼스 출신으로 원주지역의 협동운동에 커다란 역할을 하고 있다. 이 가운데 노윤배 국장은 1992년 3월 호저소협에 입사한 후 94년 4월 퇴사하여 5년간 울산, 천안, 평택 등지에서 다양한 경험을 한 후 99년 7월에 재입사하여 지금까지 근무하고 있는 원주생협의 대들보와 같은 존재이다. 노윤배 국장은 원주생명농업의 직원 사업부장 이면서 동시에 원주생협의 사무국장 일을 함께 하고 있다. 노윤배 국장은 원주생협을 원주 지역 전체의 생산자와 소비자의 희망으로 키우고 싶다는 포부를 갖고 있다.

⑤ 지역사회 사회경제적 조직과 활발한 연대 사업

원주는 70년대부터 협동조합운동과 농민운동이 활발히 전개되어 온 지역으로서 생협운동, 신협운동, 농민운동, 친환경농업 및 도농 직거래운동이 발달하였다. 원주생협도 이러한 지역의 문화 속에 양성된 활동가들이 조직의 중심주체로 참여해 일구어 온 대표적인 협동조합조직이다.

현재 원주생협 운영주체들이 주도적으로 참여하고 있는 지역사회 연대조직으로는 원주협동사회경제네트워크와 이 네트워크에서 조직한 원주친환경급식지원센터, 그리고 원주친환경농업인연합회 등이 있다. 다른 지역의 친환경 영농조합들에 비해서 지역연대활동에 활발히 참여하고 있는 편이다. 이러한 활동의 결과, 초기 생산자 중심의 생협에서 생산자 · 소비자 공동 참여형의 생협을 발전시키게 되었고, 지역 내 유통망매장사업 및 무점포 공급사업 및 급식사업 확충의 사업 신장이 가능하였던 것이다.

### 소비자 · 생산자 공동 참여에 의한 도농공생형 협동조합으로서 발전 과제와 전망

원주생협은 창립 20주년이 되는 2009년도 사업 목표를 '자립 생협 모범의 해'로 설정하고, '생산자회와 소비자위원회의 자립 활동 활성화, 원주생명농업(유)과 무점포사업 및 매장사업 등 사업장별 자립경영 추진, 지역 농업단체와 협동운동단체들과의 연대 활성화로 원주권역 지역농업 주체로 자리매김' 등을 세부 목표로 추진하였다. 자체적으로는 지역순환농업 기반구축을 이루었으며, 각 사업장이 자립기반을 갖추는 등 지역순환농업과 지역먹을거리 운동의 선도단체로서 발돋움 하였다고 평가한다. 소비자 · 생산자 공동 참여에 의한 도농공생형 협동조합으로서 새로운 사례를 만들고 있는 원주생협이 그동안 조직운영과 사업경영을 토대로 지역순환농업과 지역먹을거리

운동의 선도단체로 발전하기 위해서는 다음 몇 가지 과제를 제기할 수 있다.

첫째, 크게 네 부문으로 구성되어 있는 조직생협본부-원주생명농업(유)-생산자회-소비자위원회 간에 업무영역의 효율적으로 분담하고 활동의 연계성을 제고해야 한다. 최근 들어 사업 확장과 조직체계 재편에 따라 제한된 실무역량에 다양한 업무활동의 부담이 증대하는 상황에서 각 단위의 자립적 운영구조를 안착시키려다 보면, 업무영역의 구분이 모호해지거나 상호 통합적 연계운영이 소홀해지기 쉽다.

둘째, 생산자 및 소비자 조합원들의 참여를 보다 활성화하기 위한 다양한 사업과제와 참여방식을 개발해야 한다. 원주생협에서는 2010년에는 생산자 조합원들의 출하 집중도를 높이고 출하전문사업단인 원주생명농업(유)의 주식회사 전환에 조합원 전원이 100만원씩 주주 참여를 결의하였다. 이를 위해서는 조합의 장기 비전과 추진전략 등에 관한 설명회 및 조합원교육 등을 통한 구체적 참여의지를 끌어내는 다양한 기획이 필요할 것이다. 특히 출하 농산물의 소포장 및 가공 사업에 생산자 및 소비자 조합원들의 참여 기회들을 확대하는 것은 지역 내 일자리 창출은 물론 지역먹을거리 체계 구축에도 기여할 것으로 본다.

셋째, 생산자 · 소비자 공동참여형 생협의 이점을 살려 소비자 조합원들이 단순히 물품을 공급받는 데서 나아가 지역농업, 지역 먹을거리 생산에 적극 참여하는 모델을 만들어내는 것이다. 지역 내에서 제철꾸러미사업이나 도시농업 활동, 그 외 생산기반 조성에의 다양한 기획쌀 약정 선수금제나 소 입식자금 등에 적극 참여하도록 하는 활동을 펼친다면, 좀 더 강화된 도농 간 회원제 직거래 방식의 활성화를 통한 지역먹을거리 체계의 다양한 구축에도 기여하게 될 것이다.

넷째, 지역순환농업 체계 구축에 힘쓰고 있는 만큼, '농촌다움'을 유지 ·

재생하고, 살고 싶은 마을 만들기 활동도 적극 펼쳐 농업생산조직으로서만이 아니라 농촌주민으로서의 삶의 질 향상에도 힘을 쏟는 것이다. 살고 있는 마을을 농촌답게 만들어가는 것은 생산자 스스로의 삶의 질 향상뿐만 아니라, 생산자 · 소비자 공동참여형 조직의 일원으로서 지역 내 소비자 조합원들에게 쾌적한 쉼터이자 농촌체험학습의 장을 제공하여 생산물 나눔이 삶의 나눔으로 나아가도록 할 수 있기 때문이다.

원주생협의 매출이 현재는 수도권에 절대적으로 의존하고 있다. 그러나 최근 몇 년간 지역사업을 대폭 강화하고 있기 때문에 지역 내 지역먹을거리 체계 구축에도 앞으로 큰 성과를 낼 것으로 기대된다. 20년간 축적해 온 친환경농업 생산기반에다 현재 본격 추진하고 있는 지역순환농업 체계 구축이 심화된다면, 자체 평가대로 지역순환농업과 지역먹을거리 운동의 선도단체로서, 그리고 생산자 · 소비자 공동참여형의 새로운 지역 협동조합 모델로서 발전할 수 있다고 본다.

수십억 원의 막대한 정부지원을 받아 눈에 보이는 건물과 각종 설비를 갖추고 단기간에 큰 성과를 얻고자 하는 여타의 농촌사업과 비교하면 원주생협의 성장은 '우보천리牛步千里'라고 표현할 수 있다. 현재와 같이 스스로의 힘으로 하나씩 하나씩 지역순환농업과 지역먹을거리 체계를 실현하는 과정에서, 생활 속의 협동과 희망의 연대를 생산자 조합원과 소비자 조합원들이 함께 만들어나간다면, 그것이 바로 자립적 지역경제 살림운동이 아니고 무엇이겠는가.

원주생협의 창립을 기념해 김봉준 판화가가 그린 판화에는 '서로살림'이라는 글귀가 적혀 있다. 원주생협의 설립취지를 단적으로 나타낸다. 생산자간 협동으로 서로 살리고, 생산자와 소비자 간 연대로 서로 살리는 세상을 위해서 원주생협은 '작은 거인'의 역할을 해낼 것으로 기대된다. 2010년 원주생협 정기총회에서 원주생협 이완용 이사장의 말로 작은 거인의 내일을 전망해 본다.

"2009년 11월에 우리 조합원님들의 숙원사업이었던 친환경 도정공장을 호저면 광격리에 설립하여 원주생협이 유기농업의 발상지로써 자존심을 갖게 되었고, 유축복합순환농업을 실천함으로써 도시 소비자들에게 자신 있게 한발 더 다가가는 산지로써 자리매김 하게 되었습니다. 생산자 조합원님들이 스스로 출자 배가운동을 하여 공장설립자금을 마련하는 뜨거운 열의는 용광로보다 뜨거웠고, 원주생협의 무한한 가능성을 보여준 자랑스러운 일이었습니다. 이제 이 튼튼한 반석을 무대로 하여 생산자와 소비자 조합원님 모두에게 실질적인 도움이 되는 사업을 하나씩 함께 꾸려 나가고자 합니다. 그것은 우리 모두가 스스로 착한 생산자, 착한 소비자 조합원이 되는 것입니다. 생산자 조합원은 지금보다 더욱 철저한 농산물 품질관리로 신뢰를 잃지 말아야 하며 또한 새로운 품목개발과 농산물 가공 사업으로 부가가치를 높여 더 많은 수익을 창출해야 되겠습니다. 소비자 조합원은, 생활 속에서 편하게 필요로 해서 생협 매장을 이용하는 것만이 아니라, 착한 생산과 착한 소비가 이루어지는 과정에서 희망을 주고 보람을 찾는 일에 힘써야 할 것으로 생각합니다. 착한 사람들의 많은 활동이 요구되어지고 있으며, 착한 일을 할 마당이 이미 펼쳐져 있으므로 필요하다면 더 크고 더 많은 마당을 만들 것입니다."

07

# 협동과 연대의 원리에 의한 사회적 경제를 지향한다

## 강원도 원주협동사회경제네트워크와 원주 푸드 육성 및 지원 조례

### 지역에서 협동과 연대의 원리에 의한 사회적 경제 실현

요즘 '사회적 경제'에 관한 관심과 실천 사례들이 늘어나고 있다. 이러한 현상에는 신자유주의와 시장지상주의의 확산, 자본의 세계화로 인한 극단적인 이윤추구의 일상화와 사회적 양극화의 심화, 그리고 생활 전반에 걸친 민주주의의 후퇴와 사회적 배제의 심화 등 현대사회의 위기상황을 극복해보자는 뜻이 담겨 있다. 특히 지역사회에서 사회적 경제에 대한 논의와 실천 노력들이 확산되고 있는 것은 우리 사회의 위기가 지역에 최종 전가되어 지역주민들의 삶이 갈수록 핍박해지고 있기 때문이다. 사회적 경제는 이윤추구보다는 구성원과 지역사회의 공동이익을 중시하고, 의사결정 과정이 민주적이며, 지역 주민의 참여를 중요시한다. 사회적 경제를 구성하는 협동조합, 비영리조직, 사회적 기업 등은 국가와 시장에 의해 충족될 수 없는 (지역)주민의 생활상의 이해와 요구를 사회적 소유, 사회적 목적, 사회적 자본의 세 가지 구성체계로 해결하는 것이다.

우리나라의 경우 지역사회에서의 사회적 경제 모델은 원주지역에서 찾을 수 있다. 원주지역은 60년대부터 사회적 경제의 대표적인 조직인 협동조합 운동이 활발한 곳이다. 원주에선 1972년 밝음 신협 탄생 이후 현재 원주한살림생협, 원주생협, 원주의료생협, 원주노인생협, 상지대학교생협, 남한강삼도생협, 원주공동육아협동조합 '소꿉마당', 원주가농영농조합, 원주지역자활센터, 성공회원주나눔의집, 참꽃어린이교육협동조합 모두 12개의 협동조합이 생겨나면서 3만여 명에 가까운 조합원들이 네트워크를 형성해 협동과 연대의 지역사회 발전에 기여하고 있다.

이들 협동조합 조직들은 협동조합간 협동과 지역사회에 대한 기여를 위한 네트워크 조직으로서 2003년 '원주협동조합운동협의회'를 창립하였다. 그 후 지역사회에서 협동조합운동 방식의 사회적 경제 블록을 활성화하기 위해 2009년 7월에는 '사단법인 원주협동사회경제네트워크'(이하 '원주네트워크') 로 명칭을 바꾸어 활동 중이다.

〈표 12〉 원주협동사회경제네트워크 회원 현황

| 조직명 | 창립연도 | 주요활동 |
|---|---|---|
| 원주밝음신용협동조합 | 1972년 | 조합원 약 1만6천700명, 자산 830억(2009년 12월 31일 현재), 자본금 47억 원 |
| 원주생활협동조합 | 1989년 | 소비자와 농민이 함께하는 생활협동조합. 친환경농산물 생산 및 유통을 통한 생활공동체 지향. 조합원 생산자조합원 200명, 소비자조합원 1천200명(2009 년 말), 총사업규모(2009년) 21억7천여만 원<br>* 자회사 (유)원주생명농업. 친환경쌀전문도정공장 등 운영. |
| 원주한살림생활협동조합 | 1985년 | 조합원 5천400여명(2009년 말). 공급액 32억2천500여만원(2009년 말), 친환경농산물 소비를 통한 밥상살림, 농업살림, 생명살림과 함께 지역살림을 위해 노력<br>* 관련회사 (주)살림농산. 참기름, 들기름 가공공장. 원주한살림생협이 대주주. |

| 조직명 | 창립연도 | 주요활동 |
|---|---|---|
| 남한강 삼도생활협동조합 | 2003년 | 조합원수 130명(2009년 12말). 공급액 3억 3천만원. 남한강 유역의 삼도(강원도, 경기도, 충청북도) 접경지역인 부론지역의 농민과 소비자를 중심으로 생명농산물 직거래 활동 |
| 사회적 기업<br>원주의료생활협동조합 | 2002년 | 조합원수 1천680명(2009년 말), 매출 12억1천여만 원(2009년 말), 출자 7단체(2004년 말). 의료의 본질적 가치인 건강사회를 만들어가기 위하여 노력<br>* 관련 사업단으로 위스타트 원주(태장)마을센터, 원주주거복지센터 위탁운영, 밝음지역아동센터, 밝음요양보호사교육원, 재가장기요양기관 '길동무' 등 운영 |
| 성공회 원주나눔의 집 | 1999년 | 후원회원 200명(2009년 말). 지역사회의 안전망 구축 및 사회적 일자리 창출<br>* 관련기업 사회적 기업 (합)햇살나눔. 친환경쌀과자 가공공장. 햇살지역아동센터 등 운영. |
| 원주자활센터 | 2001년 | 64명의 자활근로사업단, 10명의 자활공동체에서 기초생활수급자 및 차상위계층을 고용<br>* 누리협동조합(마이크로크레딧), (예비)사회적 기업 노나메기(생태건축 및 에너지효율화집수리사업단), 행복한 시루봉(친환경떡공장) 등 운영 |
| 원주공동육아협동조합<br>소꿉마당 | 1999년 | 25가구(2009년 12월). 학부모인 조합원들이 출자금을 내 터전을 만들고 함께 운영하는 교육자치 공간. 보육과 교육 |
| 원주가농영농조합법인 | 1976년 | 가톨릭농민회강원지구연합회로 출범. 출자회원 88명, 조합원 250명(2009년 12월). 친환경농산물 생산 및 유통 |
| 사회적 기업<br>원주노인생활협동조합 | 2005년 | 조합원 1천100여명(2009년 12월), 활기찬 노후 생활영위와 노인 일자리 창출위한 사업 전개, 깨끗한 학교 만들기, 택배사업, 소독방역사업, 식당 운영 등의 사업을 펼치고 있음 |
| 상지대학교생활협동조합 | 2005년 | 조합원 3천200여명, 학생, 교직원, 교수를 조합원으로 해 조합원의 생활에 필요한 물자 및 서비스의 공급과 구매 사업, 조합원의 조합 사업에 대한 지식 향상을 도모하는 교육사업과 조합원 및 일반 대학인에 대한 홍보사업 등을 펼침 |
| 참꽃어린이교육협동조합 | 2005년 | 조합원 13가구, 대안교육기관 – 자녀가 주체적이고 자율적이며 생명을 일깨우며 살아가기 위한 환경 및 양육 · 교육 내용을 공유 · 창출하는 활동 |

| 조직명 | | 창립연도 | 주요활동 |
|---|---|---|---|
| 기타 관련 기관 및 단체 | 협동사회경제연구원 | 2003년 | 상지대학교와 원주네트워크가 공동으로 설립운영. 협동조합, 사회적 기업 등 관련 분야 공동연구 및 교육 사업을 통하여 지역사회의 협동조합 및 지역공동체운동을 활성화. |
| | 친환경급식지원센터 | 2008년 | 원주네트워크내 친환경농업 관련단체의 컨소시움으로 구성된 (예비)사회적 기업으로 친환경학교급식 등 로컬푸드 추진. |
| | 원주친환경농업인연합회 | 2009년 | – |
| | 갈거리협동조합 | | 노숙인 관련 복지활동을 하는 갈거리사랑촌에서 조직한 노숙인 중심의 마이크로크레딧 |
| | 한알학교 | 2009년 | 중등과정 대안학교 |
| | 물꼬 | | 원주네트워크의 아동, 청소년 교육관련 기관의 네트워크 |
| | 식생활교육위원회 | | 원주네트워크의 내부 위원회로 GMO프리존운동 등 식생활관련 교육 활동 |
| | 지역농업위원회 | | 원주네트워크의 내부 위원회로 로컬 푸드 등을 지원. |
| | 협동기금위원회(준) | | 원주네트워크의 내부 위원회로 협동조합운동을 지원하는 기금을 조성하고 운영하는 것을 목표로 함. |

주: 협동사회경제네트워크의 홈페이지(www.wjcoop.or.kr)를 기초하여 수정 보완.

원주네트워크는 '상부상조의 협동정신과 생명존중의 사상을 바탕으로 협동조합운동 등 협동사회경제운동을 활성화하며, 상호간 긴밀한 연대를 통하여 협동과 자치의 지역사회 건설과 자연과 인간이 상생하는 생명공동체를 만들어 가는 것'정관 제2조을 목적으로 하고 있다. 이러한 목적에 동의하는 원주시의 협동조합법인 및 공동체운동기관, 사회적 기업 등을 회원자격으로 하되, 총회의 구성 및 경영이 독립된 기관을 기본단위로 한다. 주요 사업으로는 지역사회를 생명공동체로 만들기 위한 사업, 협동조합운동 등 협동사회경제 활성화를 위한 관련사업, 지역먹을거리Local Food 체계를 만들기 위한 관련사업, 협동조합운동과 풀뿌리민주주의 활성화를 위한 조사, 연구, 교육, 홍보 및 출판사업 등을 추진해오고 있다.

원주네트워크의 사회적 경제 실현 활동으로 주목받는 분야가 바로 지역 먹을거리 체계를 만들기 위한 활동으로서, 원주네트워크가 조직하여 활동 중인 지역먹을거리 실천조직인 '원주친환경급식지원센터'이하 '원주급식센터'다.

원주네트워크는 '시장만능주의의 폐해를 풀뿌리 연대경제로 극복하고 자본주의와 국가주의를 넘어서는 대안경제로서, 이윤이 아닌 사회적 필요의 충족을 목적으로 하는 협동조합, 사회적 기업 등 주민이 주도하는 비영리 사회적 경제조직'으로서 원주급식센터를 추진하였다. 원주급식센터의 사회적 역할을 지역먹을거리 체계 구축에 두었는데, 이는 그동안 전국물류 중심의 중앙 집중적 생협운동이 지역농업 회생에 기여하지 못한 점을 반성하고 지역식량계획과 지역소비시장 활성화에 기초한 지역농업구조 만들기를 지향한 것이다. 그 구체적 실천수단으로서 공공급식운동, 농민장터운동, 지역사회 참여형 농업CSA, Community Support Agriculture운동, 도시농업운동, 지역사회 먹을거리복지운동을 추구하고 있다.

### 지역먹을거리 체계를 만들기 위한 주체 형성과 조례 제정

원주급식센터의 추진 배경은 2003~2004년 당시 원주협동조합운동협의회이하 원주협의회가 중심이 되어 추진한 학교급식조례제정운동에서 비롯된다. 1만여 명의 주민 서명을 받아 의원발의로 추진된 원주학교급식지원조례안이 2005년 제정되었다. 급식지원조례는 원주교육장과 시장은 협의를 통해 친환경 육성농법을 통해 생산된 우리 농산물을 학교급식으로 활용할 수 있으며 이 경우 시에서 재정지원을 하도록 규정했다. 그러나 그 후 2007년도에 시에서 학교급식 우수농산물 지원예산으로 고작 9,200만원을 책정하여, 지역 쌀 브랜드인 '토토미' 일반미의 차액 지원을 시행하였을 뿐, 지역산 친환경농산물 사용근거를 폐지하려는 조례 개악을 추진하였다. 이에 원주협의회 차원에서 적극 대응하여 개악을 저지하고 관련 조항을 유지하고, 학교급식 관련 지원예산을 확보2008년 5억1,400만원함에 따라 구체적인 노력이 필요하게 되었다. 원주협의회 산하에 지역농업위원회와 학교급식위원회를 설치하고 관련 논의를 시작한 결과, 공공급식부문을 중심으로 지역식량계획을 수립하는 방향으로 사업을 추진하고, 급식공급용 무농약쌀이하 '해울미' : 2007년 11월 시민공모방식으로 원주산 무농약쌀 공동브랜드 명칭 선정의 수매계획 및 포장재 개발을 준비하였고, 노동부 기업연계형 사회적일자리사업단 지원을 받아 2008년 원주친환경급식지원센터를 창립하였다.

원주협의회는 2009년7월 원주네트워크로 개칭하고, 급식지원조례 제정 후 친환경 지역먹을거리를 사용하는 학교급식 체계 구축 등 추가 활동을 지속적으로 벌이지 못한 점을 반성하고 제 단체 간 연대활동을 강화하여 시로부터 관련 정책을 견인해내는 활동을 적극 펼친다. 대안체계를 구성하여 시를 적극 견인, 급식예산의 확대와 그 위탁관리조직으로 나섬으로써 지역사회의 관심과 지지를 이끌어내고, 이것이 마침내 급식지원조례와 별도로 지역먹을거리 체계 구축에 관한 전국 최초의 지자체 조례인 '원주푸드 육성 및 지원조례' 제정2009년 12월이라는 성과를 낳게 되었다. 이러한 일련의 과정은 원주네트워크라는 대안진영의 튼튼한 연대역량 확보와 구체적인 정책대안 제안활동관련 조례안 마련은 물론, 정책 추진의 기본설계까지 제시, 그리고 이러한 내부역량 정비 · 강화를 토대로 하여 의회와 행정과의 거버넌스 형성 및 견인에 성공한 결과이다.

원주네트워크그 전신인 원주협의회가 중심이 된 지역먹을거리 체계 만들기 활동은 원주친환경급식지원센터 창립과 정책대안활동, '원주푸드 육성 및 지원조례' 제정과 향후 활동계획으로 나누어 볼 수 있다.

### 원주네트워크의 컨소시엄 조직, 원주친환경급식지원센터의 활동

원주네트워크는 학교급식 등 공공급식전문사업단으로서 원주친환경급식지원센터를 원주네트워크의 친환경농업 관련단체들의 컨소시엄 형태로 2008년 2월 발족한다. 원주친환경급식지원센터이하 '원주급식센터'는 노동부의 기업연계형 사회적일자리 사업을 통해 원주권역 내 공공급식 부문에 지역산 친환경 농산물을 공급하고 이를 바탕으로 향후 사회적 기업 형태로 나아갈 목표로 설립되었다. 원주급식센터에는 원주생협과 원주한살림생협, 농업회사법인 원주생명농업(유)과 원주가농영농조합 및 남한강영농조합삼도생협 등 비영립법인과 기업이 함께 참여하였으며 이외에 원주노인생협, 상지대 생협, 원주네트워크 등과 유기적 협력관계를 맺고 있다.

2008년도 창립 후 첫 사업은 원주시의 학교급식 우수농산물 지원예산 5억1,400만원 중 초등학교 22개교에 차액 보전 방식의 원주산 무농약쌀 해울미 공급이었다. 원주시청 구내식당에도 해울미를 공급하기도 했는데, 2008년 한해 총 53톤, 1억5,400만원을 공급했다. 이외에도 참여단체 및 기업별로 담당해온 급식 관련 친환경 식자재 공급사업과 상지대 생협 간식거리 공급사업도 추진하였다.

그해 말에는 원주시의 요청에 따라 방학 중 결식아동 급식지원 사업을 시범 위탁운영하게 된다. 조리 팀의 사업으로 친환경 반찬을 한 동네 60명 대상으로 공급함에 따라 확대 위탁을 검토하여 이듬해부터 본격 시작하게 된다. 이에 따라 친환경 반찬물품의 개발 및 판매사업과 식당 위탁운영 등 원주급식센터의 자립적 수익모델을 모색하기에 이른다.

2009년도에는 시 급식예산이 5억1,800만원으로 전 해와 비슷한 수준이었으나 토토미 등 일반미의 가격하락 등으로 읍면지역 초중등학교와 농촌 어린이집 40여 개소에도 해울미를 확대 공급하고, 상지대 생협 구내식당에도 공급을 시작하는 등 한해 143톤의 해울미를 공급하였다. 원주시 구내식당의 경우 위탁업체에서 쌀값 부담을 들어 중단

한편 급식사업 외 결식아동지원사업도 대폭 늘어나게 되었다. 원주시로부터 추가 위탁을 진행하면서 2009년 6월 SK 행복나눔재단으로부터 로컬푸드형 행복도시락센터로 선정되어 1년간 월 400만원씩 운영비를 지원받게 되었고, 노동부 사회적일자리도 지원인원이 31명으로 증원되었다. 이에 따라 시 위탁을 받아들일 여력이 생겨 여름방학 결식아동 지원 대상을 300여 명으로 확대하였다. 같은 해 9월 16일에는 행복도시락센터 개소식을 가져 '원주푸드전문식당 행복한 달팽이'를 열었다. 이 식당에서 조리원들이 결식아동들에게 도시락을 학기 중엔 토 · 일 두 끼를 주1회 공급하고 방학 중엔 한 주 일곱 끼를 주2회에 나누어 공급했다. 겨울방학 중 지원 대상 아동이 약 690명에 이르렀다.(시의 지원액은 한 끼당 학기 중엔 3,500원, 방학 중엔 3,000원) SK의 지원이 2010년 6월로 끝나기 때문에 자립 운영을 위해 '행복한 달팽이' 식당영업일반 고객 대상 판매, 공공식당 위탁운영 등을 강화할 계획이다.

현재 원주급식센터는 의결기구인 운영위원회와 그 산하에 사무국과 사업단을 두고 있다. 운영위원회는 원주네트워크의 학교급식전문사업단 역할을 하는 컨소시엄 성격을 반영하여 참여단체 혹은 기업조직에서 고루 참여하고 있다. 원주생협, 원주가농영농조합, 남한강영농조합, 원주친환경농업인연합회초기 원주생명농업(유)에서 변경됨 등 친환경농업 관련단체들에서 각 1인, 원주네트워크에서 2인, 원주급식네트워크의 실무주체들에서 2일 등 8인으로 구성된다.

사무국은 총무팀, 교육홍보팀, 대외협력팀, 물류팀을 두는데, 물류팀에서 원주생협 친환경 도정공장에 파견을 나가 학교별 '해울미'주문량을 도정 후 배송까지 담당한다. 물류 흐름을 보면, 〈학교 ⇨ 급식센터에 발주 ⇨ 급식센

터 물류팀에서 도정공장 도정 후 학교별 배송 ⇨ 학교에 공급 전표 발행 및 학교에서 정산 처리 ⇨ 학교가 공급전표에 따라 시에 차액보전〉을 하는 방식을 취한다. 2010년도에 원주시의 학교급식지원 차액보전금은 총 6억8,900만원인데, 올해 일반미 '토토미'의 시장가격 인하로 약 1억6,000만원이 남을 예정이라 이를 고등학교에까지 확대 지원하려고 한다. 현재 관내 전 유치원, 초등학교, 중학교의 경우 동洞 지역에 농협을 통해 토토미를, 읍면지역에 원주급식네트를 통해 해울미를 공급한다. 지원규모는 급식용 정부양곡 20kg당 3만920원과 토토미 4만9,000원의 차액 18,080원을 지원받고, 해울미는 6만2,000원의 차액 3만1,080원을 보전 받는다.

2010년도의 주요 사업계획으로는, 첫째, 원주권역 친환경급식지원시스템 구축의 양대 축인 원주푸드 위원회의 내실 있는 운영을 주도하고 실무주체인 원주푸드 종합센터를 바로 세우는 것이다. 실제 실무주체인 원주푸드 종합센터를 위탁 운영하는 것이 향후 핵심과제가 되고 있다. 둘째, 사회적 기업으로 전환 · 독립이다. 원주급식센터는 내용적으로 원주네트워크의 급식사업단이다. 따라서 지역사회의 사회적 경제를 실현하는 사회적 기업에 걸맞은 사업조직으로서 독립해야 한다. 셋째, 학교급식 예산 증대에 의한 공급량 확대 및 품목 다변화이다. 쌀 단품에 그치고 있는 예산을 대폭 증대시켜 연간 1,000톤에 이르는 급식 쌀 소요량의 조달 비중을 늘려나가고 급식 품목을 다변화한다. 넷째, 보건소의 산모 및 영유아 영양보충사업 등 학교급식 외 행정의 식재료 구입 지원 사업에 적극 참여하여 공공급식 참여를 확대한다. 다섯째, 행복도시락센터와 식당의 운영구조를 개선한다. 비수익 공공사업으로 추진하고 있는 결식아동 반찬서비스사업 등을 지속하되, 지속할 수 있는 자체 수익기반을 조기에 구축해야 한다. 원주급식센터가 사회적 기업으로 전환할 경우 행복도시락센터도 사회적 기업으로 독립할 수 있도록 한다. 노동부 일자리사업 지원과 SK 행복나눔 재단 지원 등이 올해 마무리될 경우 운영상의 큰 어려움이 예상된다. 현재로서는 사회적 기업 인증과 함께 인건비 지원을 받는 게 가장 확실한 유지 방안이며, 쉽지는 않지만 일반인 상대의 식당영업과 지역사회 내 위탁급식 운영 등으로 식당의 수익구조를 개선해나갈 계획이다.

### 지역먹을거리 체계 구축을 위한 정책 활동과 원주푸드 조례의 탄생

원주네트워크가 원주급식센터를 참여단체들과 함께 운영하면서 2008년 초부터 적극 대응한 것이 지역먹을거리 체계 구축과 관련된 정책 활동이다. 그 주요 목표는 당연히 관련 조례 제정과 시의 구체적 정책 추진 및 예산 확대, 그리고 원주급식센터가 시 정책 집행의 거버넌스 파트너로 확실히 자리매김하는데 두었다.

이에 따라 2008년 6월 원주급식센터 교육홍보팀에서 상지대 발전기금의 지원을 받아 '원주시 학교급식 실태조사' 사업을 수행하고, 그 결과물을 갖고 2009년 2월 18일 관련 토론회를 가졌다. 그리고 2008년 7월부터는 사회투자지원재단의 지원 사업으로 '사회적 기업을 통한 친환경로컬푸드 공공급식지원시스템 구축사업'을 진행했으며, 그 결과물로 2009년 1월 8일 '원주포컬푸드 발전방안' 토론회를 가졌다. 이 토론회에는 원주시장과 관련 국장, 원주네트워크 관계자들이 함께 참석하였다. 토론회에서는 원주시 식량자급률 조사결과가 보고되고, 원주 로컬 푸드 발전에 관한 구체적 추진 방안으로써 원주푸드 개념, 원주푸드 인증 시스템, 원주푸드 조례안에 담길 기본 구상 등이 처음 공론화되었다.

그 후 2009년 한 해 동안은 원주네트워크가 지역 시민사회진영의 역량을 한데 모아 의회와 시를 견인, 조례 제정 및 시 정책(예산) 반영을 성공시키는 과정이었다. 원주네트워크의 김용우 지역농업위원장급식센터의 운영위원 등 핵심그룹이 마련한 조례안과 정책 추진계획안들이 시의회 용정순 의원과 농정과 등을 통해 관철되었다. 이 과정에서 2009년 8월 25일 원주시와 원주지속가능발전협의회 공동 주관으로 가진 '원주지역 로컬 푸드 활성화를 위한 정책토론회'가 결정적 계기가 된다. 이날 토론회에서 원주시장과 원주네트워크 간에 그동안 원주네트워크가 중심이 되어 디자인한 원주푸드조례 추진개요, 원주푸드 인증시스템 도입 취지와 주요 내용, 원주푸드종합센터 설립 등 관련 정책 추진이 합의되었다. 그동안 지역문제로 숱하게 불편한 관계였던 단체장과 지역운동 그룹 간의 합의 도출은 동상이몽이지만, 주민의 생활상의 이해와 요구를 중심으로 조직역량을 튼튼히 하면서 이를 토대로 지역 거버넌스를 견인하는 데 성공한 원주네트워크 진영의 집요하고 다층적인 노력의 성과라 하겠다.

마침내 2009년 11월 12일 원주푸드육성조례 토론회를 통해 조례발의 시의원과 시 집행부 간 조례안 내용에 관한 사전 조율 작업이 이루어지고, 2009년 12월 31일 '원주푸드 육성 및 지원에 관한 조례'가 시의회에서 전국 최초로 제정되기에 이른다.

### '원주푸드 육성 및 지원에 관한 조례'의 주요 내용

원주푸드 육성 및 지원의 목적은 원주시 지역에서 지속가능한 방법으로 생산 · 가공된 안전한 농산물과 우수한 품질의 음식물을 안정적으로 공급함으로써 농촌 환경의 보존과 시민의 건강증진 및 식량주권 확보에 두고 있다. 여기서"원주푸드"Wonju Food란 생산자와 소비자에게 적정한 가격을 보장하고, 지속가능한 방법으로 원주시 지역에서 생산 · 가공되어 직거래 또는 물류센터를 통한 2단계 이하의 유통단계를 거쳐 시민에게 공급되는 식품을 말한다. "지속가능한 방법"이란 자원순환 및 에너지 저투입 등의 친환경적 방법을 사용함으로써 지구온난화 방지 및 생물의 다양성 확보에 기여하는 모든 과정을 말한다.

기본이념은 ① 도시와 농촌이 상생하는 나눔과 연대의 범시민적 지역공동체 운동으로 농촌경제의 자립과 시민의 식량주권을 확보하는 공익적 기능 추구 ② 농촌 환경의 보존과 도시 주민의 건강증진에 기여하며 생명농업과 건강도시를 구현 ③ 지속적인 식생활 교육을 통해 전 시민의 안전하고 환경친화적 식생활 실현 등에 두고 있다.

시장은 지역식량계획을 중점 고려하여 원주푸드 농산물 및 주요 식품의 적정한 자급목표 등이 포함된 원주푸드 육성 · 지원계획을 5년마다 수립하고 매년도 예산에 원주푸드 육성 · 지원계획의 시행에 필요한 사업비를 우선적으로 반영하고 육성 · 지원계획 등에 관한 보고서를 매년 시의회에 제출하도록 하였다. 그리고 원주푸드 육성 · 지원계획을 심의하기 위한 원주푸드위원회를 민 · 관 · 산 · 학 각계 인사 25명 이내로 구성한다. 또한 시장은 원주푸드의 안전성 보장과 이동거리 확인을 촉진하기 위하여 지역에서 생산 · 가공된 식품과, 원주푸드를 주로 사용하는 음식점에 대하여 원주푸드 인증을 할 수 있다.

원주푸드 농산물의 생산은 다품목 방식으로 지역 농업인이 참여하도록 하며, 해당 농업과 농촌지역의 특성을 충분히 반영하여 효율성과 더불어 농업과 농촌의 공익기능을 최대한 고려해야 하며, 가공은 동종의 생산자가 공동으로 참여하는 형태로 하되, 필요한 경우 원주푸드 가공단지를 별도로 조성할 수 있다. 원주푸드를 위한 식품 유통은 동종의 생산자 및 가공업자가 공동으로 참여하는 형태로 해야 하며, 원주푸드 식품은 학교급식, 청소년 시설, 사회복지시설과 사회복지관 · 사회적 배려 계층어린이, 노인 등에 대한 급식에 우선 소비해야 한다.

원주푸드의 생산 · 가공 · 유통 · 소비를 효율적으로 처리하기 위하여 전처리, 가공, 유통, 교육, 복지 등의 기능을 담당하는 원주푸드종합센터를 설립 · 운영한다.

시장은 시 지역의 휴경지 등의 유휴지를 적극 활용하여 도시지역의 시민과 초중고교의 청소년, 그리고 각종 공공기관 및 민간기업의 종사자가 자원봉사의 형태로 참여하는 원주푸드 공동농장을 조성하여 저소득층 및 노인계층에게 지속적으로 먹을거리를 제공하며 원주푸드 교육과 체험의 기회를 제공하도록 해야 한다. 또한 지역 주민과 농민 등의 소득증대를 위하여 정해진 날에 원주푸드 식품 등을 판매하는 적정수의 임시시장을 개설해야 하며, 원주푸드의 안정적인 공급과 구매편의를 위하여 소정의 기관 · 단체 신청에 따라 인증식품 판매장을 설치할 수 있다.

### '원주푸드 활성화 5개년 계획'의 주요 내용과 운영

추진기간은 2010~2014년5개년, 소요사업비는 100억 원시비 64억 원, 한강수계기금 36억 원이며, 중점 추진과제는 ① 원주푸드 유성 및 지원체제 구축 · 운영 ② 원주푸드 인증시스템 도입 · 운영 ③ 원주푸드종합센터 건립 · 운영 ④ 농민장터 활성화 ⑤ 도시역량 강화 등 다섯 가지로 구성된다. 세부 추진계획을 보자.

① 원주푸드 육성 및 지원 체제 구축 · 운영5년간 1억 원. 원주푸드 육성 및 지원에 관한 조례 제정이미 완료, 원주푸드위원회 구성 및 운영, 원주푸드 육성 · 지원계획 수립2010.4.~12., 관련부서 협력지원체계 구축 · 운영농업정책과, 축산과, 행정과, 사회복지과, 여성가족과, 위생과, 사업추진 전담부서 지정 · 운영2010.4.~12. : 농촌정책과 1명 증원 등. ② 원주푸드 인증시스템 도입 · 운영5년간 1억 원 : 인증

기준 및 시행지침 수립2010.4.~12.. ③ 원주푸드 종합센터 건립5년간 84억 원 : 사업기간 2011~2013, 원주시 흥업면 대안리 폐교부지, 한강 수계 기금 36%와 시비 44% 분담 조달. 종합지원, 인증지원, 학교 및 공공급식, 전처리, 가공, 물류저장, 교육 등. ④ 농민장터 활성화. 원주시 농업새벽시장 운영 지원5년간 9억5,000만원 : 농가 408호 참여. 관련 조례 제정. '원주시 농업인새벽시장 육성 및 지원에 관한 조례'가 원주푸드 조례 제정 시 함께 제정됨. ⑤ 도시역량 강화사업5년간 4억5,000만원 : 대한민국 로컬 푸드 정책포럼. 로컬 푸드 지원 및 육성정책 진행.

2010년에는 원주푸드 활성화 5개년 추진계획 가운데 1차년도 소요사업비 4,200만원이 시 예산에 반영되었다. 그 내역은 육성 · 지원체제 구축 · 운영 1,000만원, 농민장터 활성화 1,000만원, 로컬 푸드 정책포럼과 원주 푸드 아카데미 운영 등 도시역량 강화 2,200만 원 등이다.

'원주푸드 육성 및 지원에 관한 조례'에서 중요한 기구는 두 가지이다. 하나는 원주시 지역먹을거리 정책의 심의기구로서 민 · 관 · 산 · 학의 지역 거버넌스 조직으로 역할 할 원주푸드위원회이며, 다른 하나는 원주푸드의 생산 · 가공 · 유통 · 소비를 효율적으로 처리하기 위하여 전처리센터, 가공센터, 유통센터, 교육센터, 복지센터원주푸드 공동농장·공동장터, 원주푸드은행 등을 운영하는 원주푸드 종합센터이다.

원주네트워크 등 원주지역 시민사회진영에서는 조례에 따라 2010년 상반기에 원주푸드 위원회가 설치 · 운영될 때 민간위원으로 적극 참여할 예정이다. 참여할 경우 현재 학교급식법상의 법적 기구인 학교급식지원센터와 달리 민간 시민사회조직으로 운영되는 원주친환경급식지원센터이하 '원주급식센터'가 조례상의 원주푸드 실무주체인 원주푸드 종합센터를 위탁 운영하려고 한다.

▲ 행복을 나누는 도시락 : 2009년 9월 설립된 '행복을 나누는 도시락 원주점'은 원주시내 660여 명의 결식 아동들에게 반찬을 제공하고 있다. (http://www.ohmynews.com/NWS_Web/View/at_pg.aspx?CNTN_CD=A0001313086&CMPT_CD=P0001)

## 지역먹을거리 체계 구축을 위한 당면 과제와 전망

현재 원주네트워크와 급식센터의 최대 당면과제는 먼저 무엇보다 조례와 관련한 부대사업들의 착실한 추진과 원주푸드 활성화 5개년 추진계획의 실질적 집행을 감독 · 견인하는 일일 것이다. 이를 위해선 우선 원주 푸드 위원회에 적극 참여하여 조례 제정의 본래 취지대로 관련 정책들이 제대로 입안되고 추진되는지를 잘 심의하는, 그래서 심의기구이지만 사실상 의결기구와 다름없는 합의제 거버넌스 기구로서의 위상과 역할을 갖도록 하는 일이다.

다음으로 중요한 것은 쌀 단품에 한하여 배정된 6억 원 규모의 급식 예산을 증대시키는 일이다. 이 수준으로는 쌀 공급량도 소요량의 절반에도 못 미치는 데다 품목 다변화는 더욱 더 추진하기 힘들다. 조례에 따른 '원주푸드 활성화 추진계획'은 인프라와 운영체제 구축 등에 관한 것이며, 실제 급식과 직접 관련한 예산이 아니다. 따라서 조례와 추진계획에 머물지 말고 그 성과에 기초하여 당면 급식예산 증대를 시키는 활동을 해야 한다.

지역먹을거리 체계 구축과 관련하여 지역운동의 힘으로 전국 최초의 조례를 제정한 것은 그동안 원주지역에서 협동과 연대의 원리에 의한 사회적 경제를 추구해 온 협동운동 진영의 큰 성과이다. 2005년 학교급식조례제정운동 이후 현재까지 원주지역에서 원주협동사회경제네트워크의 활동들은 다른 시 · 군에 많은 시사점을 줄 수 있다. 그리고 2008년 각 단체들의 컨소시엄으로 설립되어 지역먹을거리 체계 구축의 실무 총괄기구로 역할해 온 원주친환경급식지원센터의 운영 사례도 큰 도움이 되리라 본다. 2010년에도 여러 지역에서 관련 조례 제정이나 정책을 추진하고 있다. 이들의 경우 민간영역에서 그동안 사회적 경제 실현을 위한 다양한 민간운동이 부재하거나 미비한 곳들이 많다. 민간 역량 강화를 토대로 하지 않고 행정이 앞서 추진할 경우, 본래의 정신과 취지가 퇴색되고 또 하나의 위로부터의 정책 아이템으로 축소되어버릴 수도 있다. 원주친환경급식센터 사례는 민간 역량의 축적과 이에 토대한 지역 거버넌스 구축이 보다 사람답게 사는 순환과 공생의 지역사회 실현에 관건적 요소임을 실천적으로 보여주고 있다고 하겠다.

08

# 조건불리지역의 중소농들, '참 협동조합'의 실현을 꿈꾸다!

강원도 영월군 우리영농조합

## 조건불리지역 중소농가의 활로를 찾다

우루과이 라운드 이후 농산물 시장 개방이 본격화되면서 정부는 "국제경쟁력 있는 농업만이 살 길"이라는 경쟁력 지상주의 농정을 펼쳐왔다. 그리고 경쟁력 강화를 위한 '선택과 집중'을 강조하면서 농업정책은 경쟁력 있는 지역, 품목 그리고 농민을 중심으로 생산기반의 정비, 농가의 규모화 · 전업화를 추진하고 대형 농식품 구매체계에 적합하고 연중 공급체계를 잘 갖춘 전문농기업을 육성하고자 하였다. 따라서 이러한 효율성 제일주의에 기초한 엘리트 농정에서는 우리 농업에서 절대적 비중을 차지해 온 중소농과 조건불리지역, 다품종 소량생산으로 유지되어온 품목 군들은 쇠퇴하고 사라지거나 생계 차원으로 잔존할 수밖에 없다.

세계화 · 개방화 시대에 지역경제를 어떻게 유지 · 발전시켜갈 것인가. 농업부문을 주요 기반으로 하는 지역의 경우, 지역의 쇠퇴와 공동화를 막고 지속가능한 지역경제의 자립적 토대를 구축하기 위해서는 무엇을 어떻게 해야 하는가. 특히 중소농의 다품종 소량생산에 기초하고 있는 중산간의 조건불리

지역 농업은 그 활로를 어디에서 찾을 것인가. 우리는 그 활로를 협동과 연대의 원리에 기초한 중소농들의 협동화 · 조직화에서 찾고자 한다.

영월군 우리영농조합법인이하 '우리영농조합'[42]은, 영월군을 중심 지역으로 하여 평창, 정선, 제천, 단양 등 강원도 영서남부지역 중산간지대조건불리지역의 생산농민들의 협동조직체이다. 우리영농조합은 농업해체 · 농촌붕괴 · 농민분해를 가속화시키는 신자유주의 개방농정에 맞서 협동조합 방식과 생산 · 생활 · 운동의 삼위일체를 통해 지역농업의 활로를 찾고 있다. 조직 및 사업 측면에서 볼 때 우리영농조합의 주요 특징으로 첫째, 밭농사가 대부분인 척박한 중산간 조건불리지역의 중소농들이 연대해 꾸려가고 있는 생산자협동조합이라는 점, 둘째, 일찍이 관행농업을 탈피하고 환경농업을 도입하여 참여 조합원들이 조직적으로 실천하고 있는 점, 셋째, 도매시장이나 대형유통업체에 종속되지 않고 소비자직거래 유통채널을 확보하고 있는 점, 넷째, 1차 생산에 그치지 않고 소포장이나 가공유통 등 부가가치를 높이기 위해 노력하고 있는 점, 다섯째, 지역 외 유통에만 매몰되지 않고 지역주민조직으로서 지역 내 급식시장 창출과 지역사회의 삶의 질 개선 활동 등 지역사회에의 기여활동을 지속적으로 실천하고 있는 점 등을 들 수 있다.

## '참 협동조합의 실현'을 함께 꿈꾸며

2002년 11월 25일 우리영농조합은 "농업경영의 합리화로 농업생산성의 향상과 공동판매, 공동구매를 실현하여 조합원의 소득증대를 도모하고 농민권익, 농민운동 강화에 복무함"정관 2조을 목적으로 창립되었다. 우리영농조합의 주체들은 일반적인 여느 영농조합과 달리 그동안 지역사회에서 헌신적으

42) 영월군 우리영농조합 : 〈주소〉 강원도 영월군 남면 토교리3리 653(전화 033-375-0080), 〈홈페이지〉 www.woore.co.kr, 〈대표이사〉 김미숙

로 농민운동을 해온 그룹이다. 그러나 이들은 기존의 농민운동 방식만으로는 농업해체와 생존 위기에 대응할 수 없음을 인식하고 농민의 일상적 이해와 요구를 실현하는 생산자조직의 구축에 힘을 쏟았다.

이처럼 우리영농조합의 출범 배경에는 창립 당시 농업·농촌의 여건과 농민운동의 상황에 대한 냉정한 문제의식이 자리하고 있다. 90년대 초까지 전국적으로 치열했던 우루과이라운드 반대투쟁이 끝난 이후 94년 영월군농민회는 대내외 사정으로 활동 휴면기에 들어간다. 이후 2000년 지역 활동가들이 지역농민운동의 재건에 나서면서 개방농정으로 인한 농업·농촌의 어려움이 가중되는 시기에 지역 농협이 농민의 이해를 대변하지 못하고 있을 뿐 아니라, 전국단위 농민운동이 투쟁 중심의 활동과 쌀을 중심으로 한 수입개방반대투쟁에 치우쳐, 강원도 산간지역 농민의 이해와 현실을 반영하지 못하고 있음을 인식하고 새로운 대안 활동을 모색하였다.

우리영농조합은 출범과 함께 그 설립의 의미를 농민운동의 경제협동사업 조직화에 두고, 조합사업의 지향을 '참 협동조합의 실현'으로 명확히 하며, 특히 친환경농업의 조직적 실천을 통한 지속가능한 농업의 발전을 추구하였다. '참 협동조합'이란 무엇인가. 우리영농조합의 유양종 조합원 평의회 사무국장은 지금의 농협은 협동조합이 아니라고 비판한다. 그 이유는 조합원이 협동조합의 주인이 아닐 뿐 아니라, 이러한 잘못된 구조를 고칠 의사도 없기 때문이라고 한다. 즉 임직원을 위한 조합이지 조합원을 위한 조직이 아니라는 것이다. 또한 현재의 농협은 조합원의 경제적 이해를 충족시키지 못하고 있고, 지역에 대한 배려 특히 지역의 약자에 대한 배려가 없고 지역사회의 발전에 관심이 없다고 비판한다. 따라서 '참 협동조합'이란 조합원이 주인이면서, 조합원의 경제적 이해에 복무하며, 지역사회의 발전에 기여하는 협동조합이라고 할 수 있다.

참 협동조합의 생명은 조합의 민주적 운영 즉 '조합원에 의한, 조합원의, 조합원을 위한' 조직운영이다. 우리영농조합의 조직체계에서 특별한 점은 일반적으로 한두 차례 형식적으로 운영되는 조합원 총회 외에 다른 영농조합에 없는 '조합원 평의회'라는 제도가 있다. 조합원 평의회는 정관상의 기구인데, 조합원의 합리적 의사소통과 조합원 직접 민주주의의 확대를 위한 것이라 한다. 조합원평의회는 생산자협동조합 건설을 지향하며 조합원들의 역량강화를 위한 교육과 다면평가 집행을 담당한다. 조합원 평의회는 경영성과로 이익 증대에 집중하기 쉬운 경영진이사회을 견제할 수 있는 최후의 수단이며, 이를 제도로써 보장하기 위해 우리영농조합의 이사는 조합원 평의회의 어떠한 직책도 맡을 수 없다. 동시에 조합원 평의회는 우리영농조합의 위기상황에 대비하여 조합원에 의한 활동의 중심을 잡고자 평의회 내에서 민주적 절차를 지키는 한 그 활동에 어떠한 제한도 두지 않았다. 아직은 조합원 평의회가 교육 및 사업 평가 외에 이사회 기능을 대신하는 상황은 없는데, 조합원총회와 별도로 대의원회의 성격과 비상전권기구의 성격을 동시에 갖는 조합원 평의회 기구를 두는 것은 그 실제적 역할을 떠나 우리영농조합의 경영진이 협동조합의 본령에서 이탈하고자 할 때 이를 방지하려는 주체들의 의지로 생각된다.

### 우리영농조합이 걸어온 길

2202년 설립이후 우리영농조합이 걸어온 길은 크게 세 개의 시기로 나눌 수 있다. 우선 사업 개시 초기2002~2004년에는 생산자협동조합으로서의 생존가능성을 조직운영, 매출, 생산 및 유통 관리 전반에 걸쳐 확인하며 조직 및 사업 운영 전반에 관한 원칙을 세워나갔다. 이 시기에 특히 경제적 자립을 위해 평균출자에 더해 조합원 매출의 2% 매출출자를 확립하고, 이용고 배당 원칙을 수립하며, 조합원 가입, 이사의 역할, 회계, 출하 등 관련 제 규정의 실질적인 운용 정착에 힘을 쏟았다.

사업 분화와 조합원 참여 강화 시기2005~2007년에는 사업 개시 초기의 성과와 한계를 딛고 조직 및 사업 운영 전반에 걸쳐 조합의 미래 전망을 열어갈 수 있는 다양한 사업 개발과 조합원 역량 강화 및 참여 활성화, 지역사회 활동 모색에 집중하였다. 조합의 조합원 자격을 개방기존 농민회 회원규정 폐기하였고, 특히 관할 구역도 영월만이 아니라 인근의 강원도 영서남부지역 지역으로 확대한다. 사업 면에서는 조합원과 조합의 공동 출자에 의해 건조영농조합 및 발효영농조합을 설립하여 면단위별로 배치하고, 부가가치 제고와 생산 안정을 위해 면단위별 활동과 사업의 통일을 기하였다. 또한 지역 내 이주여성 관련 활동을 개시하는 등 지역사회 기여를 모색한다. 농업 관련 다양한 사업 확대와 지역사회 기여 활동의 추진 등 사업의 다양한 분화와 함께 이 시기에 무엇보다 주목되는 것은 활동가 양성을 위한 토론모임8명 내외 참여, 3년간 진행. 1기에 이어 2007년 가을부터 2기 시작 운영이다. 이러한 지속적인 목적의식적 토론모임을 통해 조합 활동가들의 전반적인 의식 향상과 회의 및 토론 훈련, 문제의식의 공유를 얻게 된다. 이러한 역량 강화 활동과 '조합원 평의회'운영 및 각 사업에의 조합원 참여를 통해 조합 구성원들의 조합 참여가 활성화되었다.

2008년 이후 현재 시기는 생산자협동조합으로서 내부 조직 및 사업체계를 확대 정비하고, 협동사회를 전망하기 위한 구체적 실천 활동을 모색해나가는 데 주력하고 있다. 건조 및 발효 사업 부문에 이어 육묘사업, 유기질비료와 유기상토 사업, 소포장 사업, 농업노동력 수급사업 등 농업 생산 · 유통과 관련한 사업 확대를 시행하고 있다. 우리영농조합의 건조 및 발효 사업은 출하가 어려운 품목이나 과잉물량을 건조 또는 발효하여 생산비를 보전하고 부가가치를 제고하는 가공 사업이다. 발효 사업은 2005년부터 시작, 메주를 생산 공급하며, 건조 사업의 경우 2008년부터 시작, 브로콜리 가루다류용, 무말랭이 등을 공급하고 있다. 채소 가루는 앞으로 다류용이나 조미용으로 개발 공급할 계획이며, 발효제품은 장류까지 확대할 계획이다.

우리영농조합은 기본적으로 지역농민들의 생산협동을 중심으로 하며, 생산에서부터 관련 부자재, 육묘, 퇴비, 상토 등 생산 부자재의 공동 조달과 가공, 유통의 일원화 등 생산자협동조합으로서 일관적인 순환체제를 지향하고 있다. 단순히 생산만이 아니라 수확 후 관리와 가공, 유통 등의 부대 일자리를 창출하고 각 부문 사업별로 일자리를 다양하게 만들어감으로써 지역농업의 조직화를 토대로 한 협동사회의 전망을 만들어 갈 계획이다.

### 우리영농조합의 현황

2009년 말 현재 우리영농조합과 관련을 맺고 있는 농가는 정조합원 50농가, 준조합원 37농가, 기타 출하약정농가 40농가 등이다. 출자금은 1억 3,000만원, 총매출 26억 8,300만원을 달성했다. 조합의 주요 취급품목은 잡곡과 채소로 관할 재배면적은 약 30만평, 이중 채소는 하우스 1만5,000평, 노지 6만평에 이른다. 조합원 수취가격은 다른 농가들에 비해 약 20% 높으며, 약정 농가들의 생산량 중 80% 정도를 조합이 맡고 있다. 조합의 운영수수료는 잡곡의 경우 2%, 채소류의 경우 5%이며, 조합경비 절감을 통한 농가 수취가격 제고에 힘을 기울이고 있다.

현재 우리영농조합이 얻은 최대의 성과는 '우리영농조합은 믿을 수 있다. 운영을 제대로 한다'는 신뢰 구축에 있으며, 그 바탕에는 조합 운영을 최대한 협동조합방식으로 이끌어온 운영주체들의 리더십이 있다. 우리영농조합의 조직적 지향은 중소농들의 생산협동조합이라 할 수 있다. 우리영농조합이 협동조합을 지향하도록 이끄는 것은 농민회 활동을 통해 키워 온 새로운 사회를 바라는 열망이다. 우리영농조합의 활동을 정하는 것은 협동조합의 원칙과

가치이며, 그것을 구체화하는 것은 협동조합적 사업방식이었다. 우리영농조합은 협동조합의 이념을 사업방식에 구체화하는 과정에서 농민운동의 경험을 활용하였고 이를 발전시켜 왔다.

그 발전의 과정에서 어떻게 오늘의 우리영농조합이 이루어졌는지 조직, 출자금, 매출액, 생산관리, 거래처 조직화 등의 제반 활동 현황을 통해 살펴보기로 한다.

① 조직현황 : 조합원 및 임원

우리영농조합의 조합원은 2002년 출범 당시 17명에서 2009년 말 현재 50명이다. 2010년 2월 정기총회에서는 정조합원이 아니면서 출하약정을 하고 있던 농가들이 정조합원이 될 수 있도록 하기 위해 준조합원제를 도입하여, 2010년 3월 말 현재 37명이 준조합원으로 가입하였다. 조합원은 평의원회의 동의를 받아 이사회에서 심의 결정하고, 준조합원은 가입신청서가 들어오면 평의원회를 거치지 않고 이사회에서 바로 심의 결정한다. 조합원은 의결권, 피선거권, 선거권, 청구권 등 모든 권리를 갖는 반면에 출자의무, 총회사항 주수 의무 등을 지닌다. 조합원의 자격요건으로는 '1,000$m^2$ 이상의 농지를 경영 또는 경작하는 자나, 농업경영을 통한 농축산물의 연간 판매액이 100만원 이상인자, 또는 1년 중 90일 이상 농업에 종사하는 자 또는 본 조합법인에 근무하는 상근 실무자'로 되어 있어 농민이면 누구나 가입자격을 갖고 있다. 준조합원은 정조합원의 권리 가운데 의결권, 선거권 및 피선거권 등은 제한되나 청구권을 갖는다. 준조합원은 출자의무는 없으나 출하액의 3%를 사업참가금으로 납부하여야 하고, 정조합원이 되면 사업참가금은 출자금으로 전환된다. 준조합원이 되기 위해서는 조합 사업에 1년 이상 약정농가로 참여하여야 하고, 준조합원은 2년 이내에 정조합원으로 가입하여야 한다. 우리영농조합에는 준조합원 외에도 약정 출하를 하고 있는 농가가 약 40명이 된다. 법인의 상임이사는 갑자기 물건을 조달할 필요가 있거나 조합원이 생산하지 않는 농산물을 생산하는 농가와 임의로 약정 출하계약을 체결할 수 있다.

우리영농조합은 영농조합의 목적과 사업에 찬동하는 농업인이나 우리영농조합에 1년 이상 근무한 직원은 누구나 가입할 수 있다. 가입 권역은 영월에 한정하지 않고 강원 영서남부지역을 중심으로 평창, 정선, 제천, 단양 등지에 걸쳐 있다. 이는 영월우리영농조합이 영월지역이라는 지역적 특성보다는 협동조합적 가치의 확산에 더 주력하기 때문이다. 다만, 향후 조직 발전의 전망은 우리영농조합의 권역 확대보다는 타 시군들에도 '참협동조합'을 분화 발전시키는 데 두며, 현재 조합은 분화 발전되는 이들 지역 조직들의 종합 물류거점으로 전환하여 여러 지역 영농조합들의 네트워크 조직을 지향하고 있다.

한편 우리영농조합은 설립 이후 조합의 임원 조직 체계를 기회가 있을 때마다 개선하였다. 설립 초기2003~2006년의 영월군농민회 우리영농조합법인의 시기에는 영월군농민회 상임위원회가 농민회의 중요한 사업이었던 경제협동사업을 지도하였고, 조합원의 가입에 있어서 지회장 또는 사무국장의 추천이 필수적인 절차였다. 영월군농민회는 상임위원회를 통해서, 그리고 조합원 추천을 통해 우리영농조합을 사실상 견제하였으나, 그 견제는 조합 경영이 안착된 이후에도 지속될 이유가 없었다. 영월군농민회의 조직 개편과 함께 우리영농조합도 개편을 하였다. 우리영농조합을 농민회로부터 조직적으로 완전히 분리하는 한편, 농민회 간부들은 조합법인의 임원으로 참여하여 농민회와 조합 간 내용적 결합을 도모하였다.

조합이 독자적인 운영구조를 갖게 된 이후 협동조합방식에 의한 조직운영과 친환경농산물 중심의 직거래사업 확장에 따라 조합 임원들의 자질이 중요하게 되었다. 그래서 조합에서 특히 집중해온 것이 임원들의 교육이며, 향후 임원들이 될 조합 중간리더들의 역량강화교육이다. 2010년에는 조합원 확대준조합원 포함 및 사업규모의 대폭 확장에 따라 조합원은 물론 특히 임원들의 경영관리 및 조직관리 역량강화가 중요하기 때문에 이를 조합사업의 핵심 과제로 잡고 있다.

### ② 출자금

우리영농조합 사업의 원천이 되는 자기자본은 출자금과 적립금이며, 그 근간은 출자금이다. 설립 당시 출자금은 960만원으로 조합원 1인 평균 출자액은 80만원이었는데, 2009년 말 출자금은 1억 3,000만원으로 조합원 1인당 평균 260만원이다.

우리영농조합은 다른 영농조합들에 비해 조합원들의 자본 조성 참여를 통해 재무 건전성 확보 노력에 특징이 있다. 2010년 계획을 보면 출자금 추가 조성 목표를 1억2,000만원으로 잡고 있는데, 신규 출자금으로 신입조합원 20명당 50만원씩 1,000만원, 약정출자금으로조합원 중 채소지원사업 참가 농가의 약정출자금 2,000만원, 조합원과 준조합원을 상대로 한 매출출자금채소 출하시 3% 및 잡곡 출하시 3%. 준조합원의 경우 사업참가금인데 정조합원으로 전환 시 출자금으로 전환. 9,000만 원 등이다.

2010년에는 매출규모가 160% 늘어날 전망이다. 매출 증대에 따라 시설 확충 및 운전자금에 필요한 자금도 그만큼 늘어날 텐데, 이를 가능한 내부 조달로 충당하는 데 전 조합원들이 적극 합의했다. 우리영농조합이 시행해 온 매출출자 방식은 재무 구조를 튼튼히 하는데 큰 역할을 해왔다. 이용 조합원준조합원도 사업참가금의 형태로 사실상 출자함이 출하액의 일정 비율을 증자하는 '이용고 출자'매출출자의 정착이야말로 조합원의 주체적 참여의지를 조직해내는 좋은 방식이라 하겠다.

그런데 설립 초기부터 계속하여 매출출자를 누적하고 제 배당을 출자로 전환한 조합원의 개별 출자금 규모가 최대 743만8,070원에서 최저 10만 7,800원에 이른다. 그 비율이 70배에 달하는 출자금액 불균등 구조를 개선해야할 과제를 안고 있다. 설립 당시 1인당 출자한도가 총출자액의 5분의 1이었지만, 사업규모가 커지고 조합원수와 개별 매출액이 늘어나면서 고른 참여를 위해 그 후 10분의 1로 강화되었다.

### ③ 매출 및 경영 수지

2009년 총매출은 2002년 설립 초기 2억 규모에서 7년 만에 26.8억여 원으로 늘어났다. 2008년 전년 대비 129.5% 성장했고, 2010년엔 특별한 상황이 없는 한 2009년 대비 160.3% 늘어난 43억 원대를 달성할 전망이다. 09년 총매출 중 잡곡 부문이 13억4천만원으로 49.91%, 채소 부문이 13억1천만원으로 48.82%, 기타 부문이 3천4백만 원으로 1.27%를 차지한다. 이처럼 우리영농조합의 매출은 주로 1차 농산물의 판매에 거의 대부분 의존하고 있고, 가공부문은 아직 미미한 상태이다.

채소부문은 33개의 품목을 취급하고 있는데 주요 품목군의 비중을 보면, 토마토 33%, 양채류브로콜리, 양상추, 양배추 등 21.5%, 오이 12.7%, 고추류 12.1%, 구근류가공무, 무, 감자 등 11.3% 등을 차지하고 있다. 잡곡부문은 수수, 율무, 기장, 흰콩, 서리태, 적두, 찰옥수수, 팝콘옥수수, 황옥수수 등을 취급하고 있고, 벌크 출하를 하기도 하지만 소포장으로 단품목과 혼합곡, 선물세트를 판매하고 있다.

잡곡의 약 80%는 영월군에서 조달하고 나머지는 단양, 평창 등 인근 군에서 조달한다. 반면에 채소의 경우 영월군 조달 비중은 30%로 상대적으로 낮고 인근 시군의 조달 비율이 높다. 그렇지만 우리영농조합은 영월군의 친환경 잡곡의 50%, 친환경 채소의 거의 대부분전체 54농가 가운데 50농가이 참여하고

▲ 우리영농조합의 파프리카 (http://www.woore.co.kr)

있는 것에서 알 수 있듯이 영월군의 친환경 농업에 크게 기여하고 있다.

우리영농조합은 참여농가와 계약을 하여 생협연대 등에 판매하는데, 만약 생협판매가격시중가격에 연동이 계약가격수수료 포함 가격보다 높으면 흑자가 발생하는데 다음 해에 농가 계약가격을 올려주고, 생협판매가격이 계약가격보다 낮으면 적자가 발생하는데 이 경우에는 다음 해에 수수료율을 올리는 방식을 취하고 있다. 또한 우리영농조합은 계약 농가 이외 농가의 생산물을 소포장해서 수익을 올리고 있다. 이 경우 일반 농가의 매입가격이 계약농가의 계약가격보다 낮기 때문에 우리영농조합법인으로서는 이 부문에서 실질적으로 적지 않은 수입을 올린다.

우리영농조합은 2009년 총매출액 26억8천만원에서 원료비 22억, 인건비 1억5천만 원 등을 제외하고 6천9백만 원의 당기순이익을 올렸다. 당기 순이익의 10%는 배당출자 배당 5%, 이용고 배당 5%하고, 10%는 사업준비금으로 적립하고, 잉여금 총액의 80% 가운데 500만원을 직원 성과급으로 지급하고, 나머지는 법정적립금으로 충당하였다.

2010년에는 매출총액이 43억8천만원으로 늘어날 전망인데, 그 내역을 보면, 잡곡부문 15억 원, 채소부문 23억 원, 가공원료 사업 4억6천만원, 가공사업 1억65백만 등으로 되어 있다. 2010년의 매출 증대 전망은 주 거래선인 생협연대로부터 잡곡소포장사업을 일체 이관받게 됨에 따라 소포장 가공처리비 수익이 늘어나고, 농협 하나로 클럽 양재점에 친환경 채소를 신규로 공급할 수 있게 되었기 때문이다. 특히 지난해 강원농협연합사업단이 공급해 온 친환경 채소의 생산지가 문제되어 무, 브로콜리 등 두 품목을 기존 생산지 대신에 시험 공급한 결과 공급역량을 인정받아 올해부터 품목을 대폭 늘려 공식 입점 코드를 받아 확대 공급하게 된 것은 단지 매출액 증대 차원을 떠나 그만큼 유통 차원에서 우리영농조합의 생산 및 공급 관리역량을 인정받게 된 결과로 보인다.

#### ④ 생산관리 및 생산 전망

우리영농조합은 친환경농업 인증기준 준수 관리 및 출하 물품의수요업체가 원하는 공급규정 관리를 함에 있어 조합원 교육의 체계적 지속적 추진이 중요함을 잘 인식하고 있다. 2008년까진 기술교육만이 아니라 협동조합교육, 사회과학적 인식을 제고하는 정신교육 등 다양한 교육을 많이 해왔는데, 2009년엔 다소 줄였다. 2010년엔 사업규모가 커져 임원 및 직원만이 아니라 조합원 전체의 역량강화를 위해 교육 사업을 대폭 확충할 계획이다. 2008년, 2009년에 자체 실시한 주요 교육을 보면, 기술교육으로 과채류재배기술교육, 잡곡프로젝트교육, 초당옥수수교육, 가단양적두 재배기술 교육, 오이작목반 교육, 잡곡생산농가 교육, 가공오이작목반 교육, 두과생산 및 친환경방제 교육,

고품질잡곡 선진지연수 등을, 정신교육으로는 주1회씩 1개월 단위의 조합원 교육생산자 철학, 협동조합론, 지역농업 조직화론 등을 매년 실시했다.

우리영농조합은 생협 등 거래처와 연초 약정한 연중 공급량품목수, 생산량 및 작부면적을 이사회에서 구성하는 생산자선발위원회에서 배정한다. 위원회에서는 조합원의 출하 집중도자가 생산액 중 조합 출하 비중, 조합의 교육 · 회의 · 행사 등 참여도, 조합원간 다면평가 의견 등을 반영하여 배정한다. 비용 대비 수익이 많은 품목 등에 있어 갈등이 생길 수밖에 없는데, 아직까지는 큰 불평 없이 운영되고 있다. 끊임없는 조합원교육과 이사들의 적극적인 개별 조합원 소통활동이 큰 힘이 되고 있다.

우리영농조합이 2008~2009년 동안 시험 추진한 데 이어 올해부터 대폭 확대할 수확작업단 운영 사업은 농가 일손부족을 덜고 품질관리를 효율화하는 방식으로 주목된다. 8명의 영월지역 거주 여성일꾼들로 무 수확작업단을 꾸려 한 차당 성과급제로 재배농가와 교섭, 밭에서 소포장용과 가공원료용벌크 단위을 구분 수확하여 조합 작업장으로 입고시키는 방식이다. 출하 집중기에 전문일꾼을 상시 계약하여 농가에 공급함으로써 부족 노동력을 해소하고 상품화 처리를 밭에서 처리하여 품질관리를 효율화하는 방식이다. 물품규정에 어긋나 도저히 작업할 수 없는 경우에는 농가에서 작업하여 제 규격물품 중심으로 개별 입고한다. 성과급제이므로 작업단이 수확작업을 포기하는 밭의 농가 불만이 있을 텐데, 이 경우 가공용 원료 전환 등으로 해소하고 있다.

1차 생산 외 가공 생산의 경우, 오이지 가공사업피클용 원료 공급, 염장 오이지 가공제품화 공급은 조합 실무자는 물론 여성조합원과 이주여성들의 일자리 창출에 기여하고 있다. 현재 피클용 오이는 자연드림생협연대 소속의 우리밀 제빵 프랜차이즈업체에 가공원료로 공급하고 있고, 염장 오이지는 직접 가공하여 주로 생협연대에 공급하고 있다. 메주 가공사업 역시 향후 성장 전망이 큰 분야인데, 주로 생협연대에 공급하고 있다. 그 외 채소가루, 무말랭이 등도 향후 확대 전망이 큰 가공원료 생산부문이다.

우리영농조합의 주 품목 중 하나인 잡곡사업의 경우, 고품질화와 관련 소포장 시설사업을 추진해왔는데, 2008년 농촌진흥청의 '잡곡 경쟁력 향상 프로젝트' 공모사업에 선정되어 2010년까지 3년간 추진되고 있다. 연 2억 원씩 총사업규모 6억 원이 지원되는 잡곡프로젝트는 잡곡 생산단지의 규모화, 생력화, 브랜드화로 부가가치 증대를 목적으로 하는데, 잡곡 종자 증식사업토종종자 증식 채종포 운영, 2ha 농가 계약, 소비자조직과 직거래를 통한 유통 혁신, 선별-세척-포장 등 생산-가공-유통 일원화 체계 구축 등으로 이루어진다. 2010년에는 생협연대로부터 잡곡소포장사업 일체를 이관 받았기 때문에, 채소소포장도 함께 할 수 있는 포장센터를 건립할 계획이다.

### ⑤ 거래처 현황과 전망

2009년 기준으로 우리영농조합의 잡곡 및 채소류 거래처는 생협연대가 80%, 그 외 20%를 차지한다. 2010년에는 농협 하나로 매장 신규 개척에 따라 거래선 비중이 달라질 전망이다. 조합에서는 그동안 끊임없이 거래선의 다변화와 거래 품목의 다양화, 그리고 생산물의 가공 제품화를 위해 힘써 왔다. 특히 거래 선의 안정적인 다변화야말로 어느 한 유통채널에 수직적으로 종속되지 않고 지역의 여건과 특성을 살려 생산부터 가공유통까지 가능한 총체적 조직화 체계를 갖출 수 있는 필요조건이다. 가공원료의 경우 주 공급 품목이 오이지용 오이, 무쌈용 무, 짬용 완숙 토마토 등인데, 2007년까지는 주로 생협연대 등에만 공급했으나 2008년부터 풀무원 협력업체 으뜸농산오이지용 오이, 무쌈용 무, 청정원 협력업체 복음자리완숙토마토와 거래를 시작하였다. 그동안 단선적인 소비자조직 직거래방식에만 집중해오던 사업방식을 벗어날 수 있는 가능성을 보여 향후 주목된다. 앞으로 기본적으로는 소비자조직과의 직거래 공급을 유지 확대해 나가면서도 원료용 대량공급처 개발을 통한 생산 공급력 확대로 기존 약정농가준합원 포함 수요 충족과 신규 농가 확대에 적극 나설 예정이다.

### 협동적 지역사회 네트워크의 주체로

우리영농조합의 운영주체들은 주로 1990년대 말까지 투쟁적인 농민운동에 헌신해 온 영월군농민회원들이다. 이들은 그동안의 운동방식에서 벗어나 2000년대 초 조건불리지역의 중소농이 주체가 되는 '참 생산자협동조합'을 건설하고, 이를 기반으로 생산 · 가공 · 유통의 총체적 조직화를 근간으로 하는 지역농업 조직화를 실현하며, 그 과정에서 특히 지역사회의 비농업 주민들까지 포괄하는 지속가능한 지역공동체 만들기를 지향하고 있다.

우리영농조합은 그동안 수많은 영농조합들이 사실상 주식회사화 하거나 1인 기업화 하는 등, 협동조직으로서 본래 취지를 잃어버린 점과 지역농업의 주체가 되어야 할 지역농협이 진정한 협동조합으로 거듭나기란 지난한 기대라는 점을 깨닫고 자주적 협동조합, 지역농업 조직화 주체로서의 협동경영체를 만들고자 영농조합을 최대한 협동조합방식으로 운영하는 데 노력해왔다.

우리영농조합의 주체들은 영농조직에 그치지 않고 지역사회운동에도 적극 참여하고 있다. 지역자활센터와 협력한 영농사업단 운영, 학교급식 참여, 이주여성들의 한글교육 및 다문화 프로그램으로서 '수다방' 운영 등을 하고 있다(이주여성들의 경우 단순 교육활동에서 벗어나서 조합 가공 사업이나 소포장사업 운영을 통한 고용 창출에 힘쓰고 있으며, 앞으로 지역의 제 단체와 협력하여 '이주여성센터'를 공동 설립할 계획에 있음).

영월군에서 기속가능한 지역공동체 만들기를 지향하는 단위들은 여럿 있다. 지역에서 우리영농조합이 참여조합원들의 수준이나 임원 등 중심활동가들의 역량을 맞출 단위들이 부재해 사실상 조합이 중심 역할을 하고 있는 편이다. 우리영농조합은 이와 같이 지역사회와 결합하기 위한, 협동적 지역사회를 만들기 위한 활동의 전형을 창출하기 위해 노력하고 있는데, 이를 지속적으로 추진하기 위해 지역 내 네트워크 구축에도 힘을 쏟고 있다. 지역 제 단체들과 지역의 비전과 전망을 함께 세우고 공동실천을 해나기 위한 네트워크 구축의 일환으로, 지역운동을 하고 있는 생활문화연구소, 생명평화포럼, 동강보존본부, 지역아동센터하늘샘 공부방, 노인복지센터, 영월신문, 영월지역자활센터, 교회조직, 노동조직 등과 협력하고 있으며 상설네트워크를 만들 계획이다. 이 가운데 특히 영월생활문화연구소를 기획단위로 강화하여 제 단체 실무자들 간 문제의식 공유와 상호 협력 방안 모색, 협동적 지역사회 만들기의 대안 마련 등을 통해 장기적으로 영월지역의 비전, 목표, 전략에 관한 지역운동의 구심역할을 만들어갈 작정이다.

구체적인 노력의 일환으로 2010년 5월에 커뮤니티 비즈니스 센터 유한회사 '밈'을 설립하였다. '밈'에 참여한 우리영농조합의 유양종 조합원평의회 사무국장은 설립동기를 다음과 같이 설명한다. "농촌이 어려워지고 있는데 지역의 자원관리가 안 되고 토건자본에 의해 난개발이 자행되고 있다. 몇 년 전부터 동계올림픽, 강원랜드 등으로 인해 동강을 중심으로 부동산 투기 열풍이 불어 영월군의 농지가 10만원까지 오르고 길만 있으면 오지 농지도 5만원이나 한다. 이러한 부동산 투기로 인해 공동체가 파괴되고 있다. 지역이 스스로 발전능력을 발휘하여 자구책을 강구하지 않으면 안 된다. 이를 위해서는 지역개발에 대한 올바른 이해를 갖고 있는 사람들이 문제의식을 공유하고 소통하여 연대 · 협력할 필요가 있다. 지역의 청사진을 그려보고, 공동체를 복원하기 위해 노력할 것이다. 소통을 위해서는 우선적으로 지역자원을 조사하여 그 가치를 확인하고 그것을 보전하기 위한 지역 네트워크를 만들어야 한다". '밈'은 사원 3인의 유한회사로 이제 막 출발하였다. 향후 활동에 거는 기대가 크다.

### 과제와 전망

우리영농조합 운영진들은 2009년을 지나면서 외형적 사업규모 면에서는 안정적 기반을 구축했다고 자평한다. 거래선 구축과 공급 물량, 소포장과 가공사업, 관련 기반시설 구축 등에서 여느 조직보다 안정적 사업운영을 할 수 있을 것 같다. 반면에 외형 성장전망에 비해 내부적으로 장기 비전 공유 면이나 협동조합적 운영 면에서는 새로운 정비와 모색, 역량강화가 중요한 때임을 인식하고 있다. 그래서 '제2의 창업' 정신으로 중장기 조합 발전 비전과 추진전략을 수립하고, 이를 준비하는 과정에서 조합원들의 주체적 참여와 공유, 운영주체들의 역량강화 도모 등을 통한 조합 내실화를 2010년의 핵심 과제로 설정하고 있다.

이는 2010년 정기총회에서 의결한 올해 사업방향에서 잘 드러난다. 준조합원 제도 도입에 따른 조직내부의 융합과 안정화, 생협 거래처의 변화공급량, 공급방식 등에 따른 조합의 대응역량 제고, 매출 성장에 따른 조합 실무역량 보강, 신규 시장농협 하나로 매장 등에 대한 대응역량 수립, 성장매출, 조합원에 따른 사업 다각화 등이 그것이다.

이러한 내부 평가에 더하여 우리영농조합의 발전을 위한 과제를 다음과 같이 몇 가지 생각해본다.

첫째, 안정적 실무역량의 구축이다. 지난해를 기점으로 기존에 일 해온 실무역량들의 전원 교체를 맞이한 것은 조합경영의 주요 문제가 되고 있다. 조합원 이해를 우선하는 운영진과 실무역량들 간의 상생 관계를 새로이 마련

(http://www.woore.co.kr)

하여 성장에 따른 실무체계의 정비 강화를 서둘러야 한다.

둘째, 조합 사업 대폭 확장에 따른 자금 운용의 안정화이다. 올해 수매자금만 20억 원을 웃돌 전망인데, 현재 잡곡의 경우 모두 매취를 하고 채소의 경우 수탁 판매를 한다. 지역 농협과 자금 운영 협의를 추진하고 있는데, 중장기적으로 필요한 수매자금 조달은 지역농협에서 하고 실제 생산 및 유통관리는 영농조합에서 하는 등 지역농협과 안정적인 파트너 관계를 맺어야 할 것이다.

셋째, 거래선 다변화와 거래선에 따른 생산품질 관리 철저화이다. 아직도 매출의 80%를 생협연대 단일 거래선에 의존하는 것은 조합이 생산 · 가공 · 유통의 총체적 조직화라는 지역농업 조직화를 지향하는 데 걸림돌이 될 수 있다. 조합 운영진도 이 점을 잘 인식은 하고 있으나 쉽지 않은 게 현실이긴

하다. 이런 측면에서 올해부터 본격 시작할 농협 하나로 클럽 양재점 출하는 거래선 다변화의 중요 기회가 될 것이며, 이에 지속적 안정적 거래를 성사시키기 위한 상품화 관리 측면에서 조합 역량을 강화해야 한다.

넷째, 지역농업 발전을 위한 지역농정활동의 활성화와 지역사회 네트워크를 담당할 간부역량의 제고이다. 지역 내 지역농정을 다루는 대표적인 농업인단체가 부재한 상황에서 조합이 그 역할을 해야 하는 위치에 있다. 자체적으로 지역농업 관련 농정활동 역량을 키우고 지역 농업단체들과 연대활동을 강화하며, 지역의 주된 과제인 농업 · 농촌문제를 중심으로 지역사회의 제부문 기관 · 단체들과 네트워크 활동을 활성화해나가는 데 좀 더 중점을 두어야 할 것이다.

다섯째, 우리영농조합은 경제사업체로서는 일정한 성과를 거두고 있고 앞으로도 성장 가능성이 높다. 그러나 지역사회에 대한 배려(기여)라는 '참 협동조합'의 목표로부터는 상당한 거리가 있다. 우리영농조합의 핵심 임원들은 지역사회와 적극적 결합하고 기여하기 위해 노력하고 있지만, 조합원들의 의식과 상당한 괴리가 있다. 조합원들의 대부분은 자신의 경제적 이해에 매몰되어 있었다. 그렇지만 이를 조합원의 의식 탓으로만 돌릴 수 없다. 우리영농조합의 임원들이 그 동안 경제사업의 안정 및 확대에 매진한 반면 '참 협동조합'의 가치를 조합원에게 교육하고 공유하기 위한 노력은 상대적으로 소홀히 하였기 때문이다. 향후 우리영농조합이 단순한 경제조직이 아니라 '참 협동조합'으로 나아가기 위해서는 조합의 사업방식과 조합원들의 의식 변화가 필요하다.

영월 우리영농조합은 강원 영서남부의 조건불리지역 중소농들의 '참 협동조합'으로서 생산부터 가공 · 유통까지 일체화하는 지역농업 조직화의 희망, 농업인조직으로서만이 아니라 비농업인을 포괄하여 지역주민의 삶의 질 향상을 위한 지속가능한 지역공동체 만들기 활동을 수행하고 있다. 또한 지속적인 내부학습과 사업운영을 통해 조건불리지역 중산간지대의 중소농들의 협동화 · 조직화가 가능함을 실현해나가고 있다. 앞에서 자체 평가와 제기한 과제에서 보듯이 아직도 조직 운영 및 사업경영에서 헤쳐 나가야 할 과제들이 많다. 이들의 희망과 비전은 누구도 가보지 못한 길이기에 본받을 전형이 없다. 그런 면에서 이들의 희망과 비전이 조건불리지역 중소농들에게 협동과 연대에 의한 자립적 지역경제 만들기의 새로운 전형으로 시사점을 줄 수 있다고 전망한다.

08

# 일본 농산촌의 지역자원을 활용한 내발적 지역 만들기

오오이타현 히타시 오오야마정

## 일본의 농산촌 지역의 내발적 발전에 주목하는 이유

2차 대전 이후 일본의 지역개발정책은 전형적인 외래형 개발전략이었다.[1] 그러나 이러한 외래형 지역진흥전략은 환경파괴, 지역의 자립성 위축, 지역가치의 훼손 등 여러 가지 폐해를 가져왔다. 더욱이 그것은 도시와 농촌 간의 격차 해소에는 거의 기여하지 못하였다. 입지 여건이 좋은 일부 지역에서는 외지 기업유치에 성공하였지만, 거의 대부분의 농산촌에서는 인구가 급격히 유출되면서 과소화 문제에 직면하고 있다.[2] 일본 전체 국토의 48.1%, 전체 시정촌市町村의 37.4%가 과소지역으로 분류되고 있다. 일본의 과소화 문제는 1987년부터 인구의 자연적 감소사망자가 출생자를 상회가 진행되는 이른바 '제2

1) 전후 일본의 지역개발정책을 대표하는 것은 1962년부터 시작하여 지금까지 4차에 걸쳐 실시된 전국종합개발계획이다. 4차까지의 전국종합개발계획은 '국토의 균형 발전', '지역 격차 시정'을 기본 이념으로 하여 각기 수단은 약간씩 달랐지만, 수도권 공장 내지 업무 기능의 지방 분산을 통한 외래형 개발전략에 기초하였으며, 거점 · 중점 지역개발을 통해 이의 효과를 주변지역에 파급시킨다는 전략을 축으로 하였다.

2) 과소지역의 인구는 1960년대의 10년 간 25.2%, 70년대에 12.7%가 감소하였으며, 이런 감소 경향은 1980년 초반에 일시 둔화되기도 하였으나, 1980년대 후반에 다시 심화되고 있다.

차 과소화', 또는 '신과소화'라는 새로운 단계로 접어들었다. 「과소지역문제조사회」는 1990~2010년의 20년 동안 과소 시정촌 지역의 약 절반에서 인구가 30% 이상 감소할 것으로 예상한 바 있다. 일본 정부도 막대한 재정자금을 투입하여 과소대책을[3] 시행했지만 해결의 전망이 보이지 않고 있다. 더구나 80년대 들어서는 기업의 해외이전 러시와 중앙 정부의 재정위기 등으로 더 이상 기업의 유치나 중앙 정부의 지원에 기대어 지역발전을 도모하기가 어려워졌다. 이런 배경으로 인해 80년대 이후 지방이 주도가 되어 추진해 온 일촌일품一村一品 운동, 마을 가꾸기まちづくり, 마을 진흥まちおこし[4] 등 다양한 내발적 지역진흥운동이 새로운 주목을 받고 있다.

일본에서는 농산촌 지역을 중심으로 오래 전부터 내발적 발전을 실천해 오고 있는 사례가 있다. 그러나 내발적 지역진흥이 반드시 성공적이었다고 평가하기는 어렵다. 1980년대에 유행한 일촌일품 운동의 경우도 많은 지역에서 특산품 위주의 상품주의商品主義나 정부의 관련 보조금을 받기 위한 방편으로 이용됨으로써 제품의 유사성, 산지 간의 경합, 시장 확보의 곤란 등으로 실패한 지역이 많다. 또, 1990년대 들어 유행한 관광 · 리조트를 축으로 한 지역 활성화사업 역시 지역산업개발을 특정한 업종에 한정하고 지역 홍보나 교류 등 과시적인 효과에 치중함으로써 큰 성과를 거두었다고는 하기 어렵다. 그러나 한편으로는 지역 전통과 가치의 보전이라는 장기 비전을 갖고 종합적인 지역산업진흥 계획을 수립하여 내발적 발전에 성공한 지역도 적지 않다.

---

3) 과소지역 대책으로 가장 대표적인 것이 과소법이다. 과소법은 지금까지 3차에 걸쳐 갱신되었는데, 1970-1990년의 20년 간 약 25조 엔의 과소대책 사업비가 투자되었다. 그러나 주로 사회기반시설의 정비에 투자되고, 지역경제의 자생력 증진을 위한 시책은 결여된 것이 문제로 지적되고 있다.

4) 마을 진흥(まちおこし)란 용어는 오키나와의 '섬 진흥'(島おこし)이라고 불리었던 내발적 지역진흥운동에서 비롯되었으나, 학술적으로 정의된 용어는 아니고 지역활성화에 관련된 모든 활동(산업 진흥뿐만 아니라 도시계획까지 포함)을 지칭하는 유행어로 쓰이고 있다.

### 오오야마町, '신체적 위기 생활'로부터 NPC 운동을 전개하다

오오야마정大山町은 오오이타현大分縣 서부 히타시日田市의 중앙부에 위치한 1,000여 세대의 인구 4,000명 정도의 작은 정町으로 일촌일품一村一品 운동의 발상지로 유명한 곳이다. 일본의 『국민백서』에 의하면 1959년의 오오야마 주민의 거의 대부분은 신체적 위기를 느낄 만큼 매우 가난한 생활을 하고 있었다. 당시의 오오야마는 변변한 자원도 없고, 온천도 없으며, 경관이 좋은 것도 아니고, 철도나 고속도로도 지나지 않고, 유적이나 민요류 조차 없는, 아무것도 없었다. 더욱이 산간지역이라 경지규모는 논 · 밭 평균 농가당 5단보에 지나지 않았다. 이러한 조건에서 외래자본이 오오야마에 관심을 가질 리 없고, 전통적인 농업방식으로는 미래가 없었다. 하지만 농협조합장과 정장町長을 겸한 야하타 하루미矢幡治美의 강력한 지도18년간 겸직에 따라 오오야마 농업은 일대 변신을 시도했다. 야하타는 오오야마의 3악논, 소, 메이지 출생의 낡은 세대을 추방하고 "매실과 밤을 심어 하와이 여행 가자"는 비전을 제시하면서 제1차 NPCNew Plum Chestnuts 운동을 시작했다. 야하타는 이른바 지역자립에 기초하여 주민을 결집시키는 데 성공하였다. 야하타가 제시한 NPC 운동은 이후 오오야마를 내발적 발전의 모범적인 사례지역으로 만들어 가는데 논리적인 토대가 되었다. 즉, 제1차 NPC는 소득증대 중심으로, 그리고 1965년부터 시작한 제2차 NPCNeo Personality & Combination는 인간형성 중심으로, 1969년부터 시작한 제3차 NPCNew Paradise Community는 농촌다운 마을 가꾸기에 주력하였다.

#### ① 제1차 NPC(New Plum Chestnuts) 운동 : 소득증대운동

야하타는 1961년, 10년 후인 1970년에는 "노동절약, 경노동, 쾌적한 노동을 조건으로 하루 8시간 씩 연간 180일 일하고도, 건강하고 밝고 풍요로운 문화적 생활을 영위하는데 필요한 소득을 실현한다"는 이념과 목표를 설정하고, 오오야마의 농업을 근본적으로 재편하기 시작하였다. 우선 전통적인 농업미작+소으로부터 새로운 농업매실+밤으로 전환하기 위해 이른바 '3악의 추방'을 주창하였다. 야하타는 미작농업의 경우 오오야마는 면적도 작을 뿐 아니라 단보 당 생산량이 평야지역의 1/2에 지나지 않고, 소도 사육에 필요한 들판이 부족하고 노동이 과중한특히, 여성 반면에 수익성이 낮기 때문에 미작과 소를 중심으로 한 오오야마 농업은 장래가 없다고 판단했다. 그리고 새로운 농업을 추진하기 위해서는 전통적인 농업에 얽매이는 낡은 사고를 지닌 세대는 일선에서 물러나 줄 것을 주장하였다.

당시 일본 정부는 '쌀 한 가마 증산운동'을 전개하고 있었는데, 야하타는 이러한 중앙정부의 방침에 반대하고 오오야마의 쌀 생산을 자급 수준으로 억제하였다. 마을 산을 개발하고 논, 밭, 임야 등 생산기반을 정비 · 확대하는 한편, 매실과 밤을 기간 작목으로, 그 밖의 과수, 특산 작목을 보조 작목으로 도입하였다. 아울러 생산, 집하, 가공, 판매를 유기적으로 연계시키면서 공동조직을 통해 기존의 1차 산업 수입에 2차 산업, 3차 산업 수입을 더해 농업수입증대를 도모하였다. 당시 일본 정부는 농업구조개선을 위한 규모화를 추구하고 있었지만 야하타는 이른바 오오야마식 농업구조개선사업을 추진하였다. 즉, 다품종 소량생산에 의한 소규모 농업이른바 지네식 농업을 장려하고, 농업경영의 기초노동력인 부부 2인이 기분 좋게 노동할 수 있는 소규모 농업을 추진하였다. 예를 들어, 매실은 조생종 1단보, 중생종 1단보, 만생종 1단보 등 원칙적으로 3단보=900평를 경작 한도로 하였다. 야하타는 "오오야마에는 대규모 시설이 없다. 농기구도 별로 필요 없다. 그것은 소규모 농가의 특권이다. 농업구조개선사업으로 보조금을 받은 시설도 거의 없다. 차입금도 없고, 고정경비가 적기 때문에 경영부담이 적다. 오오야마는 정부의 보조금 농정에 대해 町의 자립 자조를 기본으로 한다"고 주장하고, 오오야마의 지역적 특성에 입각하여 소량 다품목 생산이라는 독특한 영농체계를 확립해야 한다고 주민들을 설득하였다.

야하타는 오오야마 농업의 재편에 앞서 대소비지 시장의 동향부터 파악하였다. 무엇이 팔리고 있는가, 장래의 소비 동향에 유리한 품목은 무엇인가, 전국적으로 봐서 아직 미개발이지만 일본인의 식생활을 고려하여 장래, 소비 확대 가능성이 있는 것이 무엇인가를 조사하였다. 그리하여 선택한 것이 매실과 밤이다. 특히, 매실과 밤의 보완성에 주목했다. 매실은 단위면적당 수입은 높지만 노동이 힘들고, 밤은 수입은 적지만 노동절약적으로 재배할 수 있는 작물이다.

야하타는 오오야마 농업의 전환을 위해 농업위원, 정町의회 의원, 농협 임원의 협조를 받아 지역町의 운명을 매실과 밤에 설었나. 오오야마町 일반 예산의 7할을 4년간 투입하여 밭에 매실이나 밤나무를 식재하는 경우는 비용의 2/3을 보조하고, 논에 심는 경우에는 전액을 보조하였다. 산에 심으면 행정에서 도로를 조성해 주었다. 그리고 수익이 발생할 때까지 생활비는 무이자로 町에서 대부하고 매실을 팔아서 갚도록 하였다. 2주간에 걸쳐 35개 전체 마을 마다 매일 아침, 점심, 밤 3회씩 좌담회를 실시하는 등 주민을 설득하고, 정이나 농협의 직원을 현장 지도원으로 전담토록 하였다. 그래도 부족한 부분은 정의 청년들을 지도원으로 위촉하고, 현에서 파견한 농촌지도소 직원의 도움을 받아 품종의 선택부터 재배까지 농민들을 지도하였다. 품종의 결정은 지도원의 책임 하에 결정했으며, 각 농가의 농지에 적합한 재배방식適地適家適栽方式을 취하였다. 매실은 반드시 조생, 중생, 만생의 3단계로 나누어 재배토록 함으로써 판매 위험을 분산시켰다. 이처럼 강력한 행정지도에 의해 매실 농업을 권장하였지만, 농민이 언제까지나 행정에 의존할 수는 없다는

생각에서 1969년, 농민 자신이 솔선하고 행정과 농협이 협력하는 이른바 agripartner 방식을 도입하였다. 지역진흥을 위해서는 일단 강력한 행정지도가 필요하기는 하지만, 농민이 자력으로 할 수 있는 시기에 농민에게 주도권을 넘기는 것이 중요하다고 생각한 것이다.

그러나 매실과 밤을 기간작목으로 오오야마 농업을 전환하는 것은 쉬운 일이 아니었다. 1963년엔 묘목 업자의 인식부족과 불량 품종의 혼합으로 묘목 조달에 문제가 발생하였다. 품종개량바꾸어 심기을 町의 부담으로 추진하였으나, 주민들이 반대하였다. 주민들이 행정에 대해서 불신을 갖게 되었고, 의욕을 잃어 매실 밭을 방치하는 경우도 나타났으며 방치된 밭에서 병충해가 발생하여 다른 밭으로 피해가 확산되기도 했다. 고민 끝에 야하타 정장町長은 주민의 합의와 동참을 얻어내기 위해 연속적인 이벤트를 개최하고, 1966년에는 하와이 여행계획을 발표함으로써 주민들을 다시 결속하였다. 그리하여

"매실, 밤 심어서 하와이로"라는 유명한 캐치프레이즈가 나왔고 주민들도 움직였다. 처음 여행계획을 발표하였을 때, 사람들은 하와이는 영화배우들이나 가는 곳인데 허풍을 떨지 말라고 조롱했다. 간신히 16명을 모집하였는데, 너무 큰 사건이라 여행자 한 사람 한 사람 모두 자기 마을에서 송별회를 열고 전별금을 받는 등 대소동이 벌어지기도 했다. 하와이는 물가가 비싸니까 필요한 물품은 가능한 한 오오야마에서 준비하기로 했다. 심지어 하와이의 아로와 셔츠도 비슷한 것을 직접 만들어 입고, 거기에 NPC라고 문구를 새겨 넣었다. 오오야마제製 아로와 셔츠를 입고 호놀룰루 공항에 도착하니 현지 사람들이 일본의 예능인이 온 것으로 알고, 오오야마의 농민이라고 해도 믿어주지 않았다. 옷에 새겨진 NPC의 N은 Nippon일본, P는 Peace평화, C는 Club이라고 해석할 정도였다. 하와이 여행은 현지에서 오오야마의 응원군을 조직하는 등 대성공을 이루었고, 농민들에게 커다란 자신감을 심어 주었다.

### ② 제2차 NPC(Neo Personality & Combination) 운동 : 체험으로부터 배우는 "사람 만들기"(인간형성)

제1차 NPC 운동은 경제적 향상을 도모한 것이었다면, 제2차 NPC 운동은 인간형성을 위한 것이었다. 1965년에 제정된 제2차 NPC 운동의 요강 제1조는 "모든 주민이 운명공동체의 구성원임을 자각하고, 건강하고 풍부한 마음을 지니고 생활할 수 있는 교양과 지식을 지닌 인간을 양성하는 것"을 목적으로 하였다. 그리고 "지역 주민이 보편적, 계속적으로 각종 행사에 참가하여 서로 기뻐하고, 서로 격려하고, 서로 위로하고, 서로 돕기를 맹세하고, 지속적인 연마를 통해 바람직한 습관을 체득하여 인격의 향상을 꾀하는 것"을 기본이념제2조으로 하였다. 남녀노소 구분 없이 참가하고, 주민의 자긍심을 고취시키기 위해 각종 행사를 개최하였다.

먼저 좋은 습관을 들이기 위한 학습을 실시하였다. 노인들까지 도시인과 같은 사교성을 갖도록 하기 위해 마을가꾸기 환담의 장, 마을 가꾸기 의식 고양, 강연회, 농업의 반성과 검토의 장, 지침 만들기의 장, 반성의 날 등을 가졌다. 뿐만 아니라, 1월1일 신년하례식, 1월15일 성인식, 2월11의 정제町制 기념일 등의 정례행사를 개최하였고, 2월에는 하와이 여행을 정례화 하였다. 농촌의 어두운 이미지를 바꾸어 명랑한 분위기를 조성하고, 청소년에게 농촌 생활의 즐거움과 미래에 대한 희망을 주기 위해서였다. 이외에도 3월에는 중졸 취직자 격려의 모임, 4월에는 합동위령제, 5월 5일은 어린이날, 6~7월은 농번기로 쉬고, 8월 15일 종전終戰일에는 전쟁과 평화에 대해 토론마당을 열었다. 9월 15일 경로의 날을 맞아서는 경로주간을 만들어 각 단지별로 마을 청년들이 노인들을 자신들의 차로 모시고, 지난 1년 동안 마을에 어떤 변화가 있었는지 정내町內 1일 견학여행을 하였다. 9월 23일에는 하루 부모의 날을 정하여 부모가 없는 아이들에게 아버지나 어머니가 되어서 함께 지냈다. 10월 10일은 체육의 날, 11월 13일은 감사의 날, 12월에는 서로 돕기 운동을 전개하였다.

해외에서의 체험학습에는 농협이 적극적으로 나섰다. 가능한 한 많은 사람의 참가를 유도하기 위해 선물구입이나 개인 용돈을 엄격하게 규제함으로써 여행경비는 최소화하였고, 여행자는 여행경비를 반드시 농협으로부터 차입토록 하였다. 농협은 정기예금 금리보다 낮은 돈으로 대출하는 대신 "자기 돈이 있으면 정기예금을 하라"고 권장하였다. 일반 대출보다 낮은 차액은 농협의 문화 활동 경비로부터 이차보전의 형태로 농협 신용부서에서 지불했다. 그리고 비상금은 농협에서 준비했기 때문에 개인적으로 따로 준비할 필요가 없었다. 이처럼 보통 여행과는 다른 오오야마의 독특한 하와이 여행이기 때문에 여행자농협조합원가 하와이에 갈 때는 모두 각자 자기 집에서 만든 여러 가

KONOHANAGARTEN
農業者によるバザール
木の花ガルテン
大分大山町農業協同組合

지 물건, 오오야마의 특산물을 가지고 가서 하와이의 오오야마 응원자들에게 선물하고 여러 가지 편의를 제공받았다.

이렇게 시작된 해외여행은 하와이 뿐 아니라 중국의 大寨, 이스라엘의 키부츠, 핀란드와 네덜란드까지 확대되었다. 1997년까지의 해외여행 실적을 보면, 하와이가 1967~1997년에 952명, 이스라엘키부츠이 1970~1997년에 56명, 중국吳縣市이 1992~97년에 396명, 미국의 아이다호중학1년생에 1990~1997년 455명한국중학 3년생에 1991~97년 455명, 유럽여성에 1992~97년 55명이 다녀왔다.

해외 체험학습 뿐 아니라 국내 체험학습도 시행했다. 국내외의 선진지를 견학하고, 여러 유형의 사람들을 초대하여 민박을 시키면서 교류하였다. 또한 생활학원이라는 이름의 생애교육을 실시했다. 생활학원은 "스스로 배우고, 스스로 공부한다"自學自習는 슬로건 하에 동료가 선생이 되어 서로를 가르치는 방식으로 진행되었다. 입학하기는 쉽지만 졸업은 거의 불가능한 평생교육이다. 우수한 자녀의 교육이 마을 가꾸기의 기초라는 생각에서 농협 지도사업의 일환으로 육영자금을 교부하였다1957년의 농협 육영자금 교부 규정 이후. 이 육영자금은 졸업 후 오오야마에서 농업에 종사할 것을 약속한 농협 조합원 자녀로서 농업관계 고교, 고등전문학교, 대학 등에 입학한 자에게 지급하였다. 육영자금은 매년 예산 범위 내에서 교부하되, 금액은 월 1만 엔 정도였다. 100여명이 지원 받았으며 거의 대부분 마을에 남아 농업에 종사하거나 농협직원, 공무원 등으로 일하고 있다. 그리고 문화체험버스culture bus를 운영하여 인근의 후쿠오카시, 북큐슈시, 오오이타시, 구마모토시 등 도시의 문화생활을 체험할 수 있도록 하였다. 버스의 렌탈료는 무료이고, 버스 운전은 농협 직원이 담당하였지만 유류대, 버스 실내외 청소 등은 이용자들이 부담하였으며, 커뮤니티 운동의 일환으로 시행했다.

또한 주민교육을 위해 미디어를 적극적으로 활용했다. 1950년대 말, 당시 농촌에서는 신문은 거의 구독하지 않았고, 라디오 뉴스도 듣는 농민이 많지 않았으며 자신의 상식을 향상시키겠다고 생각하는 사람은 거의 없었다. 오오야마에서는 1957년부터 유선방송을 시작하여, 매일 아침 5시부터 NHK 방송을 중계하였다. 5시에 자명종이 울리고, 6시부터 오늘의 농작업이나 농산물의 시황, 농협으로부터의 연락사항을 알리고, 12시에는 일반 뉴스, 저녁 7시에는 정규뉴스, 오늘의 사건보고나 공부 시간, 밤 9시에는 내일의 행사일정을 전달하였다. 각 가정에는 스피커가 부착되어 싫든 좋든 듣도록 하고, 매일 5분씩 조합장의 시간을 가졌으며 농협 기관지 『NPC』1971년부터 매월를 발행하고, 5년마다 『사랑하는 우리 綠地 마을』이라는 영화를 촬영1971년부터 시작해오고 있다.

### ③ 제3차 NPC(New Paradise Community) 운동 : 마음이 풍요로운 살기 좋은 마을 만들기

1969년부터 시작된 제3차 NPC는 사람들이 즐겁게 살 수 있는 운명공동체의 이상을 실현하기 위한 환경 만들기 운동이었다. 즉 "근대적 생활을 향유하면서 건강하고, 밝고 여유 있는 생활을 영위할 수 있는 환경을 정비함으로써 누구라도 살고 싶어지는 농촌다운 마을, 마을다운 농촌을 만드는 것"을 목적으로 하였다. 이를 위해서는 시설을 개선해서 환경을 정비하는 하드 측면의 사업도 중요하지만, 선의에 충만한 이웃과 함께 살아가는 소프트 측면의 정비도 중요하다. 하드 측면에서는 도시와 농촌의 격차가 점차 확대되고 있지만 농촌에 청장년을 정착시키기 위해서는 무엇으로든 이 결함을 보충하지 않으면 안 되었다. 즉, 도시보다 더 살고 싶은 농촌의 환경을 만들기 위해서는 도시에서는 얻을 수 없는 독특한 소프트 측면의 사업이 필요했다. 그러한 측면에서 '인간애'를 기초로 한 시책의 추진이야말로 농촌에 사는 주민들의 특권이다. 옛날 농촌은 운명공동체였다. 야하타는 “일인은 만인을 위해서 만인은 일인을 위한” 농촌사회를 건설하려고 했다.

이러한 이념을 실천하기 위해 35개 부락을 8개의 생활권으로 나누어, 지역주민들의 일상적인 활동범위를 기준으로 한 지역문화집적단지와 사회생활의 활동범위를 기준으로 한 연합문화집적단지를 건설하였다. 지역문화단지는 지역의 노인이나 어린이가 통상 활동할 수 있는 범위, 지역의 주민이 일상생활을 하는데 필요한 활동범위로 대략 걸어서 5~15분 정도의 공간을 상정했다. 생활권 내 지역 주민은 대체로 500인 이상으로 하고, 가게나 이발소 등이 운영되기 위해서는 단지 당 최소 150호 정도가 필요했다. 연합문화단지는 지역의 주민이 사회생활 또는 통상의 경제생활을 하는 활동범위로서 대략 자동차로 10분 이내의 범위로 하였으며, 지역 내 인구는 대체로 2,000인 이상이고, 오오야마 전체를 두 개의 단지를 구상하였다.

지역문화집적단지 생활권 정비에서 중요한 것은 마을의 기반정비, 커뮤니티의 활성화다. 지역문화집적단지에는 축제와 스포츠를 활성화시키는 것이 필요했다. 단지마다 여러 가지 축제를 열어 구성원 상호간의 융화를 꾀하는 동시에 단지 대항의 스포츠 대회를 열어 단지 내의 결속을 강화하였다. 또, 단지 내에는 반드시 라이프 센터를 두어 음료, 식료품, 일용품 등 일상 물품을 사기 위해 멀리까지 나가지 않아도 되도록 했다. 라이프 센터의 각 상점은 일반 상인에게 임대하였고 이발소, 미용원, 술집 등도 임대방식으로 운영했다. 또한 각 단지마다 설치된 커뮤니티 센터에는 ‘집회소’를 두어 단지주민들이 학습하는 장소, 신문이나 도서를 열람하는 장소, 영화를 상영하는 장소, 오락, 음악, 연주회 등의 개최장소로 활용하였다. 여기서는 부인회에서 춤 강습, 꽃꽂이, 요리교실 등도 개최했다. 또한 커뮤니티 센터에는 부대시설로 농작물의 집하장, 선과시설, 가공 · 포장시설과 같은 생산시설도 갖추고 있다.

이를 문산공장文産工場이라고 불렀다. 한편, 연합문화단지는 강연회나 대형 이벤트가 가능한 시설을 갖추고, 민간시설로서 의료기관, 의사, 약국, 문방구, 주유소, 자동차수리시설 등을 유치했으며 농협의 지소를 개설하였다.

야하타 정장은 인구 4~5천명에 지나지 않는 작은 농촌 지역을 8개의 생활권으로 나누어 8개의 문화집접단지를 구상한 이유를 두 가지로 설명하였다. 하나는 이스라엘의 키부츠의 환경정비를 참고했다는 것이다. 키부츠는 집락의 중심에 커다란 식당이 있고, 그 곳에서 가장 가까운 곳에 노인의 집, 보육원과 유아원 등 약자들의 시설이 있다. 그 외각에 장년층의 집이 나란히 있고, 또 그 외각에 젊은이의 가정이 배치되고 있다. 키부츠에는 여러 가지 편리한 시설이 합리적으로 집락의 중심에 위치한다. 또 다른 하나의 이유는

町 청사 건설의 실패 경험이다. 오오야마는 작은 지역이기 때문에 행정, 경제, 교육의 삼위일체로 지역진흥을 하지 않으면 안 된다는 생각에 町 사무소의 건물을 세 방향으로 나누어서 하나는 행정 빌딩, 하나는 경제 빌딩, 하나는 교육 빌딩을 세우고 가운데에 읍장실과 의회사무실을 두었다. 교육 빌딩에는 부인회의 요청을 받아들여 요리교실을 설치하였는데, 요리교실은 町 사무소 주변의 부인들이 가끔 이용할 뿐 여타의 부인들은 거의 이용하지 않았다. 町 사무소가 너무 멀기 때문에 시간을 내어 이용하기가 힘들다는 것이었다. 마찬가지로 청년단의 요청을 받아들여 도서실을 교육 빌딩에 설치했지만 사정은 마찬가지였다. 이러한 사례는 주민들이 일상적으로 이용할 수 있는 곳일상 생활권에 시설을 둘 필요가 있다는 것을 의미한다. 중심부에 모든 것을 두는 것은 주민들의 이용에 불편할 뿐만 아니라 町 내의 과소와 과밀이라는 새로운 문제를 야기할 수 있다.

주민의 건강 및 복지 증진을 위해 농협 공제사업의 일환으로 매년 정기검진을 실시하고, 혈액형을 등록토록 하였다. 그리고 농부병을 없애기 위해 노동을 경감할 수 있도록 하였다. 후계자의 육성도 단순히 농업경영 측면에서뿐 아니라 노후의 복지대책의 측면에서 신중하게 추진해야 할 과제이다. 오오야마는 전국적인 보험제도가 실시되기 이전에 자체적으로 건강보험제도를 창설했는데, 보험료는 능력에 따라 차등 부과하였다. 35개 마을 마다 1인씩 복지위원을 위촉했으며 농협이 협력부대의 역할을 담당하였다. 복지위원은 저소득자의 원조 및 갱생, 노인복지, 청소년문제, 모자세대 및 신체장애자와 정신박약아의 원조와 갱생, 장기요양자의 원조, 주민의 건강관리, 지역의 환경 및 위생에 관한 것 등을 담당했다. 오오야마에 부자는 있어도 좋지만, 가난한 사람이 있어서는 안 된다는 생각에 원호 자금 조례를 제정하고 주민들에게 기부금을 모금하였다.

또, 온천 휴양지로 유명한 벳부別府에 농협이 경영하는 오오야마 정민町民의 휴양소를 건립하고 오오야마 정 사람이라면 누구라도 무료로 사용하도록 하였다. 정원에는 연못이 있고 일층에는 연회장, 목욕탕, 세탁실, 취사장, 화장실이 완비되어 있으며, 2층에는 침대 방과 일본식 다다미방이 있고, 응접실 겸 담화실에는 텔레비전, VTR 세트, 레코드플레이어 등 당시로서는 첨단 시설을 완비하였다.

1987년 1월에는 작은 시골 동네에 CATV방송을 개국하였다. 총사업비로 5억5천2백4십만 엔이 소요되었는데 50%는 농림수산성의 보조, 45%는 과소채, 5%는 町 자체예산으로 충당하였다.

## 오오야마 농업(혁명)이 추구한 것

### 중후장대重厚長大형 농업에서 경박단소輕薄短小형 고차원 농업으로!

오오야마에는 소 축사가 사라지고, 냉방장치가 된 팽나무버섯 재배사가 들어섰다. 다른 작목도 가볍고 고가인 것으로 선정했다. 예를 들어, 쌀은 30kg 단위이지만 과일은 1kg 단위로 거래할 수 있다. 오오야마에서는 1972년 매실 다음으로 자두를 새로이 도입하였다. 자두는 한 품종에 0.5단보 한도로 재배를 권장하였다. 열매를 딸 때에 하나하나 정성껏 취급하면서 소정의 판매 용기에 넣지 않으면 안 되고, 오전 중 시원한 때에 끝내야 하기 때문에 소규모가 아니면 안 된다. 6개 품종 모두를 재배하는 자두농가는 합계 3단보가 되지만 지형상 그보다 넓으면 안 된다고 권고하였다. 매실, 자두 수확이 끝나면 7~8월에는 포도거봉를 수확하고, 그 후에는 밤, 은행, 유자 등을 수확한다.

6종의 과수 생산시스템을 확립한 후 오오야마 농협에서는 독자적으로 가공공장을 개설하였다. 과수 중에는 아무리 노력하더라도 생과로는 시장에 출하할 수 없는 불량품, 규격외품이 나오기 마련이다. 이러한 농산물을 가공해서 부가가치를 높이기 위한 가공시설을 도입한 것이다. 매실즙을 이용한 드링크, 잼, 우매보시 등을 만들었다. 이 때 중요한 것은 농촌에서 만든 것은 건강식품이이기 때문에 첨가물을 사용해서는 안 된다는 것이다. '과연 농촌의 제품이다'라고 소비자가 안심하고 이용할 수 있도록 하기 위해 오오야마에서는 설탕 대신에 포도당을 사용하여 단맛을 내도록 했다. 매실 다음으로 자두, 포도, 밤, 은행, 유자 등 町 내에서 생산되는 모든 특산물을 가공하여 농가의 부가가치를 높였다. 가공 사업은 단순히 생산물의 부가가치를 높이는 것 뿐만 아니라 인간형성 혹은 생활안정 측면에서도 좋은 영향을 가져다준다. 농가의 부인은 월급을 받으면서 집에서 일하며, 이것을 통해 기술훈련, 농업의 장려, 토양 만들기의 훈련 등을 할 수 있기 때문이다.

가공 이외에 경지가 필요하지 않은 농산물을 개발하는 것이 고차농업에서는 중요하다. 예를 들면 표고버섯을 협동재배하고 있는데, 표고버섯의 종균種菌은 농협이  운영하는 독자적인 시험연구기관에서 배양하여 농협 직영농장 혹은 지역 내 우수한 청년들의 공장에 공급, 배양하여 이것을 町 내의 150농가 버섯재배사에 공급했다. 담자균 버섯, 송이과 버섯도 같은 방법으로 재배하였다. 이 외에 토지가 없어도 할 수 있는 농업으로 패션 식물, 장식용 식물, 컬러 야채 등을 재배했다.

오오야마는 독특한 농업구조 개선을 추구하였다. 그것은 4勞3休1주일 중 4일 일하고 3일은 쉬는 농가 양성, 월수입이 있는 농가 만들기, 안정수입농가 만들기 등을 3가지 축으로 되어 있었다. '주휴週休 3일 농가'를 양성하기 위해서는 소량다품목 생산방식이 불가피하다. 이것이 매실은 3단보, 자두는 1품종 0.5단보 등으로 제한했던 이유이다. 부부 두 사람이 오전 중에 작업을 끝내고, 오후는 여가의 시간으로 인간형성에 힘쓰도록 하였다. 오오야마 농업의 경우 6종류의 과수가 봄부터 겨울까지 재배되기 때문에 연간 6회의 수입을 기대할 수 있다. 그렇지만 이것으로는 부족하다. 매월 수입이 들어와야 하기 때문이다. 월수입이 있는 농가 만들기를 위해 매월 수입을 얻을 수 있는 특산물팽이버섯의 재배, 생표고, 송이버섯, 담자균 버섯 등을 개발하였다. 또한 물 냉이, 아스파라가스, 부추, 산초 등 용돈벌이의 특산품을 차례차례 개발해 나갔다. 날씨나 풍흉에 영향을 받지 않는 안정수입 농가를 만들기 위해 소량다품목 생산시스템을 도입하여 위험을 분산시켰다. 소량이면 여가를 이용해서도 양질의 물건우량품을 생산할 수 있다. 또한 날씨에 좌우되지 않는 시설작목도 개발하였다.

오오야마는 독자적인 소득확보방식을 채택하고, 농업정책이 아니라 농민정책에 힘을 기울였다. 당시 정부 농업정책의 중점은 쌀 증산에 있었고, 어디서나 증산, 또 증산을 외쳤지만 농가소득에 대해서는 명백한 목표가 없었다. 반면에 오오야마에서는 농가소득을 농정의 목표로 분명히 제시하였다. 농가도 생활을 즐기고 문화생활을 추구하는 것이 궁극의 목표로 되어야 한다. 이를 위해서는 높은 소득율 목표를 설정하고, 고부가가치 농산물을 생산해야 하며 가급적이면 고정자본과 시설, 토지기반정비 등의 자본투하를 최소화하여 최대한 경비를 절약해야 한다.

오오야마는 고차원 농업을 추구하였다. 이를 위해서는 먼저 고차원 농업생산을 달성해야 했다. 오오야마는 농촌이긴 하지만 1차 산업만으로는 충분치 못했다. 2차 산업 즉 농산물가공을 발전시켜야 하고, 농민의 손으로 브랜드 제품을 만들어 농민의 독자적인 유통기구를 통해 판매하는 3차 산업도 발전시켜야 했다. 이에 야하타는 고차원농업을 달성하기 위해 연구개발에 착수하여 저농약 · 무농약농법 등을 개발하고, 생산기술과 가공기술의 향상을 도모하였다. 오오야마에서는 1.5차 산업이란 말을 사용한다. 아무리 세심한 가공을 한다고 하더라도 식품기업의 자본력, 높은 기술, 판매 네트워크에 언제까지 대항할 수 있겠는가. 정부의 지도에도 불구하고 많은 농촌의 농산가공이 기술문제, 판매망의 문제로 실패했다. 이러한 한계를 극복하기 위해 오오이타현의 히라마츠平松 前지사는 1.5차 산업을 제창하였다. 즉, 2차 산업 반보 직전의 1.5차 산업, 농민다운 공업으로 나아가야지 완전한 2차 산업으로 똑같이 경쟁한다면 도저히 기업을 당해 낼 수 없다는 것을 강조하였다. 그리고 농민다운, 농촌다운 농산가공의 방식을 장려하였다. 하지만 저농약, 저당도, 저염식품은 부패하기 쉽다. 그러나 오오야마는 소량생산이기 때문에 재고가 적고 회전이 빨라 부패현상이 상대적으로 덜했다. 그 대신 손이 많이 들어간다. 부패한 것은 즉시 선도가 좋은 것으로 교환해 주었다. 1.5차 산업이라는 것은 그 지역에서 생산한 물건을 그 지역 주민의 손으로 가공하여, 그 생산물을 주변의 좁은 지역 내에서 판매한다는 특성이 있다. 다른 지역에서 원료를 대량으로 매입하거나 빌린 기술로 제조하여 생산물을 대도시에 판매하는 것은 보통의 기업이 하는 방식이다. 하지만 1.5차 산업은 지역의 특성을 살려 봄, 여름, 가을, 겨울이라는 계절에 따라서 생산되는 것을 한정 상품으로 조금씩 만드는 것이다. 오오야마는 원료는 농가와 계약재배로 충당하고 비용을 절감하는 생산을 추구하였다. 야하타는 농협에서 이윤을 취하려고 생각해서는 안 되며, 원료대와 인건비가 충당되면 그것으로 충분하다고 생각하였다.

또한 오오야마에서는 2.5차 산업을 지향한다. 3차 산업의 반보 직전에 다른 무대에서 판매행위를 하면, 무리한 경합은 하지 않아도 좋다. 그 첫째는 오오야마 町이라는 네임 밸류name value를 이용하는 것이다. 다음으로 물건을 파는 것이 아니라 마음을 파는 것이라는 생각이 중요하다. 사람과 사람의 교류, 마음을 파는 것이 2.5차 산업이다. 계절별로 소비자를 초대하고, 외판직원을 육성했다. 위탁판매 뿐 아니라 농협이 농민으로부터 생산물을 구입, 가공하여 농협직원이 백화점이나 공항 호텔 등에 직접 가지고 가서 판매하였다. 오오야마는 마음mental 농업을 추구한다. 성의를 다해 생산하고, 또한 소비자가 좋아하는 것, 소비자가 사고 싶도록 하는 것, 소비자의 마음을 움직이는 판매를 중시한다.

### 농촌과 도시의 교류를 통해 지역경제의 활성화를 도모하다.

#### ① '히비키노사토ひびきの郷', 주식회사 오오야마 꿈 공방夢工房

'ひびきの郷'란 그 뜻이 '메아리가 있는 마을고향'이라는 의미지만, 여기서는 'ひびき계곡'에 위치한 체험 및 보양온천숙박시설단지의 이름으로서 이곳을 한번 왔다간 외지인들이 마치 '메아리'처럼 되돌아서 지역의 활성화에 기여하기를 바라는 희망을 담고 있다. 히비키노사토의 운영을 책임지고 있는 것이 주식회사 오오야마 꿈 공방夢工房이다. 오오야마 꿈 공방이하, 꿈 공방은 1998년 오오야마 町2005년 日田市에 합병됨이 출자하여 만든 제3섹터이다. 지금 이 꿈 공방의 경영을 책임지고 있는 三苫 사장은 1995년부터 10년 간 오오야마의 町長을 지낸 사람이다. 즉, 이 꿈 공방은 三苫 사장의 작품이라 할 수 있다. 三苫 사장은 농업으로부터 가공, 서비스업에로 산업구조를 전환하고, 나아가 지역에 잠자고 있는 관광자원을 활용하는 것이 꿈 공방의 설립 목적이었다고 했다. 이를 위해서는 산업계의 담장을 헐고, 관민, 시정촌의 경계를 넘는 연계가 필요하다고 생각하고, 이러한 연계가 가능하기 위해서는 행정이나 농협이란 기존의 조직이 아닌 새로운 조직이 필요하다고 생각했던 것이다.

우선 꿈 공방의 이념부터 살펴보자. 꿈 공방은 미래를 농촌과 도시가 상호 교류하는 시대이고, 환경의식을 자각한, 브랜드 의식이 강한, 개인 중시의 성숙사회라고 인식한다. 지금까지 키워 온 오오야마의 개성 있는 지역 가꾸기를 독자적인 강점으로 하고, 그 가운데서도 농촌·농업을 기초로 새로운

농업비전을 위해 노력하고 있다. '농업과 식', '농업과 환경', '농업과 교육', '농업과 관광'의 분야에서는 누구에게도 지지않는 유일only one의 세계를 지향한다. 구체적으로는 술의 개발 판매 등 풍족한 농촌의 소재를 살린 상품을 개발한다. 농촌이 키워 온 전통식傳統食을 기초로 새로운 식문화를 창조한다. 기존 조직이나 신규농업참여자와 연계해서 안전하고 건강한 농산물을 생산한다. 농촌의 기技나 습관이라는 문화를 확산시켜 나가는 동시에 전원풍의 라이프 스타일을 구축한다. 여유 있는 공간이나 느긋한 시간을 제공한다. 이렇게 함으로써 세상의 사람들에 대해서, 세계에 대해서, 일본에 대해서, 지역사회에 대해서, 그리고 손님에게 감동과 공감이라는 훌륭한 만족을 제공하고 나아가서 사회에도 공헌하고 싶다는 것이 꿈 공방의 출발이념이다.

꿈 공방은 2010년 현재 종업원 72명에 7억3천만원의 연 매출을 올리고 있다. 산업관광업으로 등록되어 있는데 ① 농산물가공 및 농산가공품의 제조판매, ② 과실주류 및 리큐류의 제조 판매, ③ 요리점의 경영, ④ 숙박사업, ⑤ 대중목욕탕 사업, ⑥ 히타시로부터 위탁받은 공공시설의 관리 등을 맡고 있다. 꿈 공방은 2001년 닛카 위스키와 업무 제휴를 맺고, 닛카의 기술을 활용한 고급 매실주의 생산에 노력하고 있으며, 이 매실주는 홍콩과 대만 등 해외에 수출하고 있다.

② 고노하나가르텐木の花カルテン

고노하나가르텐은 농민직판장과 우메보시 저장실, 찻집레스토랑, 도예공방, 유기농식당 등의 시설을 갖추고 있는 오오야마 농협의 종합 직판장으로서 접근하기 쉽게 고속도로 쪽에서 오오야마로 진입하는 국도변에 위치하고 있다. '木の花'란 일본의 전설에 나오는 두 공주 중의 하나로써, 해산물바다공주인 海の花와 산나물산 공주인 木の花 중에서 오오야마는 산이 많기 때문에 '木の花'라는 명칭을 사용한다. 보통의 경우, '木の花'는 '기노하나'라고 발음하지만, 이것이 공주의 이름으로서 고유명사이기 때문에 여기서는 '고노하나'로 읽는다.

전부 유기농식자재를 사용하는 '고노하나가르텐'의 '오르가닉 팜Organic Farm'은 워낙 인기가 많아 조금 늦은 시간이면 좌석이 없어 입장을 원하는 사람들이 줄을 설 정도이다. 가격은 싼 편이 아니지만 모든 식자재가 인근에서 조달되고 있기 때문에 매우 신선한 것이 장점이며, 방문객의 대부분이 노인이거나 여성이라는 것도 특징이다. 유기농으로 만든 100가지의 요리가 뷔페식으로 진열되어 있어 누구나 원하는 음식을 원하는 만큼 먹을 수 있다. 때문에 인근지역은 물론이고 큐슈 전 지역에서 이곳을 찾고 있다.

오오야마의 고노하나가르텐은 5개소오오야마 1개소, 오오이타시 2개소, 후쿠오카시 2개소가 있는데 모두 농산물 직판장과 식당으로 이루어져 있으며, 년 매출액은 오오야마 본점이 약 7억 엔, 오이타와 후쿠오카지점이 약 5억 엔으로 전부 12억 엔 정도이다. 12년 전, 농가소득증대를 위한 직판장 설치가 효시이며, 생산농가 스스로가 가격을 결정한다는 것이 큰 특징이다각 상품의 바코드를 농가에서 생산자가 직접 부착함. 이 직판장에 통해서 판매하는 농가 중에서 년 판매고가 1,000만 엔 이상인 농가도 있다. 판매방식은 농가에서 매장까지 운반해 온 것을 위탁판매=판매대행하는 방식이며, 판매대금은 1주일 후에 입금된다. 재고율은 5%미만으로서 대부분이 판매되지만, 팔고 남은 상품은 그 다음날 아침에 농가에서 회수해 간다.

이곳의 '식당'은 2001년 4월에 오픈했는데, 개설 목적은 출하된 농산물로 만들 수 있는 요리의 종류와 조리방법 등을 소비자들에게 알리기 위해서 였다. 그러므로 유기농야채요리, 오오야마의 전통요리, 건강에 좋은 요리가 중심으로 이루고 있다. 방문객의 80% 이상이 여성이고, 지역 내에서 생산된 신선한 재료를 사용하기 때문에 맛이 양호하며 여성방문객들의 입소문 덕분에 빠르게 성장하고 있으며, 앞으로 전망도 좋다. 장소도 좋지 않고, 접근도 불편한데도 불구하고 손님들이 많다. 특히 큐슈 지역신문에 보도된 후 더욱 손님이 많아졌다.

이곳 고노하나가르텐 시설 중의 하나인 우메보시 저장고는 지하에 돌창고로 되었으며, 매년 우메 콘서트가 개최되고 있고, 지역홍보, 도농교류의 장소로도 활동된다. 이곳에서 생산되는 우메보시의 가격은 50kg 한통에 보통 15만 엔, 10년 숙성된 것은 30만 엔을 호가하고, 430년 된 우메보시도 전시되어 있다. 이 곳 관리자에 따르면 고노하나가르텐 운영의 어려운 점은 '손님은 많은데 물건이 부족하다'는 것이다. '계절상품을 원하는 손님들의 수요를 충족시키기 위해 하우스농사시설자금의 2/3 지원를 권장하고 있다'고 한다.

### 오오야마의 내발적 발전의 시사점

내발적 발전론은 다분히 이념적 색채를 띠고 있다. 그렇지만 내발적 발전론은 단순히 이념적인 것은 아니고, 외래형 개발이나 외부자본 유치의 한계 및 폐해에 대한 현실적 인식에 기초하고 있다. 많은 농산촌 지역은 실제로 외래형 개발로부터 소외되어 있고, 외부자본을 유치하고 싶어도 들어오려고 하는 자본이 없다. 대부분의 농산촌 지역은 자본의 관점에 볼 때 개발이나 투자의 매력이 없는 곳이다. 그런 점에서 일본의 대표적인 농산촌지역인 오오야마 町의 발전은 '운명적'으로 내발적일 수밖에 없다.

오오야마 정이 내발적 발전에 성공할 수 있었던 것은 주민들이 문제위기의식를 공유하고, 장기적 비전과 목표에 따라 지역자원의 재발견, 리더와 주체의 형성 등 문제 해결체제를 구축하고, 적절한 지역산업진흥 전략을 추진하였기 때문이다. 오오야마의 내발적 발전을 농촌개발의 목표이념와 전략 등의 관점에서 간단히 정리해보자.

우선 농촌개발의 목표이념는 농촌다운 농촌을 건설한다는 것이다. 농촌은 도시와 달리 예부터 운명공동체이고 자연과 더불어 존재한다. 따라서 내발적 발전은 인간과 인간의 공생, 인간과 자연의 공생생태계의 보전 즉 지속가능한 사회를 추구한다. 이러한 관점에서 볼 때 도시지향형의 농촌개발은 성공할 수 없다. 도시의 편리성 또는 생활의 하드웨어 측면만을 강조한다면 도시와 농촌의 격차는 해소될 수 없다. 이런 상황에서는 사람들이 농촌을 떠나려는 것은 너무도 당연하다. 오오이타현의 히라마츠平松지사는 "인구의 과소화는 두렵지 않다. 무서운 것은 마음의 과소화이다. 설사 과소화가 계속된다 하더라도 거기에 의욕을 가진 사람들이 늘면 된다"라고 말한다. 오오야마의 야하타 정장은 옛 농촌의 장점을 살리자고 하였다.

농산촌지역의 내발적 발전 전략에서 중요한 것은 첫째, 지역발전의 통합성 즉, 경제, 문화, 환경자연의 통합적 발전을 추구하는 것이다. 지역경제는 지역에서의 인간적인 삶의 발전에 공헌하는 물질적 기초에 지나지 않는다는 인식이 주민들에 의해 공유되어야 한다. 오오야마에서는 앞에서 보았듯이 제1차 NPC운동은 소득증대를 중심으로 추진되었지만 제2차 NPC에서는 인간형성 및 인격 양성이 주된 과제로 되었고, 제3차 NPC는 근대적 생활을 향수하면서 건강하고 밝고 여유 있는 생활을 영위할 수 있는 환경을 정비하여 누구라도 살고 싶어지는 농촌다운 마을, 마을다운 농촌을 건설하는 것을 목표로 추진되고 있다. 주민의 생활권을 중심으로 문화시설집적단지를 건설하고, 케이블 TV를 설치하고, culture 버스를 이용하여 주민들이 인근 대도시에서 단체로 문화생활을 할 수 있도록 하고, 온천 휴양지 벳부別府에 오오야마 주민을 위한 휴양소를 설립하는 등 주민의 삶의 질의 향상을 위해 노력하였다.

둘째, 오오야마는 복합산업화를 추구하였다. 1차 산업을 기반으로 1.5차 산업, 2.5차 산업을 육성하였다. 주식회사 오오야마 꿈 공방과 같은 제3섹터를 설립하여 산업구조의 전환을 위해 농산물의 가공 및 농산가공품의 제조판매 뿐 아니라, 매실주의 제조 판매, 요리점과 숙박업과 온천 등 다양한 사업을 전개하고 있다. 또한 고노하나가르텐과 같은 농산물 직판장과 유기농식당을 운영하여 도시의 관광객을 끌어들이고 있다. 또한 위험분산과 경영의 안정을 위해 경영의 다각화도 추진하고 있다. 오오야마는 다품종 소량의 지네식 농업으로 유명하며 처음에는 매실, 밤 등 6종의 품목으로 시작하였으나, 현재 이 마을의 재배품목은 버섯을 비롯하여 120여종 이상이며, 여기에 농가공매실을 이용한 드링크, 잼, 우매보시 등 180품목 등과 유통3곳의 직판점과 약 350여 곳의 위탁판매소 등도 연계 · 발전하고 있었다.

셋째, 틈새시장, 주변시장을 겨냥한 안정적 경영을 추구하고 있다. 오오야마는 主食이 아니라 과일과 기호품을 중심으로 한 고부가가치 농업을 추구하였다. 또 내발적 개발은 안정적 경영을 지향하기 때문에 무리한 시설 투자를 하지 않는다. 오오야마의 가공 산업과 유통은 '농민다운 1.5차 산업, 2.5차 산업'의 전략을 취하고 있다. 즉, 1.5차 산업이란 그 지역에서 생산한 물건을 그 지역에서 가공하여, 그 생산물을 그 주변 지역에 판매하는 것이다. 다른 지역에서 원료를 대량으로 이입하거나 빌린 기술로 농산물을 가공하여 대도시에 판매하는 것은 식품 대기업과 경쟁하여 이길 수 없다는 것이다. 대신에 소량 다품종 생산과 신선도, 품질로 경쟁력을 확보하는 전략이다. 또한 오오야마는 고정자본, 시설, 토지기반정비 등 자본투하를 최대한 피해서 경비절약에 최대한 노력하고 있다.

넷째, 지속적 혁신이다. 많은 연구자들은 소규모 산지의 내발적 발전이 빠지기 쉬운 가장 큰 문제로 기술발전의 고착lock-in 현상을 들고 있다. 특히 각지에서 내발적 발전의 경쟁이 가속화할수록, 개방과 국제화가 진행될수록 지속적인 위기가 도래하므로 이에 대한 대응과 자기 혁신이 필요하다. 혁신을 위해서는 리더의 기업가 정신 및 인재의 양성과 아울러 지역 내 상호학습 및 외부와의 교류 시스템의 체계화가 요구된다. 오오야마가 꾸준히 고차 농업, 연구개발형 농업을 지향하는 것이 그 좋은 예이다. 처음에는 매실에서 시작하여 앞에서 언급한 것처럼 현재는 약 120품종을 개발하여 생산한다. 버섯류와 매실에서 일본 제일의 생산 기술과 품종 을 보유하고, 또 가공기술 개발하여 약 180여종의 농산물 가공품을 생산하고 있다. 이를 위하여 전국 경진대회를 개최하고, 농협 중심으로 생산 · 가공기술의 연구버섯연구센터를 한다. 그리고 해외에 인재를 파견하는 등 인재 양성에 노력하고 있다. 오오야마에서는 젊은 후계자들을 이스라엘의 키부츠, 핀란드, 네덜란드에 파견하여 선진 유럽의 농업기술을 습득하게 하거나 외국인을 정町의 촉탁직원으로 채용하여 정보교류 창구로 활용하고 있다.

다섯째, 자율적 산업 · 경제구조와 통제기구의 확립이다. 내발적 발전에는 내부적으로 기회주의적 행동을 통제하고 협력 체제를 확보하고 외부적으로는 외지자본을 규제할 수 있는 통제 시스템의 형성이 관건이다. 오오야마는 농업생산 및 유통의 혁신을 개인적 차원이 아니라 마을 전체로 도전함으로써 성공할 수 있었다. 오오야마의 제3차 NPC운동풍요로운 마을 만들기은 옛 농촌의 장점 즉 공동체적 연대감을 살리는데 중점을 두었다. 오오야마의 문화집접단지 구상은 지역주민의 연대감을 기초로 해서 모든 지역 주민이 평등한 문화와 은혜를 누릴 수 있도록 한 것이다.

여섯째, 정부의 적절한 지원과 타 지역, 기업과의 교류이다. 내발적 발전이라고 해서 국가의 역할이 사라지는 것은 아니고, 다른 방식의 새로운 역할과 접근이 요구된다. 일본의 경우 위로부터의 개입주의적 국가 역할이 중심조류이었지만, 그렇다고 해서 지역차원의 내발적 발전을 지원하기 위한 노력이 전혀 없었던 것은 아니다. 고향재생자금후루사토 創生資金[5])이나 과소채過疎債[6])을 통한 자금의 지원이나, 각 지역의 내발적 발전의 사례를 보급하고, 교육훈련하는 기구로 설립된 자치성산하의 후루사토故鄕 정보센터1985년, 21세기 지역활성화 센터1991년 등은 전국적으로 지역 가꾸기 운동을 확산하는데 상당한 기여를 하였다. 또 현 단위의 광역자치정부가 중요한 역할을 하였다. 오오야마의 내발적 발전을 일촌일품이라고 명명하고 이를 전국에 홍보한 사람이

---

5) 이 자금은 다케시타(竹下)내각 때 1988년에서 89년에 걸쳐 전국 시정촌(市町村)에 꼬리표가 붙지 않은, 즉 지역이 독자적인 아이디어로 자유롭게 쓸 수 있는 자금을 일률적으로 1억 엔씩 교부한 정책으로 내발적 자구노력에 계기를 제공하였으나, 한편에서는 이후 연속된 유사사업이 오히려 자치단체가 보조금을 겨냥하여 무리한 사업 확장을 하고, 이에 따른 후유증에 몸살을 겪는 부작용을 낳기도 하였다.

6) 일본의 과소대책 사업비의 대부분은 과소채 발행으로 충당되었다. 즉 과소지역이 지역활성화 사업을 추진하는 경우 부족재원을 과소채 발행을 통하여 조달할 수 있게 하고 그 발행 및 원리상환비를 나중에 정부가 지방교부세로 지원하는 방식을 취했다.

바로 오오이타현大分縣의 히라마츠平松지사이며, 오오야마의 발전에 오오이타현이 상당한 역할을 하였다. 히라마쯔지사는 보조금 등의 지원은 가능한 억제한 가운데, 지역의 자생과 자율성에 기초하면서 현은 간접지원, 즉, 정보제공, 유통, 기술지원, 그리고 교육훈련 등 내발적 발전의 기반조성에 초점을 두었다.

한편 오오야마는 인근 대도시후꾸오카와 유역流域간 상호협력형 협력체계오오야마는 댐 건설로 물을 공급, 후쿠오카는 지원금 제공, 고급인력 및 교육지원, 관광·농산물 판매지원를 맺는다든지, 인근의 오쿠니, 유후인과 그린 트라이앵글green triangle 교류협정3지역이 노하우, 인재, 자원과 문화의 상호협력을 맺는 등 지역 간 수평적 교류협력에 힘쓰고 있다. 뿐만 아니라, 매실주 및 리큐르 주의 품질 향상과 판로를 위해 닛카 위스키와 업무 제휴를 하고 있다.

### 오오야마의 내발적 발전의 전망과 과제

내발적 발전의 성과에도 불구하고 다소 둔화되고는 있지만 인구 감소가 계속되고 있다. 오오야마의 인구는 1960년 1,107세대의 6,168명으로부터 1970년 1,069세대의 5,118명, 1980년 1,055세대의 4,176명, 1990년 1,046세대의 4,373명, 2000년 1,037세대의 4,047명로 감소한 후 최근에는 약 1,000세대의 4,000명 정도의 인구를 유지하고 있다. 둘째로, 인구의 감소와 함께 고령화2006년 町 전체로 28%, 농업취업자의 47%가 65세 이상로 인해 후계자 문제가 대두되고 있다. 셋째로, 농산물시장의 자유화로 인해 기반산업인 농림업이 침체를 벗어나지 못하고 있다. 특히 중심 농작물인 매실의 가격이 2003년 348엔에서 2006년에는 100엔으로 급락하였고, 매실 재배면적도 1998년의 72ha에서 2005년에는 62ha로 줄어들었다. 이는 생태계의 보전과 자연경관을 의식한 마을 가꾸기에 제약요인으로 작용한다. 넷째, 같은 지역 내에서도 중심부와 주변부의 불균형이 심각하다.

이러한 문제에 대해 어떻게 대응할 것인가. 인구 감소 그 자체는 어느 정도 불가피한 현상이라고 할 수 있지만, 과소화와 노령화는 심각한 문제라고 아니할 수 없다. 이런 점에서 이른바 적소適疎의 시점이 강조되고 있다. 첫째, 농촌지역의 유지에 필요한 적정 인구수와 구성을 상정하여 개발계획을 수립하는 것이 필요하다. 둘째, 젊은이의 이농을 막고 외부로부터 사람을 끌어들이기 위해서도 농촌다운 마을 가꾸기에 더욱 전력하지 않을 수 없다. 도시보다 더 살고 싶은 시골의 환경을 만들기 위해서는 도시적 하드웨어의 정비 못지않게 농촌적 소프트웨어주민의 연대감 강화와 자연과의 조화의 충실이 필요하다. 셋째, 농림업의 침체와 주변부의 쇠퇴를 막기 위해서는 농림업과 다른 산업의 연계성을 강화하여야 한다. 넷째, 도시와 농촌의 교류를 강화하여야 한다.

구체적으로 오오야마는 새로운 마을 만들기의 목표와 방책을 다음과 같이 제시하고 있다. 첫째, 오오야마에 새로운 산업을 창조한다. 소재素材형 산업을 뒷받침하기 위한 서비스 산업을 육성한다. 이를 위해 히비키노사토, 고노하나가르텐, 그린투어리즘 등을 활성화한다. 둘째, 오오야마에 새로운 환경자산을 창조한다. 환경을 매개로 한 다양한 교류, 연계를 통해, 21세기에 자랑할 수 있는 자연을 만든다. 셋째, 오오야마에 새로운 지역경영시스템을 창조한다. 새로운 지역 만들기를 운영, 경영하기 위한 틀이 산업간 담장이나 관민의 경계, 나아가서 기초 자치단체시정촌의 경계를 넘은 연계와 협동에 의해 창조된다.

무엇보다 중요한 것은 오오야마의 교류력交流力 즉 오오야마에 살고 있는 사람들이 기분 좋게 생활하고, 그 생활에 자긍심을 갖고, '쉬고 싶은 사람들'과 교류를 즐기는 여유가 중요하다. 이를 위해서는 첫째, 쾌적한 생활을 보내는 전략이 필요하다. 농촌에서 생활하는 것에 자긍심을 갖는 기본은 시골에

서만 즐길 수 있는 풍경이나 문화, 시간을 되돌리는 것. 그리고 도시에 뒤지지 않는 농촌생활을 창조하는 것, 이 두 가지가 조화를 이룬 공간을 만드는 것이다. 둘째, 산업이 활기를 찾는 전략이 필요하다. 농업을 핵으로 한 산업 만들기를 전개하기 위해 오오야마의 재산인 물건 만들기モノづくり의 자부심을 살려, 다시 한 번 물건 만들기의 기본만드는 즐거움, 생활과의 조화, 제공할 틀으로 되돌아가야 한다. 셋째, 모두가 주역이 되는 전략이 필요하다. 마을의 풍요로움과 함께, 개인의 풍요로움을 실현하기 위해 町民이라면 누구나 주역이 되어서 빛날 수 있는 무대를 만들고, 각 세대가 서로 존중하면서 소통할 수 있는 장을 만드는 것이 중요하다.

지은이 **박 진 도**

강원도 삼척 출생

서울대학교 상과대학 경제학과 졸업(경제학사)
서울대학교 대학원 경제학과 졸업(경제학석사)
일본 東京大學 대학원 경제학과 졸업(경제학박사)

현재 충남대학교 경상대학 경제학과 교수
충남발전연구원장
지역재단 상임이사

미국 Harvard 대학교 객원연구원 역임
일본 도쿄대학 객원연구원 역임
영국 뉴카슬대학 객원연구원 역임

농정연구센터소장 역임
학술단체협의회 상임대표 역임
참여연대 참여사회연구소 소장 역임
한국농업정책학회장 역임
한국사회경제학회 회장 역임

대통령자문 정책기획위원회 위원 역임
대통령자문 농어업·농어촌특별대책위원회 위원 역임
국무총리실 농림어업인 삶의 질 향상 및 농어촌지역개발위원회위원 역임

〈저서〉 농업정책개발의 재구성(2005, 한울아카데미)
WTO체제와 농정개혁(2005, 한울아카데미)
그래도 농촌이 희망이다(2005, 한울)
한국의 자본주의와 농업구조(1995, 오늘의 사상)
가트와 농업(1991, 비봉출판사)

**순환과 공생의 지역만들기**
농촌지역의 내발적 발전의 이론과 실제

1판 1쇄 발행 2011년  1월 20일
1판 2쇄 발행 2011년 11월 10일

지은이 / 박진도
펴낸이 / 오판근
펴낸곳 / 교우사
출판등록 / 1994년 3월 24일 제6-0256호
주소 / 서울특별시 동대문구 제기2동 148-19
전화 / 02)925-2861(대표전화), 02)925-2825(편집부)
팩스 / 02)925-2860

kyowoo@kyowoo.co.kr
http://www.kyowoo.co.kr

ISBN 978-89-8172-870-0 (04520)

가격 **16,000**원